메타파워

메타파워
AI 시대의 미래 군사력

오상진

메디치

추천의 글

대한민국 국방이 나아가야 할 길을 알려주는 나침반 같은 책
서욱 전 국방부 장관

국가 안보의 본질은 시대의 흐름과 함께 끊임없이 진화해왔다. 과거에는 병력, 화력, 물리적 자원이 전쟁의 승패를 좌우했다면, 오늘날과 미래의 전장은 데이터, 네트워크, 인공지능이 주도하는 '인지의 전장'으로 빠르게 이동하고 있다.

《메타파워》는 이러한 전환의 중심에서 미래 군사력의 방향을 설계하고 체계적으로 제시하는 책이다. 단순한 기술 목록을 넘어, 정보통신기술(ICT)을 기반으로 한 인지적 군사력 개념을 기존의 하드파워와 소프트파워를 넘어서는 제3의 힘, 즉 '메타파워'로 정립하고 있다.

2021년, 국방부 장관으로 재직하던 시기에 발표한 《국방비전 2050》에서 처음으로 '국방 메타파워' 개념이 제안되었다. 당시에는 다가오는 미래를 준비하는 비전적 개념이었지만, 이제 《메타파워》를 통해 그 개념은 심화된 이론으로 발전하여, 실제 국방 전략에서 고려해야 할 실질적 방향을 제시하고 있다.

오늘날 우리가 마주한 안보 환경은 복합적이고 다차원적이다. 기술 발전의 속도는 정책과 조직의 대응 속도를 앞지르고 있으며, 저출산과 병역 자원 감소, 동아시아의 안보 불안정, 글로벌 기술 패권 경쟁이라는 구조적 도전이 우리 앞에 놓여 있다.

이 책은 그러한 도전 속에서 미래 군사력의 본질을 이해하고자 하는 국방 관계자뿐만 아니라, 우리 사회 전체가 함께 고민해야 할 전략적 방향을 통찰력 있게 제시한다. 《메타파워》는 단순한 이론서를 넘어, 대한민국 국방이 나아가야 할 길을 모색하는 데 있어 소중한 나침반이 될 것이다.

단순한 군사 이론서가 아닌 통찰의 결과물

이광형 KAIST 교수

오늘날 세계는 전통적인 국경과 지정학만으로는 설명할 수 없는 새로운 권력의 지형 위에 서 있다. 이제 기술이 정치의 구조를 재편하고, 과학이 안보의 본질을 다시 쓰고 있다. 저는 이것을 '기정학(技政學, Techno-Geopolitics)'이라고 부른다.

《메타파워》는 이 거대한 전환의 흐름에서, 군사력의 정의를 다시 묻고 기술 기반 국방 전략의 새로운 방향을 제시하는 책이다. 전통적인 하드파워와 소프트파워의 이분법을 넘어, 인공지능과 정보기술이 만들어내는 인지의 힘—'메타파워'라는 개념은, 과학기술이 국가 안보와 전쟁의 본질까지 변화시키고 있다는 사실을 입증하고 있다.

KAIST는 기술로 세상을 바꾸는 것을 사명으로 삼고 있다. 그러나 기술은 단지 발전의 도구가 아니라, 국가 생존과 문명의 질서를 결정하는 전략적 자산이다. 과학기술을 기반으로 한 국방 혁신은, 단지 군사력 강화를 넘어 국가의 지속 가능성과 주권을 지키는 근본적인 기반이 되어야 한다.

《메타파워》는 미래 전장의 모습뿐 아니라 국방조직과 지휘체계, 전략문화까지 기술 중심으로 어떻게 재구성되어야 하는지를 탁월하게 보여준다. 이 책은 단순한 군사 이론서가 아니라 과학기술과 안보, 전략과 윤리를 하나의 통합된 시야에서 바라본 통찰의 결과물이다.

저는 늘 "문제를 정의하는 방식이 해결의 수준을 결정한다"고 말해왔다.《메타파워》는 우리가 직면한 안보의 문제를 정의하는 새로운 언어이며, 동시에 미래를 대비하는 구체적인 방향이다. 국방 분야는 물론, 과학기술계, 정책 결정자, 미래 사회를 준비하는 모든 이들이 함께 읽고 참고해야 할 책이다.

메타파워는 AI 시대 군사력의 핵심
정호섭 해군협회장, 제31대 해군참모총장

대한민국은 지금 복합적인 안보 위기에 직면해 있다. 인도·태평양 지역에서 심화되고 있는 미·중 간 전략적 경쟁은 언제라도 무력 분쟁으로 비화될 수 있다. 최근 북한과 러시아 간의 동맹 강화는 한반도에서 북한 핵·미사일 위협을 더욱 심화시킬 뿐이다. 또 세계 최저 수준의 출산율로 인한 병역 자원의 급격한 감소는 우리 국방력의 지속 가능성에 근본적인 의문을 제기하고 있다. 양적으로 군사력을 유지하기 어려운 현실 속에서 우리가 선택할 수 있는 길은 명확하다. 바로 과학·기술을 적극 활용하여 군의 체질을 근본적으로 변화시키는 것이다.

미래 전장은 더 이상 병력과 화력의 단순 합(合)으로 승패가 결정되지 않는다. 데이터를 지배하고, 그로부터 창출되는 전략적 우위를 선점하는 측이 전장을 주도하게 될 것이다. 먼저 탐지하고, 더 빨리 판단하며, 더욱 정확하게 요망 효과(desired effects)를 창출하는 능력이 군사력의 핵심이 되었다. 이러한 시대적 요구에 부응하여, 우리는 정보와 지식을 기반으로 전투 효율을 극대화하는 새로운 형태의 군사력 건설에 국가 역량을 집중해야 한다.

메타파워는 AI 시대 군사력의 핵심이다. 메타파워는 인공지능(AI), 빅데이터, 초연결 네트워크를 군의 신경망으로 삼아 분산된 모든 전투 요소들을 하나의 유기체처럼 통합하고 지능적으로 운용하는 인지전(cognitive warfare) 영역의 군사력이다. 이는 단순히 신무기를 도입하는 차원을 넘어, 지휘통제, 인사, 정보, 군수, 교육·훈련 등 국방 운영의 모든 과정을 데이터 기반으로 혁신하여 최소의 자원으로 최대의 전투 효과를 창출하는 것을 목표로 한다.

이제 국방 혁신은 더 이상 선택의 문제가 아니다. 국가 생존을 위한 필수 과제다. 정책결정자와 군 수뇌부는 물론, 국방의 미래에 관심 있는 모든 이들이 이 변화의 본질을 깊이 통찰하고 지혜를 모아서 신속하게 행동해야 할 시점이다. 우리의 목표는 명확하다. 데이터를 전략적 자산으로 활용하여 '더 똑똑하고 유능하며 강력한 군대'를 건설하는 것이다. 이 길에 모든 역량을 집중해야만 다가오는 안보 위기를 극복하고 한반도의 평화와 번영을 지켜낼 수 있을 것이다.

들어가는 글

정보통신기술(ICT)을 활용한 군사력은 어떻게 정의해야 하는가? 이 근본적인 질문에서 이 책은 시작되었다.

필자는 2021년 국방부 국방개혁실장을 역임하며 2050년까지 군사력 발전 방향을 담은《국방비전 2050》을 기획하였다. 당시 집필진은 AI, 빅데이터, 클라우드, 초연결 네트워크 등 첨단 정보통신기술을 활용하여 구현되는 미래 지능형 군사력의 개념과 방향을 정립하기 위해 많은 노력을 기울였다. 서욱 전 장관을 비롯한 국방부 간부들과의 논의 끝에, 우리는 이 새로운 군사력의 개념을 '메타파워'로 명명하고 비전서에 포함하였다. 당시로서는 초기적 개념이었지만 이를 비전서에 등재할 수 있도록 지지해 주신 서욱 전 장관께 감사의 마음을 전하고 싶다.

국방부에서 퇴직한 이후 3년간, 필자는 메타파워의 개념과 그 실현 방안을 심층적으로 연구하여 이 책을 펴냈다. 현재 미국, 중국, EU 등 세계 주요국은 정보통신기술, 특히 AI를 국방에 접목해 군사력을 증강하기 위해 막대한 자원을 투입하며 치열한 경쟁을 펼치고 있다. 최근 AI 기술의 급속한 발전은 이러한 경향을 더욱 가속화하고 있다.

한국도 예외는 아니다. 대외적으로는 미·중의 전략적 경쟁으로 국제 정세가 불안정하다. 대내적으로는 저출산으로 인한 병력 감소가 군사력 유지에 근본적인 어려움을 초래하고 있다. 이러한 이중의 과제를 극복하기 위해서는 과학기술, 특히 정보통신기술의 적극적 활용 외에는 대안이 없어 보인다.

정보통신기술은 군사력의 효율성과 효과성을 높이는 데 핵심적인 역할을 한다. 특히 최근 AI를 비롯한 첨단기술들이 그 중심에 있다. 이 책은 이러한 기술이 일으키는 변화의 본질을 탐구한 결과이며, 첨단기술을 활용하여 생성되는 군사력을 체계적으로 정의하고 효과적으로 육성하는 방안을 제시하는 것을 목적으로 한다.

ICT 기반 군사력은 독특한 특성이 있다. 전통적 군사력 개념인 하드파워(물리적 힘)와 소프트파워(정신전력, 군사운영 등)만으로는 설명되지 않는다. 필자는 《국방비전 2050》을 기획하면서 정보통신기술을 활용한 군사력을 기존의 하드파워나 소프트파워와 구분되는 인지적 영역의 새로운 힘으로 규정했다. 이를 '메타파워'라 명명하였다. 메타파워는 데이터를 실시간으로 분석하고 통합해 신속한 의사결정을 가능케 하는 독특한 힘이다. 내부 논의를 통해 메타파워의 핵심 속성을 상호작용, 통합성, 분석력, 민첩성으로 정의하였다. 이러한 속성을 제대로 이해하고 활용해야만 미래 전장에서 효과적으로 군사력을 발휘할 수 있을 것이다.

필자는 정보통신, 과학기술, 국방 관련 부처와 기관에서 지난 30여 년간 국가 정보통신 정책 기획을 담당해왔다. 이 책에는 필자의 경험이 고스란히 담겨 있다. 정보통신기술의 본질은 모든 것이 서로 연결되어 있다는 데 있다. 연결 없이는 통신도, 통합도, 분석도 불가능하다. 흩어진 수많은 요소가 서로 연결되어 가치를 창출하는 것이 ICT의 본질이다. 메타파워 또한 그러한 연결과 통합의 원리 위에 구축되어야 한다. 이를 활용하여 국방조직은 마치 생명체의 신경망처럼 상호 연결된 정보통신 체계를 통해 데이터를 실시간으로 공유하고 상황을 인지하여 신속한 의사결정을 내릴 수 있어야 한다.

정보통신기술, 특히 AI는 빠르게 진화하고 있다. 빠른 기술 변화를 일일이 따라가기보다는 기술의 본질과 그것이 일으키는 변화를 깊이 있게 살펴보는 것이 더 중요하다. 이 책은 이러한 접근을 통해 정보통신기술이 가져오는 군사적 변화의 핵심을 규명하려는 노력의 결과물이다.

이 책을 세상에 내놓기까지 오랜 고민과 연구의 시간이 필요했다. 이 책이 급변하는 미래 환경에 대비해 국방력 증강을 고민하는 모든 이들에게 유용한 참고서적이 되길 바란다. 독자들의 다양한 의견과 제안을 통해 앞으로 더욱 발전하고 완성도 높은 내용을 제공할 수 있도록 지속적으로 노력할 것이다.

2025년 6월
오상진

감사의 글

이 책이 세상에 나오기까지 많은 분들의 도움과 격려가 있었습니다. 진심으로 감사의 마음을 전합니다.

먼저, 이 책의 토대가 된 《국방비전 2050》의 작성 과정에서 큰 방향을 제시해 주신 서욱 전 국방부 장관님과 박재민 전 차관님께 깊은 감사를 드립니다. 또한 국방개혁실에서 집필진을 이끌며 전체 일정을 조율해 주신 김갑진 예비역 소장님과 김세협 님(이하 계급 생략), 그리고 1년간 함께 고민하고 노력해 주신 정민섭 님, 안성찬 님, 서상규 님, 이수훈 님, 이규원 님, 이경록 님, 김상규 님, 박종욱 님, 설이태 님, 배상호 님께 감사의 인사를 전합니다.

미래 국방의 방향성에 대해 귀중한 자문과 통찰을 제공해 주신 김현옥 님, 최혁재 님, 안성민 님, 김경환 님, 박혜진 님, 박용천 님, 김진평 님, 이현지 님, 강한태 님, 최인수 님, 이상철 님, 설인효 님, 이준호 님, 강석율 님, 오혜 님, 차명환 님, 손경호 님, 유상범 님, 양욱 님, 이진기 님, 허경무 님, 안혜림 님, 김시현 님, 김인익 님, 손한별 님께도 감사드립니다.

'메타파워'라는 생소한 주제로 학위논문을 완성하는 과정에서 학문적 지도와 격려를 아끼지 않으신 KAIST 문술미래전략대학원의 이광형 교수님, 서용석 교수님, 이상윤 교수님, 정재민 교수님, 양재석 교수님, 박태정 교수님께 깊은 감사를 드립니다. 함께 연구하며 많은 도움을 준 조상근 박사님, 정건영 박사님, 한승오 박사과정, 소상철 박사과정께도 감사의 마음을 전합니다.

끝으로, 지속적인 격려와 따뜻한 조언을 해주신 엄찬왕 형님과 정석재 교수님, 그리고 서울 화곡동에서 시작스터디카페를 운영하시며 집필 공간을 제공해 주신 노부부님께 특별한 감사를 드립니다.

이 모든 분들의 도움이 없었다면 이 책은 완성될 수 없었을 것입니다. 다시 한번 진심으로 감사드립니다.

차례

추천의 글   5
들어가는 글   9
감사의 글   12

제1부   새로운 군사력 개념의 등장

제1장 군사력 개념의 진화   21
     1-1 군사력의 진화   21
     1-2 ICT 융합과 군사력 운용   28
     1-3 미래 20년, 군사력의 대전환   33
     1-4 기존 군사력 개념의 한계를 넘어   35

제2장 기술확장이론과 군사력   39
     2-1 인간 능력의 외부 확장   40
     2-2 현대 전장에서의 인지적 확장   45
     2-3 기술확장이론과 현대 군사력의 재구성   48

제3장 국방 메타파워 개념의 배경   51
     3-1 메타파워 개념의 출발점   51
     3-2 국방비전 2050   53

제4장 과학기술과 군사력, 그리고 국방 메타파워   60
     4-1 과학기술과 군사력   60

    4-2 정보기술의 발전과 지휘통제방식의 변화   70

    4-3 하드파워에서 메타파워로의 전환   78

제5장 힘(Power)의 변천과 메타파워   89

    5-1 전통적 힘 개념   90

    5-2 군사학의 하드파워와 소프트파워   92

    5-3 제3의 힘의 개념   95

    5-4 한국군의 힘의 모델: 하드파워, 소프트파워, 메타파워   112

제2부   ICT 기반 국방 메타파워의 구현과 특성

제6장 ICT 기반 인지적 군사력   119

    6-1 인지적 군사력이란 무엇인가?   119

    6-2 인지적 군사력 전략   122

    6-3 인공지능 역량   126

    6-4 사이버 역량   131

    6-5 우주 역량   138

    6-6 C4ISR 역량   144

    6-7 인지적 군사 역량 종합   149

제7장 데이터 관점의 인지적 군사력   151

    7-1 인지적 군사력의 구성 요소   151

    7-2 인지적 군사력의 구조화   153

    7-3 사이버 보안   165

제8장 인지적 군사력의 구조와 속성   170

    8-1 인지적 군사력의 구조   170

  8-2 인지적 군사력의 속성   176

  8-3 상호작용(Interaction)   177

  8-4 통합(Integration)   200

  8-5 분석(Analytics)   215

  8-6 민첩성(Agility)   235

  8-7 인지적 우위(Cognitive Superiority) 확보   247

제3부 인공지능과 데이터 중심 국방력

제9장 인공지능과 인지적 군사력   255

  9-1 인공지능: 인지적 전쟁의 시대   255

  9-2 AI 진화의 비밀: 계산기에서 전장의 두뇌로   259

  9-3 AI의 학습 원리와 군사적 적용   265

  9-4 전장 상황 인지와 멀티모달 정보 분석   271

  9-5 AI 기반 전술 도출과 작전 지원   278

  9-6 거대 언어 모델(LLM)의 군사적 활용   284

  9-7 온톨로지와 데이터 기반 의사결정 체계   288

  9-8 AI 기반 미래 군사력의 전망   293

  9-9 AI 군사 활용의 윤리와 신뢰성   299

제10장 국방부 조직의 복잡성과 조직 이론   304

  10-1 국방조직은 복잡계   304

  10-2 복잡적응형 조직 이론과 국방 적용   309

  10-3 데이터 기반 적응형 국방조직론   312

제11장 데이터 기반의 국방조직 체계   318
    11-1 디지털 조직지(組織智, Organizational Intelligence)   318
    11-2 국방조직의 데이터 중심 전환   325
    11-3 미국과 중국의 국방 디지털 조직 구조   327
    11-4 메타파워 구현을 위한 국방 디지털 조직화   332
    11-5 데이터 중심 국방조직 구성 방안   336

제4부   국방 메타파워 전략

제12장 한국군의 국방 메타파워 전략   347
    12-1 메타파워 시대, 국방 전략의 대전환   347
    12-2 인지적 우위 확보 전략   349
    12-3 인지적 군사력 정보통신 기반 구축 방향   355
    12-4 디지털 조직지 향상 문화   359
    12-5 데이터 중심 국방조직 구조   362
    12-6 인력 양성   365

제13장 메타파워 시대 인간의 역할과 AI 윤리 문제   369
    13-1 AI 군사력과 인간   369
    13-2 AI 군사력과 사회적 수용   373

부록1   군사 분야 혁명과 세 가지 군사력   378
부록2   약어 설명   423
주요 참고 문헌   429
찾아보기   444

제1부

새로운 군사력 개념의 등장

제1장

군사력 개념의 진화

1-1 군사력의 진화

21세기의 전쟁은 더 이상 병력과 화력만으로 결정되지 않는다. 이제 전쟁의 승패는 데이터의 활용 여부에 달려 있다. 인공지능과 첨단 정보통신기술이 군사력의 핵심으로 떠오르면서 전쟁의 양상은 근본적으로 바뀌고 있다.

고대로부터 정보를 효율적으로 활용한 군대가 전쟁에서 승리했다. 몽골군은 말을 이용한 빠른 전령 시스템으로 광대한 지역을 연결하는 정보 네트워크를 구축했다. 이로써 신속한 정보 전달과 효율적인 군대 이동을 통해 유라시아 대륙을 정복할 수 있었다.

나폴레옹 시대에도 정보의 중요성은 여전했다. 워털루 전투에서 영국군과 프로이센군은 전령과 신호 체계를 통한 신속한 정보 교환으로 긴밀히 협력하여 프랑스군을 패배시켰다. 미국 남북전쟁에서 북군은 철도와 전신을 활용해 병력과 물자의 신속한 이동 및 정보 전달을 가능케 하여 전략적 우위를 확보했다.

2차 세계대전에서는 정보 활용이 더욱 결정적인 역할을 했다. 연합군은 독일군의 암호 체계인 에니그마를 해독해 독일군의 계획과 움직임을 미리 파악함으로써 전쟁의 흐름을 바꿀 수 있었다.

하지만 현대의 변화는 이전과는 근본적으로 다르다. 디지털 기술의 급격한 발전은 전쟁의 본질을 재정의하고 있다. 1980년대 이후 정보통신기술은 전투의 속도와 정확성을 혁신적으로 높였다. 최근 AI의 발전은 정보 수집에서부터 분석, 전략 수립과 실행까지 전 과정에서 군사적 우위를 확보하게 했다.

미국, 중국을 비롯한 주요 국가들은 AI, 빅데이터, 클라우드, 5G 기술 등을 군사력의 핵심으로 적극 활용하고 있다. AI 기반 드론과 로봇은 실시간 전장 정찰과 적의 움직임 감지를 수행한다. 클라우드 시스템은 방대한 데이터를 신속히 분석해 지휘관에게 최적의 전략을 제공한다. 5G 통신망은 초고속, 초저지연 통신으로 즉각적인 대응 능력을 보장한다. 이러한 기술 발전을 바탕으로 각국의 군대는 '데이터 중심의 디지털 군대'로 전환되고 있다.

이러한 변화는 우리에게 중요한 질문을 던진다. 미래의 전쟁은 어떤 모습일까? 군사력의 정의는 어떻게 진화할까? 이 책은 이러한 질문에 답한다. 데이터 중심의 디지털 전쟁 시대에서 군사력의 새로운 패러다임을 탐구하는 여정이다.

AI, 전장의 게임체인저

최근 AI 기술이 군사 분야에 적용되면서 전쟁의 양상이 급변하고 있다. AI는 이제 전장의 핵심 기술로 자리 잡아 기존 군사력을 넘어서는 역할을 하고 있다. 미국 국방부는 1990년대부터 패트리어트 미사일 시스템에 AI 기술을 적용해 표적을 자동으로 식별하고 요격하는 능력을 강화하고 있다. 2017년부터 시작된 '프로젝트 메이븐(Project Maven)'은 AI가 드론이 촬영한 방대한 영상을 분석해 표적 정보를 신속하고 정확히 제공한다.

러시아-우크라이나 전쟁에서도 AI의 활용이 두드러진다. 우크라이나군은 서방에서 제공받은 AI 소프트웨어로 소규모 병력만으로 러시아군에 효과적으로 대응하고 있다. 러시아군 또한 AI 기술이 적용된 자폭형 드론 '란쳇(Lancet)'으로 우크라이나의 핵심 목표물을 정밀 타격하며 전술적 우위를 확보하고 있다. 이는 '알고리즘 전쟁(Algorithmic warfare)'이라 불리는 방식으로 전방위의 데이터를 기반으로 상대의 움직임을 신속히 파악하고 대응하는 것이다.

AI 기술은 정찰부터 공격까지 전쟁의 전 과정을 자동화해 인간 병력의 한계를 뛰어넘는 효율성을 제공한다. 미군의 차세대 전술정보통합 노드(TITAN)는 전장의 다양한 센서 데이터를 분석해 지휘관에게 최적의 표적을 제시한다. 이는 지휘관의 최적 의사결정을 지원한다.

미국을 비롯한 주요 국가들은 AI를 전력을 증폭시키는 핵심 요소(Force multiplier)로 인식한다. AI 활용을 위한 전담 조직과 기술 인프라 구축에 힘쓰고 있다. 미국은 합동 인공지능센터(JAIC)를 설립해 군 전체의 AI 활용을 촉진하고 있다. NATO는 AI 전략을 수립하고 10억 유로 규모의 혁신기금을 조성해 민간의 첨단 AI 기술을 군사작전에 신속히 통합하고 있다.

중국도 '지능화 군대'를 목표로 AI 기술을 군사혁신의 핵심으로 활용 중이다. 미사일 유도 시스템, 무인 함정, 자율형 전차뿐 아니라 워게임과 훈련 시뮬레이션에서도 AI를 적극 도입해 실전에 가까운 환경에서 전략적 능력을 강화하고 있다.

이처럼 AI는 전 세계적으로 군사력의 패러다임을 재정의하고 있다. AI 기술은 이제 단순한 기술 발전을 넘어 전쟁의 성격과 결과를 결정짓는 핵심 요소로 자리 잡았다. 앞으로 각국이 AI 기술을 어떻게 발전시키고 활용하느냐에 따라 국가 안보와 군사력의 미래가 좌우될 것이다.

빅데이터, 전장의 숨은 영웅

현대 전장은 정찰위성, 드론, 레이더 등 다양한 센서로부터 방대한 데이터가 끊임없이 생성되는 환경이다. 이러한 다양한 전장 데이터를 통합적으로 수집하여, 분석을 통해 전쟁의 흐름을 바꾸는 핵심 자산으로 활용한다.

우크라이나 전쟁은 빅데이터의 중요성을 분명히 드러낸 대표적 사례다. 우크라이나군은 전쟁 초기부터 드론과 정찰 장비 데이터를 통합 관리하는 군사정보 시스템(OCHI)을 구축했다. 이 시스템은 약 200만 시간에 달하는 전장 영상을 축적해 AI 학습으로 적군의 움직임과 전략을 예측했다. 또한 '어벤져스(Avengers)' 시스템을 통해 드론과 CCTV 영상 데이터를 분석해 매주 1만 2천 개 이상의 러시아 군사 장비를 식별하며 전장에서 우위를 확보했다.

미국은 빅데이터를 군사력의 핵심으로 활용해 무기 정비 이력 데이터를 분석하여 장비 고장을 사전에 예측하고 있다. 또한 사이버 공격 데이터를 AI로 분석해 위협을 사전에 탐지하고 신속히 대응하는 전략을 추진하고 있다.

중국군은 '군사 스마트화' 전략의 일환으로 다수의 빅데이터 센터를 구축해 운영하고 있다. 실시간으로 축적된 데이터를 정보융합 플랫폼을 통해 분석해 신속한 의사결정을 내린다. 이를 통해 합동 작전의 효율성과 대응력을 극대화하고 있다.

NATO는 빅데이터 시대에 대응해 전략적 비전을 수립하고 있다. 회원국 간 데이터 공유와 AI 기술 활용을 강화해 군사적 효율성을 높이는 협력을 추진하고 있다. 데이터와 AI의 결합으로 군사력을 강화하고 새로운 전략과 전술을 창출하고 있다.

결론적으로 빅데이터는 단순한 데이터 축적을 넘어 군사 전략의 필수 요소로 자리 잡았다. 특히 AI와 결합된 빅데이터는 전장의 패턴을 정밀히 분석해 전략을 최적화하며, 현대 군사력의 중추적 역할을 하고 있다.

클라우드 컴퓨팅, 전장의 심장

클라우드 컴퓨팅은 민간 분야에서 시작되었지만, 군사 분야에서 강력한 잠재력을 드러내고 있다. 클라우드는 방대한 데이터를 효율적으로 처리해 여러 부대가 동시에 작전을 수행할 수 있도록 정보 공유와 원격 협업 환경을 제공한다. 모든 부대와 장비에 필수 데이터를 지속적으로 제공하는 중추적 역할을 한다.

미국 국방부는 2022년 말 아마존, 마이크로소프트, 구글, 오라클과 90억 달러 규모의 합동 전투 클라우드(JWCC) 계약을 체결해 글로벌 데이터 공유 인프라를 구축하고 있다. 이 인프라가 완성되면 전 세계 미군 부대는 실시간 데이터 공유와 AI 분석을 통해 전장에서 정확한 의사결정을 내릴 수 있다.

NATO는 2022년 디지털 혁신 전략을 발표했다. 2030년까지 회원국 간 클라우드 기반 디지털 인프라를 구축해 상호 연결성을 강화할 계획이다. NATO의 '전투 클라우드'는 센서, 지휘부, 병력, 무기체계를 하나의 통합 네트워크로 연결한다. 이를 통해 동맹국들은 필요한 정보를 실시간으로 공유해 효율적인 작전을 수행한다.

클라우드 기술은 이미 다양한 군사 작전에 적용되고 있다. 미 공군은 조인트 스타즈(J-STARS) 감시자산의 정보를 클라우드 서버에 업로드해 지상 및 해상 부대가 실시간으로 협력할 수 있도록 지원했다. 미 육군은 차량과 이동식 본부에 전술 클라우드 노드를 설치해 현장에서 정보 처리와 공유를 지원한다. 이 체계는 위성, 항공기 센서, 지상 레이더를 통합하는 첨단 전투 관리 시스템(ABMS)으로 발전하고 있다.

클라우드 컴퓨팅은 군사훈련에도 혁신을 가져왔다. 클라우드를 통해 전 세계 병력이 동시에 대규모 작전 시뮬레이션을 수행할 수 있다. 증강현실(AR)과 가상현실(VR) 기술을 활용해 실제 전장과 유사한 훈련 환경을 구현한다.

클라우드 컴퓨팅의 주요 장점은 안정성과 확장성이다. 전쟁이나 비상 상황에서도 분산된 서버 구조로 데이터 안정성을 유지한다. 필요에 따라 자원을 확장해 급변하는 전장 상황에 대응할 수 있다. 이처럼 클라우드 기술은 현대 군대가 미래 전장 환경에서 유연하게 대응할 수 있도록 돕는 필수 인프라로 자리 잡고 있다.

5G와 6G, 전장 신경망

5세대 이동통신(5G)은 초고속 데이터 전송, 짧은 지연 시간, 다수의 기기 동시 연결을 지원하는 혁신적인 네트워크 기술로, 현대 군사작전에 새로운 가능성을 제시한다. 5G는 드론, 센서, 무기체계, 병사 장비를 실시간으로 연결해 인간의 신경망과 유사한 전술 네트워크 환경을 구현한다. 우크라이나 전쟁에서 민간 5G 네트워크를 활용해 드론 영상 등 전장 정보를 실시간으로 공유하며 전략적 대응을 가능케 한 사례가 보고되었다.

5G의 피어 투 피어(P2P) 통신 능력은 통신 인프라가 파괴된 전장에서도 병사와 장비 간 임시(Ad-hoc) 네트워크를 형성해 정보 흐름을 유지한다. 미국 국방부는 워싱턴주 루이스 맥 코드 합동기지에서 6억 달러를 투자해 AR과 VR을 활용한 실시간 홀로그램 지도와 가상 적군 시뮬레이션 훈련을 진행하고 있다. 조지아주 알바니와 캘리포니아주 샌디에이고에서는 5G 기반 스마트 물류 창고를 구축해 자율 이동 로봇(AGV), 드론, 생체 인식 기술로 군수 물자를 완전 자동화 관리하고 있다.

네바다주 넬리스 공군기지에서는 중앙집중형 지휘통제 체계를 소형 이동형 노드로 분산하고 5G 네트워크로 연결하는 실험을 통해 적의 공격에도 유연한 대응 능력을 입증했다. 차량과 이동 본부에 이동형 기지국을 탑재해 현장에서 안정적인 통신망을 구축하는 기술도 시연했다.

차세대 이동통신 기술인 6G는 5G보다 10배 이상 빠른 데이터 전송 속도와 고정밀 연결성을 제공할 것으로 전망된다. 6G는 양자통신과 결합해 해킹과 도청에 강한 고급 보안성을 제공할 것이다. 위성통신망과 연계해 전 세계적으로 분산된 센서와 군사 장비를 연결하는 통합 네트워크를 구축할 것으로 예상된다.

6G 기술은 홀로그램 기반 원격 지휘통제, 실시간 3차원 전장 시뮬레이션, 자율형 무기 간 초정밀 협력을 가능하게 해 군사 작전의 효율성을 극대화할 것으로 전망된다.

결론적으로 5G(장래 6G) 초연결 통신망은 병력과 장비 간 실시간 정보 공유와 협력을 가능하게 하는 '전장의 신경망'으로 자리 잡고 있다. 이러한 기술은 군사적 우위를 확보하는 데 필수적이며, 미래 군사 전략을 결정짓는 중추적 역할을 할 것이다.

1-2 ICT 융합과 군사력 운용

현대 군사력은 더 이상 개별 무기나 장비의 물리적 성능만으로 결정되지 않는다. 다양한 정보통신기술의 융합은 군사력의 구조와 운용 개념을 혁신하고 있다.

AI, 빅데이터, 클라우드 컴퓨팅, 5G 기술 등의 결합은 군사 작전 전반에 높은 효율성을 제공하며 전장의 모습을 재정의하고 있다. 군사력의 구성 요소별로 이러한 기술 융합의 영향을 살펴보면 다음과 같다.

지휘통제(C2)

AI, 빅데이터, 클라우드 컴퓨팅, 5G 네트워크 기술의 융합으로 지휘통제 분야는 혁신을 맞고 있다. 과거 지휘관은 제한된 정보와 직관으로 결정을 내렸다. 하지만 이제는 실시간 데이터 분석과 AI 지원으로 전장 상황을 명확히 파악할 수 있다.

NATO는 2030년까지 클라우드 기반 데이터 분석 시스템을 구축해 데이터 중심 의사결정을 강화하는 디지털 전환을 추진하고 있다. 지휘관은 방대한 정보를 분석해 클라우드 네트워크로 부대에 전파함으로써 정확한 대응을 가능하게 한다.

또한 5G 초고속 네트워크를 통해 이동식 지휘소, 전투차량, 해병대 상륙부대 등 병력과 장비를 연결해 전장 전체를 포괄하는 유연한 지휘통제 체계를 구축하고 있다. ICT 기술은 지휘통제를 데이터 중심 환경으로 전환해 상황 인식과 의사결정의 효율성을 극대화한다.

정찰 및 정보

정찰, 감시, 표적 획득 분야는 AI와 빅데이터의 영향이 가장 두드러진 분야이다. 현대 전장에서는 드론, 위성, 다양한 센서가 실시간으로 방대한 정보를 수집한다. AI는 수집된 데이터를 분석해 인간의 눈으로 놓칠 수 있는 미세한 변화와 잠재적 위협을 탐지한다. AI는 방대한 영상 데이터에서 위장된 차량이나 발사 광원 등 의미 있는 장면을 찾아낸다.

미국의 '프로젝트 메이븐'은 드론 영상 데이터를 AI로 분석해 표적 탐지 능력을 향상시켰다. 우크라이나군은 AI로 약 200만 시간에 달하는 전장 영상을 학습해 표적 탐지와 타격 정확도를 높였다. 그 결과 하루 표적 식별 능력을 10여 개에서 300개 이상으로 향상시켰다.

정찰위성 사진과 신호정보는 빅데이터 분석으로 장기적 변화와 이상 징후를 포착해 전략정보 생산을 지원한다. 정보분석에서도 AI는 오픈소스 정보(OSINT)와 소셜 미디어 데이터를 분석해 심리전 징후와 여론 동향을 정밀히 파악한다. 러시아는 생성형 AI로 가짜뉴스와 합성 이미지를 제작해 우크라이나를 대상으로 정보전 공방을 진행하고 있다.

ICT 기술은 정찰 및 감시 능력을 강화한다. 또한 수집된 정보를 처리해 정밀한 정보로 전환하며 정보 우위를 확보하는 필수 수단으로 자리 잡았다.

타격(공격력)

정찰과 정보 능력의 발전은 군대의 정밀타격 능력을 향상시킨다. 실시간 표적 데이터와 AI를 활용해 현대 군대는 표적 발견 후 공격 자산을 연결하여 킬체인(Kill chain)을 단축한다.

우크라이나군은 위성사진, 열영상, 신호 정보, 드론 영상, 현장 제보 등 다양한 데이터를 AI로 분석해 표적을 선정하고 포병 및 로켓 부대에 전달하는 '디지털 포병' 체계를 구축했다. 그 결과 전통적인 포병 전력에서 불리했던 우크라이나가 정보 우위를 활용해 러시아군보다 높은 정밀도를 발휘했다.

AI 기술은 미사일 유도체계에도 적용되어 목표물 명중률을 높인다. 중국은 AI 기반 영상 인식 기술을 적용해 미사일이 최종 단계에서 표적을 식별하고 조준하는 연구를 진행하고 있다.

AI는 복잡한 타격 상황에서 효과적인 공격 순서와 방법을 계산해 전투 효율성을 높인다. 예를 들어 미 공군의 '골든 호드(Golden Horde)' 프로젝트는 투하된 스마트 폭탄들이 서로 정보를 주고받고 표적을 협력하여 타격하며, 이후 표적에 대한 재공격 여부를 스스로 결정하는 협력 체계를 개발하고 있다.

5G 네트워크는 유무인 체계의 동시 타격 임무를 지원한다. 클라우드 컴퓨팅은 플랫폼 간 사격 데이터 공유로 오인 사격을 방지하며 공격 효과를 높인다. ICT 기술은 군대의 타격 능력을 더욱 정교하고 치명적으로 변화시킨다.

병참(군수지원)

병참 분야에서도 ICT 기술이 혁신을 가져오고 있다. 5G 기반 스마트 물류 시스템이 주목받고 있다. 미 해군과 해병대는 항만 물류 창고에서 군수품 관리 자동화를 추진하고 있다. 이 시스템은 RFID와 IoT 센서로 입고 물자를 식별하고, 로봇 지게차와 드론으로 지정된 위치에 운반한다. AI가 클라우드에서 재고 현황을 파악해 보급품 부족이나 과잉을 예측한다. 이를 통해 군수 인력과 시간을 줄이고 작전 효율을 높인다.

빅데이터 분석을 활용한 예측 유지보수 시스템은 군수 수요를 예측해 부품 고장을 파악하고 정비 및 조달을 지원한다. 예를 들어 미 공군의 F-35 전투기는 전 세계에서 수집한 비행 데이터를 AI로 분석해 부품 단위의 고장 패턴을 탐지하고 대응한다.

자율주행 군용트럭과 물류 드론은 전선까지 보급을 자동화해 작전 지속 능력을 높이고 인력 손실 위험을 줄일 수 있다. 한국군은 군수 분야에서 AI 기술을 활용하고 있다. 예를 들어 탄약 소모와 급식 수요를 빅데이터로 분석해 군수품 낭비를 줄이고 보급 효율성을 높이는 노력을 지속하고 있다.

 ICT 기반 병참 기술의 발전은 작전 수행 능력과 전투 지속성을 결정짓는 필수 요소로 부각될 것이다.

사이버·전자전

현대 군사력에서 사이버 및 전자전 능력은 필수적 역할을 한다. 정보통신기술은 방어와 공격 양면에서 효과적인 도구로 활용된다. 방어 측면에서 AI는 사이버 공격 탐지와 대응을 자동화한다. 빅데이터 분석으로 적의 공격 패턴을 파악해 방어력을 강화한다. 공격 측면에서는 AI로 신종 악성코드를 제작하고 네트워크 취약점을 공격한다. 또한 가짜뉴스를 생성해 상대 국가의 사회적 혼란을 조장한다.

 러시아는 우크라이나와 서방 국가를 대상으로 AI가 제작한 딥페이크 영상과 가짜 기사를 배포해 심리전을 수행하고 있다. 우크라이나는 AI로 러시아의 여론 조작 활동을 탐지하고 대응하고 있다.

 전자전에서도 AI는 주파수 관리를 최적화하고 전자 방해에 대한 대응 전략을 제공한다. 중국은 5G 주파수를 평시에는 통신용으로, 전시에는 레이더 기능으로 전환하는 주파수 다목적 운용 방식을 연구하고 있다. 이러한 통신-레이더 일체화 기술은 하드웨어와 주파수 자원의 효율적인 활용을 가능하게 한다.

 정보통신기술은 사이버 및 전자전에서 사이버 공간이라는 숨겨진 전장을 두고 각축하며 군사력 전반에 영향을 미치고 있다.

1-3 미래 20년, 군사력의 대전환

필자는 미래 군사력의 핵심 역량을 정의하기 위해 '인지적 군사력'이라는 개념을 제안한다. 인지적 군사력은 급변하는 정보 환경에서 데이터를 기반으로 상황을 인지하고 판단해 효과적으로 작전을 수행하는 역량이다.

향후 20년간 군사력은 근본적인 변화를 겪을 것이다. 과거 병력 수와 무기의 물리적 위력이 전쟁의 승패를 결정했다. 하지만 이제는 정보 수집, 분석, 의사결정의 속도와 정밀도가 전쟁의 결과를 좌우한다. 군사력의 중심축이 물리적 화력에서 데이터, 알고리즘, 초지능 시스템으로 이동하고 있다.

인지적 군사력의 본질은 간단하다. 적보다 먼저 보고, 빠르게 판단하며, 정확히 타격하는 것이다. 첨단 센서, AI, 클라우드 컴퓨팅, 초고속 네트워크의 융합으로 이 과정이 현실이 되었다. AI는 방대한 데이터를 분석해 지휘관에게 정밀한 상황 인식과 의사결정 지원을 제공한다. 양자컴퓨팅은 복잡한 전장 시나리오를 초고속으로 시뮬레이션해 최적의 전략을 도출할 것이다.

이미 우크라이나 전쟁에서 데이터 중심 군사력의 실효성이 명확히 입증되었다. 우크라이나군은 AI 기반 '디지털 포병' 시스템으로 표적 식별 능력을 10배 향상시켰다. 그 결과 러시아 포병에 정밀히 대응할 수 있었다. 드론, 위성, 신호 데이터를 AI로 분석해 타격 자산에 연결한 성과였다.

미국과 NATO는 2030년대를 목표로 AI와 양자컴퓨팅 기반의 초연결 군사력을 구축하고 있다. 중국은 "지능화 전쟁" 전략으로 알고리즘 중심 군사력을 가속화하고 있다. 이들 국가의 치열한 경쟁은 인지적 군사력의 중요성을 보여준다.

2035년 해양 분쟁 상황을 가정해보자. 양자 네트워크로 연결된 드론 군집과 무인 잠수정이 AI의 지휘 아래 실시간으로 적 함대를 무력화한다. 동시에 증강현실(AR) 헬멧을 착용한 병사가 사이버 공격을 관리한다. 이런 장면이 곧 현실이 될 것이다.

'모자이크 전투' 개념도 주목할 만하다. 소규모 기동 부대가 분산 배치되어 네트워크로 연결된다. 이를 통해 높은 생존성과 유연성을 확보하는 방식이다. 초소형 나노드론이 적진에서 데이터를 수집한다. 클라우드 AI가 이를 분석해 분산 부대에 전술을 배포한다.

가까운 미래의 모습을 그려보자. 드론과 무인 차량이 도시와 전원에서 데이터를 수집한다. AI가 위협을 경고한다. 클라우드 시스템이 전 세계 부대의 데이터를 통합해 지휘관이 최적의 결정을 내린다. 양자 암호화 네트워크는 사이버 공격을 무력화한다. AR 기반 전장 시뮬레이션은 훈련과 작전을 혁신한다.

2040년이 되면 지상에 노출된 거의 모든 군사 자산은 순식간에 적군의 타격 대상이 될 수 있다. 위성과 드론이 실시간으로 전장을 감시하기 때문이다. AI가 즉각 표적을 식별한다. 이에 따라 방어체계도 지능화될 것이다. 자율 방공시스템이 초음속 미사일을 요격하고, 레이저 무기가 드론 군집을 소거하는 광경이 일상이 될 것이다.

2045년 어느 날을 상상해보자. 한 지휘관이 생체공학 인터페이스를 통해 뇌파로 전장 홀로그램을 조작하며 실시간 전략을 수립한다. 이는 더 이상 공상과학 영화의 장면이 아니다. 뇌-컴퓨터 인터페이스 기술이 발달하면서 인간의 사고가 직접 군사 시스템과 연결되는 시대가 올 것이다.

이런 변화 속에서 군사 조직은 기술 변화에 민첩히 대응해야 한다. 데이터 중심 다영역 작전을 수행할 수 있는 능력을 갖춰야 한다. ICT와 군사력의 진화는 21세기 안보환경을 결정짓는 핵심 요소가 될 것이다. 전략적 통찰과 적응 능력이 그 어느 때보다 중요하다.

인지적 군사력은 전쟁의 미래를 재정의하고 있다. 기술과 인간의 융합을 통해 완전히 새로운 전장을 열고 있다. 이 변화의 물결에 어떻게 대응하느냐가 각국의 운명을 좌우할 것이다.

1-4 기존 군사력 개념의 한계를 넘어

정보통신기술의 발전으로 전장에서 처리 가능한 정보의 양이 증가하고 처리 속도가 빨라졌다. 원격 상황을 감지하고 대응하는 사례가 빈번해졌다. AI의 발전은 정보를 정밀하고 신속히 분석하는 역량을 제공한다. 이제 전쟁은 물리적 힘의 대결을 넘어 인지적 차원에서 승패가 결정된다.

정보통신기술은 인간의 두뇌와 신경망처럼 작동한다. 인간이 감지한 자극을 두뇌로 전달해 환경을 인식하고 대응하듯, ICT는 데이터를 변환해 상황을 감지하고 대응한다. 급변하는 AI는 인간의 인지 기능을 보완한다. 가까운 미래에는 초지능 시스템이 대부분의 인지 업무에서 인간을 능가할 가능성이 있다. 예를 들어 2030년대에는 양자 네트워크가 전장 데이터를 초고속으로 분석해 지휘관의 의사결정을 혁신할 수 있다.

ICT 기반 군사력의 핵심은 연결성이다. 인체 신경망이 생체정보를 처리하듯, ICT는 분산된 부대와 장비를 데이터로 연결해 상호작용을 가능하게 한다. 수많은 구성 요소의 상호작용으로 인해 단순한 합 이상의 시너지를 창출한다. 부대와 부대, 시스템과 시스템 간 긴밀한 연결성은 데이터 기반의 창발적 협력 작전을 가능하게 한다.

보이는 것 vs. 보이지 않는 것

연결성의 중요성을 이해하기 위해 전투차량의 내비게이션 시스템을 살펴볼 수 있다. 전술 장갑차나 무인 전투차량의 내비게이션은 전장 환경에서 최적의 이동 경로를 안내한다. 적의 매복이나 지형 장애를 피하도록 돕는다.

그러나 이 시스템은 혼자서는 작동하지 않는다. 인공위성, 드론 데이터, 지리정보, 실시간 전장 상황과 연결된 지능형 정보통신체계가 필요하다. 전투차량은 최소 4개의 GPS 위성과 전술 네트워크를 통해 위치와 전장 데이터를 수신한다. AI가 클라우드에서 이를 분석해 경로를 최적화한다. 눈에 보이는 내비게이션 화면 뒤에는 AI, 클라우드, 초연결 네트워크 같은 ICT 인프라가 필수적으로 작동한다.

이 원리는 모든 군사 장비에 적용된다. 전통적으로 군사력은 병력 수나 무기 위력 같은 하드파워로 평가되었다. 그러나 현대전에서는 상황이 다르다. 정보 공유, 데이터 분석, 사이버 작전, AI 기반 의사결정 같은 보이지 않는 요소가 전장의 우위를 결정한다. 우크라이나 전쟁에서 드론과 위성 데이터를 AI로 분석해 타격 속도를 10배 향상시킨 사례가 이를 보여준다. 지능형 정보통신체계가 전투력의 효율성을 어떻게 증폭하는지 명확히 드러낸 것이다.

미래에는 암호화로 보호된 네트워크와 초지능 AI 체계가 군사 장비의 핵심 기반이 될 것이다. 양자암호 네트워크는 사이버 공격을 차단하며 데이터 전송의 보안을 보장한다. AI는 전장 데이터를 초고속으로 분석해 드론, 무인 차량, 전투차량의 작전 효율을 극대화한다. 이러한 지능형 정보통신체계는 전투차량의 내비게이션뿐 아니라 모든 군사 장비의 성능을 배가한다. 전쟁의 새로운 표준을 형성할 것이다.

인지적 군사력(국방 메타파워)의 개념의 필요성

한국군은 저출산으로 인한 인구 감소와 제한된 자원으로 물리적 군사력 확장에 한계를 맞닥뜨리고 있다. 통계청에 따르면 2020년 33.4만명이던 만 20세 남성 인구는 2030년에는 23.5만명, 2040년에는 15.7만명으로 감소할 전망이다. 필자는 이러한 현실적 문제를 해결하기 위해 ICT 기반의 인지적 군사력을 새로운 전략적 대안으로 제안한다. 인지적 군사력은 AI, 빅데이터, 초연결 네트워크를 활용해 데이터를 분석하고 공유하여 정밀한 판단으로 작전을 수행하는 역량이다.

한국군은 2021년 《국방비전 2050》에서 이 역량을 '국방 메타파워'로 정의했다. 국방 메타파워는 데이터 기반 정보 분석과 공유로 군의 구성 요소 간 상호작용을 강화한다. 급변하는 전장 상황에 민첩히 대응하는 능력이다. 예를 들어 AI가 드론과 위성 데이터를 분석해 적의 이동을 예측한다. 5G 네트워크로 전투차량에 타격 전략을 전달해 즉각 대응할 수 있다.

한국이 이러한 군사력 개념을 도입한 배경에는 정보통신기술이 기존 물리적 군사력의 개념으로 설명하기 어려운 측면이 있기 때문이다. 정보통신기술은 다양한 데이터 분석을 통해 물리적 군사력의 효용을 높이는 역할을 한다. AI와 초연결 네트워크로 전장 상황을 신속히 인지한다. 데이터 분석으로 최적의 전략을 제시해 물리적 군사력의 효율을 증폭한다. 이는 물리적 군사력을 효율적으로 운영하는 지능형 체계를 구축하는 것과 같다. 급변하는 전장에서 한국군의 자원 제약을 보완하는 필수 역량이다.

본 책은 국방 메타파워의 구조와 특성을 탐구한다. 이를 효과적으로 구축하는 방안과 조직 구조를 논의한다. 본격적인 논의에 앞서 다음 장에서는 기술과 인간의 관계를 다룬 '기술확장이론'을 살펴본다. 이 이론은 기술이 인간의 인지 기능을 확장하는 원리를 설명한다. 예를 들어 AI가 지휘관의 전장 데이터를 분석해 수초 내에 최적의 전술을 제시하는 것은 기술이 인간의 인지 범위를 확장하는 사례다. 기술확장이론은 인지적 군사력 개념의 이론적 틀을 제공한다. 이 이론은 기술이 군사력을 재정의하는 과정을 설명하는 데 필수적이다.

제2장

기술확장이론과 군사력

　기술확장이론은 기술이 인간의 신체적·인지적 능력을 확장한다는 철학적 관점이다. 필자는 기술이 신체적 기능을 확장하면 하드파워(Hard Power)를, 감각과 사고 기능을 확장하면 메타파워(Meta Power)를 창출한다고 본다. 예를 들어 중세 화포는 신체적 힘을 증폭해 하드파워를 강화했다. AI는 전장 데이터를 분석해 타격 판단을 10배 가속할 수 있는 인지적 영역의 역량인 메타파워를 형성한다.

　이 이론을 현대 군사 기술 분석에 적용한다. 인간은 도구와 기술로 한계를 초월해왔다. 중세 투석기는 파괴력을 확장했다. 현대 드론과 AI는 인지적 판단력을 확장했다. 예를 들어 AI 기반 드론은 실시간 데이터 분석으로 적의 이동을 예측해 정밀 타격을 가능하게 한다. 이러한 기술 발전은 전쟁 양상과 군사력 개념을 재정의한다.

　한국군은 병역 인구 감소와 자원 제약으로 물리적 군사력 확장이 어려운 상황이다. 따라서 《국방비전 2050》의 메타파워 개념처럼 ICT 기반 인지적 역량을 강화해야 한다. 본 장에서는 기술확장이론의 철학적 배경을 소개한다. 이를 군사 기술과 군사력 해석에 적용해 탐구한다.

2-1 인간 능력의 외부 확장

기술확장이론은 기술이 인간의 신체적·인지적 능력을 외부로 확장한다는 철학적 관점이다. 망치와 같은 도구는 팔의 힘을 증폭해 신체적 능력을 강화한다. 컴퓨터는 기억과 계산 능력을 확장해 인지적 기능을 향상시킨다. 현대에는 AI가 데이터 분석으로 의사결정을 가속화한다. 드론이 인간의 시각을 전장 너머로 확장한다.

 이러한 기술 확장은 인간의 영향력과 활동 범위를 넓힌다. 고대 철학부터 현대 기술철학에 이르기까지 사상가들은 기술이 인간의 한계를 초월한다고 강조했다. 근현대 논의는 신체적 확장과 인지적 확장에 초점을 맞춘다. 19세기 에른스트 카프(Ernst Kapp)는 도구를 '신체의 연장(Extension)'으로 보았다. 20세기 마셜 맥루언(Marshall McLuhan)은 기술을 '신경계의 확장'으로 정의했다.

 기술확장이론의 개념은 직관적이다. 삽은 땅을 파는 능력을 강화한다. 현미경은 미시 세계를 드러낸다. AI는 복잡한 데이터를 분석해 인간의 판단을 보완한다. 군사적으로 중세 화포는 파괴력을 확장했다. 현대 AI 드론은 전장 인지력을 확장한다. 기술이 인간 능력을 확장하지 못하면 도태된다. 따라서 기술 발전의 역사는 인간 능력 확장의 역사로 볼 수 있다.

산업혁명기의 기계 기술: 인간 신체의 확장

산업혁명기의 증기기관과 기계는 인간의 근력을 대체하며 신체적 능력을 확장했다. 19세기 기술철학자 에른스트 카프(Ernst Kapp)는 이를 '기관 투사(Organ-projection)' 이론으로 설명했다. 카프는 1877년 《기술철학의 기본 원리(Grundlinien einer Philosophie der Technik)》에서 "도구는 인간 신체 기관의 투사"라고 주장했다. 기술이 신체 구조와 기능을 외부로 구현한다고 보았다. 예를 들어 망치는 주먹의 타격력을, 삽은 손의 파는 능력을 연장한다.

카프는 도구의 형태가 신체 기관에서 비롯된다고 강조했다. 집게는 손가락의 쥐는 동작을 모방한다. 펜치는 손의 비트는 힘을 모방한다. 증기 해머는 팔의 타격력을 모방한다. 산업혁명기의 기계는 이 원리를 극대화했다. 증기기관차와 증기선은 시속 50~60km로 장거리 이동을 가능하게 했다. 방직기계는 인간의 작업량을 수백 배 늘려 생산성을 높였다. 카프의 이론으로 보면, 이러한 기계는 인간의 근육과 뼈대를 강철과 증기로 투사한 결과다.

이러한 신체적 확장은 군사 무기체계에서 두드러진다. 활과 창은 팔의 힘을 수백 미터로 연장한다. 총과 대포는 공격 거리를 수 킬로미터로 늘렸다. 현대 미사일은 수천 킬로미터를 정밀 타격한다. 전차는 근력과 방어력을 강화해 화력과 보호를 제공한다. 비행기는 지상 한계를 넘어 공중 이동과 관측을 가능하게 한다. 함정은 해상에서 타격과 감시를 수행하며 인간의 활동 범위를 확장한다. 산업혁명에서 시작된 기계 기술은 군사 분야로 이어져 신체적 능력을 새로운 공간으로 넓혔다. 에른스트 카프의 기관 투사 이론은 이를 설명하는 철학적 기반이다.

전자기술과 인지 확장: '감각기관의 새로운 지평'

20세기 전기 및 전자기술의 발전은 인간의 인지와 감각 능력을 크게 확장했다. 커뮤니케이션 이론의 대가인 마셜 맥루언(Marshall McLuhan)은 《미디어의 이해》(Understanding Media)에서 모든 매체가 인간의 감각기관을 확장한다고 주장하며, "매체는 인간의 확장"이라는 명제를 제시했다. 그는 인쇄물이 시각을, 라디오가 청각을, 텔레비전이 시청각을 확장한다고 분석했다.

맥루언은 "기계 시대에는 신체를 공간적으로 확장했지만, 전기 시대에는 중추신경계를 지구 전체로 연결했다"고 설명했다. 전자매체가 시공간 제약을 초월한다는 점을 강조한 것이다. 전자기술은 의사소통과 정보처리를 증강하며 감각기관을 사회적 차원으로 확장한다.

전화와 라디오는 소리를 먼 거리로 전달해 "원거리 청각"을 구현한다. 텔레비전과 영화는 시청각 경험을 풍부하게 하고, 인터넷과 컴퓨터 네트워크는 실시간 정보 교류로 지구촌 지식망을 형성한다. 맥루언은 "모든 기술은 감각과 신경계의 확장"이라며, 정보통신 매체가 인지 기능의 외부 보조 장치임을 밝혔다.

군사적으로 정보통신기술(ICT)은 인지 능력을 강화해 현대 전쟁을 변화시킨다. 위성, 드론, 센서가 실시간으로 데이터를 수집하고, ICT가 이를 통합·분석해 지휘관이 전장을 정확히 파악하고 신속히 판단하도록 돕는다. 예를 들어, AI 기반 드론 작전은 센서 데이터를 즉시 분석해 표적을 식별하고 정밀 타격을 실행한다. 이는 정보 우위를 확보해 작전 속도와 전투력을 높인다.

맥루언의 관점에서 현대 ICT는 감각기관을 확장하고 신경계 일부를 기술로 외부화한 것이다. 이는 인지와 소통 능력을 향상시킨다. 맥루언의 매체 이론은 기술확장이론의 인지적 측면을 철학적으로 뒷받침하며, "확장된 마음" 개념의 사상적 토대를 제공한다.

'확장된 마음(Extended Mind)' 이론: 기술-인간 결합 인지체계

마셜 맥루언의 매체 확장 이론 이후, 철학과 인지과학은 기술이 인간의 인지체계 일부가 될 수 있다는 관점을 발전시켰다. 1998년 앤디 클라크(Andy Clark)와 데이비드 찰머스(David Chalmers)는 논문 〈확장된 마음〉에서 인간의 정신이 두뇌와 신체를 넘어 외부 도구와 환경을 포함한 통합 인지체계를 형성한다고 주장했다.

확장된 마음 이론은 마음과 환경의 경계가 인위적이며, 외부 사물이 인지과정의 일부로 작용할 수 있다고 본다. 예를 들어, 노트에 기록된 정보는 개인의 기억체계로 간주된다. 클라크와 찰머스는 뇌손상자가 수첩에 정보를 저장하고 참조하는 사례를 들었다. 수첩은 환자의 기억 기능을 대체하며, 외부로 확장된 마음의 연장(Extension)이다. 오늘날 스마트폰은 일정 관리와 길찾기를 보조하며, '인지적 보완체(Cognitive Prosthetic)'로 기능해 인간의 인지체계를 강화한다.

군사적으로 확장된 마음 이론은 유무인 복합체계(MUM-T)를 통해 구현된다. 현대 전장에서 병사와 지휘관은 드론, 무인 센서, 자율 무기체계와 협력한다. 예를 들어, AI는 드론 데이터를 분석해 표적을 식별하고, 지휘관은 이를 바탕으로 즉시 정밀 타격을 결정한다. 인간의 판단력과 기계의 분석력이 결합된 이 체계는 작전 속도와 타격 정확성을 높여 전투력을 증강한다.

확장된 마음 이론은 인간과 기술이 통합된 인지체계를 형성한다는 철학적 기반을 제공한다. 이는 기술확장이론의 인지적 측면을 발전시키며, 인간과 기술이 연합 지능을 창출함을 보여준다. 이러한 확장된 인지체계는 군사력을 포함한 다양한 분야에서 핵심 역할을 할 것이다.

인간-기술 상호작용과 확장된 인지

기술은 단순한 보조수단을 넘어 인간 인지 체계의 일부로 통합되어 기억, 판단, 문제해결 능력을 확장한다. 현대 생활에서 스마트폰, 태블릿, 웨어러블 기기, 음성인식 비서는 인지적 부담을 덜어준다. 스마트폰은 방대한 정보를 저장해 즉시 접근하게 하고, GPS와 지도 앱은 경로 탐색을 간소화하며, 계산기와 스프레드시트는 복잡한 연산을 대행한다.

이러한 '인지적 외주(Cognitive Offloading)'는 인간의 제한된 작업기억과 주의력을 보완해 고차원적 판단과 창의적 사고를 돕는다. 인간-컴퓨터 상호작용(HCI) 연구에서 기술은 인지 확장으로 간주된다. 도널드 노먼(Donald Norman)의 "인지적 아티팩트(Cognitive Artifact)" 개념은 달력, 할 일 목록, 컴퓨터 같은 도구가 기억을 보완하고 추론을 강화한다고 설명한다.

인지적 도구는 정보를 저장·시각화해 기억을 지원하고, 복잡한 계산으로 추론을 향상시키며, 주의력과 지각을 확장한다. 인간-기술 상호작용은 기술이 인지 기능을 외부로 연장해 인간과 통합된 인지

체계를 형성한다. 기술확장이론과 확장된 마음 이론은 인간과 기술이 하나의 시스템으로 작동하며 인지능력을 확장한다는 공통점을 공유한다.

군사적으로 기술은 방대한 데이터를 분석해 전장 상황을 신속히 파악하고 전략을 수립한다. AI 기반 정찰 시스템은 미세한 변화를 감지해 실시간 상황 인식을 제공하고, 지휘관의 신속한 결정을 지원한다. 예를 들어, 드론과 위성 데이터를 통합한 표적 추적 시스템은 적의 움직임을 예측해 정밀 타격을 가능하게 한다. 이는 정보 우위를 확보해 전투 효율성을 높인다.

인간은 도구와 환경에 의존해 사고를 확장하며, 기술 발전은 인지 경계를 넓히는 과정이다. 인간과 기술의 상호작용은 연합 지능을 창출하며, 군사력을 포함한 다양한 분야를 변화시킨다.

2-2 현대 전장에서의 인지적 확장

현대 군사 분야에서 기술확장이론은 병사의 전투 능력을 향상시키고 미래 군사력을 구성하는 핵심적인 개념 틀로 활용된다. 정보기술의 발전으로 인공지능(AI), 드론(UAV), 증강현실(AR), 지휘·통제·통신·컴퓨터·정보·감시·정찰(C4ISR) 시스템이 도입되며, 병사의 감각, 판단력, 인지 능력을 확장한다.

AI는 실시간 데이터 분석으로 지휘관의 상황 판단을 가속화하고, 드론은 전장 시야를 넓혀 정밀 타격을 지원한다. AR은 전술 정보를 병사의 시야에 통합해 즉각적인 대응을 돕고, C4ISR은 데이터 통합으로 정보 우위를 제공한다. 우크라이나 전쟁에서 드론의 실시간 정찰과 AI 분석은 타격 속도를 10배 향상시켰다. 이처럼 기술은 병사의 인지 능력을 증강해 작전 효율성을 높인다.

다음은 현대 전장에서 인지 능력을 확장하는 기술 사례들이다.

무인 시스템과 감각의 확장

무인 항공기(UAV)와 무인 차량 같은 무인 시스템은 인간 병사의 감각기관을 전장 전역으로 확장한다. 병사는 드론의 카메라와 센서를 통해 위험한 지역이나 먼 거리의 정보를 실시간으로 획득할 수 있다. 예를 들어 미군에서 사용되는 블랙 호넷(Black Hornet) 초소형 드론은 손바닥만 한 크기지만, 분대원이 휴대하며 언제든지 주변을 신속히 정찰할 수 있다. 드론이 전송하는 영상 정보를 병사가 받아 적의 은폐된 움직임이나 위험을 사전에 파악할 수 있다.

이를 통해 병사는 직접 위험을 무릅쓰지 않고 안전한 위치에서 전장 상황을 실시간으로 감지하는 확장된 감각을 가지게 된다. 드론 기술은 병사의 시야와 청각을 공간적으로 확장하여 원격 센서의 역할을 수행하며, 인간의 정찰 능력을 한층 발전시킨 대표적 사례이다.

증강현실과 상황인지 능력의 확장

증강현실(AR) 기술은 병사의 시각 정보 처리 능력을 향상시킨다. 복잡한 전장 환경 속에서 병사의 인지 부담을 줄이고 상황 인식을 돕는다. 예컨대, 지휘소에서 수집한 각종 정보는 Q-워리어(Q-Warrior)

와 같은 전술 AR 시스템을 통해 병사의 헬멧 디스플레이에 실시간으로 표시된다. 병사는 이를 통해 아군과 적군의 위치, 주요 표적, 지형 정보 등을 파악할 수 있다.

미군이 Q-워리어 개념을 발전시켜 개발 중인 통합 전술 고글(IVAS)은 고글 형태의 AR 장치를 통해 병사에게 어둠 속에서도 적의 위치와 목표물을 식별할 수 있도록 지원하고, 실시간 지도와 지휘 정보를 제공한다. 이는 병사의 시야를 확장하고 중요한 정보를 자동으로 필터링하여, 병사의 인지적 과부하를 줄이고 빠르고 정확한 의사결정을 돕는다.

AI와 C4ISR을 통한 의사결정 능력 확장

AI는 현대 군사 작전 중 생성되는 방대한 데이터를 분석하여 지휘관과 병사의 의사결정을 지원한다. 영상인식 AI는 드론이나 위성으로부터 얻은 영상을 실시간 분석하여 숨겨진 위협을 식별하며, 예측 알고리즘은 전장 상황의 변화를 미리 파악해 대응책을 제시한다. 즉 AI는 인간의 인지적 노동을 분담하여 더 빠르고 정확한 정보를 제공한다.

C4ISR 시스템은 다양한 센서와 정보통신망을 통합하여 군대 전체를 거대한 신경망처럼 연결한다. 이를 통해 병사나 지휘관의 감각과 인지능력은 집단 지능 수준으로 향상된다. 병사는 주변 지역뿐 아니라 위성 영상이나 전자전 센서 정보를 실시간으로 통합하여 상황을 인지할 수 있으며, 지휘관은 전장 전역을 실시간으로 조망하며 신속하고 정확한 결정을 내릴 수 있다. 이로써 인간과 기술은

혼연일체가 되어 전장의 상황 인식을 획기적으로 증폭시키고 있다.

유무인 복합체계(MUM-T)와 통합적 인지 능력

현대 군대에서는 유무인 복합체계(Manned-Unmanned Teaming, MUM-T)가 중요한 개념으로 자리 잡았다. 이는 병사와 AI 또는 자동화 시스템이 팀을 이루어 협력함으로써 결합된 인지 능력을 발휘하는 구조이다. 예를 들어, 현대 전투차량의 승무원은 차량에 탑재된 다양한 센서와 이를 처리하는 AI로부터 실시간 환경 정보를 제공받아 상황 인식을 한다. 인간 병사는 AI가 예측한 위험 요소와 표적 정보를 바탕으로 최종 결정을 내린다. 인간과 기계의 협력을 통해 소수의 병력으로도 더 넓은 지역과 복잡한 환경을 효과적으로 관리할 수 있게 되었다.

이러한 기술 확장의 공통점은 인간의 관찰(Observe), 지향(Orient), 판단(Decide) 과정을 기계가 보조하여 OODA 루프를 가속화하는 데 있다. 결과적으로 병사는 이전보다 더 신속하고 정확한 상황 인식과 의사결정을 수행하게 되며, 이는 현대 전장에서 기술이 인간의 인지 능력을 극대화하고 있는 현실을 잘 보여준다.

2-3 기술확장이론과 현대 군사력의 재구성

지금까지 살펴본 바와 같이, 기술확장이론은 철학적 개념에서 출발하여 현대 군사 기술의 중요한 해석 틀로 활용되고 있다. 에른스트 카프의 기관 투사 개념은 기술이 인간 신체의 기능을 외부로 확장하고 도구화하는 과정을 설명한다. 한편, 마셜 맥루언의 감각 확장 이론은 기술이 인간의 감각기관을 외부로 확장하여 환경과의 상호작용을 강화한다고 주장한다. 클라크와 찰머스의 확장된 마음 이론은 인간과 기술이 결합하여 창출하는 인지적 시너지를 강조하였다.

이러한 철학적 통찰은 AI, 드론, AR, C4ISR 등 현대의 군사 기술이 병사의 전투력과 군사적 우위를 강화하는 과정을 이해하는 데 유용한 기반이 된다. 이제 기술은 단순히 인간의 도구가 아니라 전투 환경 자체의 일부이자 인간 인지의 확장으로 작용하며, 미래 전장에서는 인간-기술 통합 역량이 승리의 핵심이 된다.

인지적 군사력(국방 메타파워) 개념의 등장

한국 국방부는 2021년 정보통신기술을 기반으로 하는 인지적 군사력을 "국방 메타파워(Military Meta Power)"로 정의하였다. 이 개념은 전통적인 물리적 군사력과는 구별되는 새로운 형태의 군사력으로서, AI 기반의 표적분석과 자동화된 전장 관리, 사이버전을 통한 정보 우위 확보, 우주 기반 위성 체계를 활용한 실시간 정보 수집 및 공유, C4ISR 시스템을 통한 지휘통제 능력 향상 등을 포함한다. 다시 말해, 국방 메타파워는 첨단기술을 활용하여 병사와 지휘관의 인지력과 의사결정 능력을 확장한 군사력을 의미한다.

미래 전쟁에서는 첨단기술을 통해 누가 더 빠르게 상황을 인지하고 정확하게 판단하여 정밀하게 타격하느냐(정보 우위, 판단 우위, 및 실행 우위)가 결정적인 전투력의 핵심이 된다. 예컨대, 실시간 위성 영상과 드론 센서 데이터를 AI가 빠르게 분석하여 적의 움직임을 사전에 탐지하거나, 다양한 정보 소스로부터 데이터를 클라우드를 통해 즉각 공유하고 의사결정을 내린 후 정밀 유도 무기로 신속한 타격을 수행할 수 있는 역량이 그 예다.

기술확장이론의 관점에서 보면, 미래의 병사와 지휘관은 더 이상 독립된 존재가 아니라 AI, 네트워크, 센서 기술과 결합하여 확장된 존재로서 전투를 수행하게 된다. 이러한 기술적 확장 역량을 얼마나 효과적으로 운용할 수 있는지가 앞으로의 전쟁에서 승패를 결정할 것이다.

제3장

국방 메타파워 개념의 배경

3-1 메타파워 개념의 출발점

메타파워 개념은 2021년 발표된 《국방비전 2050》에서 처음으로 제시된 용어로, 첨단 정보통신기술을 활용해 군사력의 효율성과 효과성을 획기적으로 높이는 미래지향적 군사력 모델을 의미한다. 필자는 당시 국방부 국방개혁실장으로 근무하면서 서욱 전 국방부 장관의 지시에 따라 2050년까지의 국방 비전을 수립하기 위한 특별 기획팀을 구성하였다. 이 기획팀은 국방부와 관련 기관들과의 긴밀한 협력 속에서 중장기 국방 환경에 대한 면밀한 분석을 진행하였고, 약 1년 동안 300회 이상의 회의를 통해 2021년 11월 최종적으로 《국방비전 2050》을 공식 발표하게 되었다. 본 장에서는 이 비전서의 공개된 주요 내용을 중심으로 설명한다.

현재 한국의 국방 정세는 안팎으로 상당히 도전적인 상황에 처해 있다. 국제적으로는 미국과 중국 간의 전략적 경쟁이 지속되며 세계 정세가 급변하고 있다. 특히 동아시아 지역은 미국과 중국의 군사적·경제적 긴장과 충돌 가능성이 항상 존재하는, 일종의 안보적 단층선으로 간주된다. 이 지역 내 러시아, 일본, 대만 등 주요 국가들 역시 자국의 안보를 보장하기 위한 복합적인 군사·외교적 전략을 추진하고 있으며, 북한은 지속적인 핵무기 개발과 경제난으로 지역 안정을 위협하고 있다. 만약 이 지역에서 전쟁이 발생할 경우, 이는 곧 국제적 규모의 충돌로 확대될 위험이 매우 크다.

국내적으로는 저출산으로 인한 입대 가능 남성 인구의 감소라는 심각한 위기에 직면해 있다. 제한된 인력으로 국가 안보 임무를 효과적으로 수행하려면, AI 기반 자동화 시스템, 빅데이터를 활용한 예측 유지보수, 초연결 통신망을 통한 실시간 정보 공유 등 첨단기술의 도입과 효율적 운영이 필수적이다.

이러한 복합적인 국내외 도전 과제에 대응하기 위해 한국의 군사력은 근본적인 혁신이 있어야 한다. 제한된 인력으로도 높은 수준의 전투력을 유지하고 지속적으로 발전시키려면, 군사 작전에서부터 행정, 병력 관리, 군수 체계의 유지 및 보수, 교육 훈련, 군 의료 및 법무 등 전 과정에서 자동화 및 지능화를 적극 추진해야 한다.

이러한 대내외적 난관을 극복하고 미래 국방력을 강화하기 위한 핵심 전략으로 인공지능, 빅데이터, 초연결 통신망 등의 첨단 ICT 기술을 선정하였다. 본서에서는 이들 정보통신기술을 군사적으로 적용할 수 있는 방안과 이를 토대로 한 미래 군사력 발전의 명확한 방향성을 제시한다.

3-2 국방비전 2050

2021년 11월에 공개된 《국방비전 2050》은 과학기술을 중심으로 변화하는 미래 군사력의 방향을 제시하였다. 이를 설명하기 위해 다음의 세 가지 핵심 주제를 중심으로 내용을 소개한다. 첫째, 기술의 발전으로 야기된 산업혁명과 군사력 간의 관계를 개략적으로 살펴본다. 둘째, 미래 전장의 특이점 도래에 대응하기 위한 새로운 전략 및 군사력 개념의 필요성을 논의한다. 셋째, 국방비전 2050에서 제시하는 미래 국방력의 방향을 구체적으로 소개한다.

과학기술과 군사력

산업혁명으로 대표되는 기술의 발전은 군사력의 형태와 성격을 근본적으로 변화시켜 왔다. 산업영역에서 시작된 혁신은 군사적 역량을 증대시키고 새로운 작전 방식을 가능하게 하여 전쟁의 양상을 변경하였다. 기술 혁신에 따른 4차례의 산업혁명과 그에 따른 군사력의 변천 내용을 대략 정리하면 다음과 같다.

◇ 1차 산업혁명(18세기 후반~19세기 초반):
증기기관과 철강 기술은 석탄 기반의 대량 생산을 가능하게 하여 군사 장비와 화포 성능을 향상시켰다. 이에 따라 대규모 병력과 물자를 신속히 이동시키는 것이 가능해지면서 화력전과 참호전의 시대가 열렸다.

◇ 2차 산업혁명(19세기 후반~20세기 초반):

전기, 통신기술, 내연기관의 발전은 대량 생산 체계를 구축함으로써 군용 차량과 항공기, 통신 시스템의 비약적 발전을 가져왔다. 이는 신속한 기동전이 가능하게 하고 육해공이 연계된 입체 작전을 현실화했다.

◇ 3차 산업혁명(20세기 후반):

컴퓨터와 인터넷, 위성 기술의 등장은 정보처리 능력을 획기적으로 향상시키며 군사 작전의 효율성을 크게 높였다. 실시간 상황 인식, 정보 공유, 정밀 장거리 타격 능력이 구현되면서 현대 전쟁의 양상이 본격적으로 바뀌기 시작했다.

◇ 4차 산업혁명(21세기 초반 이후):

인공지능, 빅데이터, 초연결 네트워크, 무인 로봇의 발전은 데이터 중심의 군사력을 구현하고 있다. 빠르고 정확한 상황 인지, 신속한 의사결정, 유·무인 복합 전투 및 사이버 전투 역량을 갖춘 군사력이 등장하며 군사 패러다임을 다시 한번 변화시키고 있다.

이러한 산업혁명과 군사력 간의 상호작용은 향후 군사력의 발전 방향을 이해하는 데 중요한 기반을 제공한다. 본 절에서는 국방비전 2050에서 공개된 내용을 중심으로 대략 제시하고, 더 자세한 논의는 제4장(과학기술과 군사력, 그리고 국방 메타파워)에서 다룬다.

미래 전장의 특이점 도래에 대비

미래의 전장은 전통적인 지상, 해양, 공중 영역을 넘어 우주, 사이버, 인간의 인지 및 심리 영역까지 급격히 확장되고 있다. 우주 공간은 통신, 감시 및 정찰의 중심축으로 떠오르고 있으며, 전략적 중요성은 계속 높아지고 있다. 사이버 영역에서는 정보를 선점하고 우위를 확보하는 것이 전쟁의 승패를 좌우하는 핵심 요소로 자리 잡았다. 더불어 심리전과 정보전의 정교화로 인해 인간의 사고와 감정을 대상으로 하는 전쟁 형태가 두드러지고 있다. 이에 따라 미래의 전장은 전면전이나 국지도발 같은 전통적인 전투를 넘어 사이버 공격, 허위 정보 유포 등 복합적이고 다층적인 하이브리드전으로 진화할 것으로 예상된다.

이와 같은 복합적 전장 환경에서는 인간의 인지능력만으로는 작전 속도를 따라잡기 어려운 '전장의 특이점'이 발생할 가능성이 크다. 이러한 변화에 효과적으로 대응하기 위해서는 과학기술의 발전과 혁신적인 접근이 필수적이다.

첨단 과학기술의 발달로 인해 감시, 지휘통제, 타격 체계의 성능과 작전 범위가 크게 확대되면서, 전장 영역 간 경계가 점차 무너지고 있다. 따라서 다양한 전투 능력을 통합적으로 운용하여 전투력을 극대화하는 다영역 통합작전의 중요성이 강조되고 있다. 미래의 국방 환경에서는 우주, 사이버, 인지 및 심리 영역 등 모든 전장 영역을 연결하고 지능화하여 효율적이고 효과적인 군사력을 발휘할 수 있는 새로운 개념이 요구된다.

이러한 배경하에 국방부 미래비전 기획팀은 '국방 메타파워' 개념을 새롭게 제안하였다. 국방 메타파워는 인공지능, 빅데이터, 초연결 네트워크 등 첨단 정보통신기술을 적극적으로 활용하여 인간의 인지적 한계를 뛰어넘고, 실시간 정보 공유와 빠른 데이터 분석을 통해 시공간적 제약을 극복하는 혁신적 군사력 개념이다. 이는 기존의 하드파워(물리적 군사력)와 소프트파워(정신적·운용적 전력)와는 구별되며, 상호작용성, 통합성, 분석력, 민첩성을 핵심 속성으로 하는 새로운 형태의 인지 영역의 군사력이라고 할 수 있다. '국방 메타파워' 개념의 유래와 의미에 대해서는 제5장 "힘(Power)의 변천과 메타파워"에서 보다 상세히 다룬다.

미래 군사력 발전 방향

한국 국방부는 국내외 급변하는 안보 환경과 인구절벽 등 내부적 여건을 고려하여 첨단 과학기술 기반의 미래 군사력 발전 방향을 설정하여 제시하였다. 4차 산업혁명 등 급속한 기술 발전과 글로벌 안보 환경 변화는 군사적 위협과 대응 방식을 근본적으로 변화시키고 있으며, 이에 따라 미래 전장에 효과적으로 대응하기 위한 군사력 발전이 필수적으로 요구되고 있다.

한국군은 이러한 요구에 부응하여 첨단기술을 적극 활용한 미래지향적인 군사력 발전 방향을 제안하고 있다. 이를 통해 지휘구조, 부대구조, 병력구조, 전력구조 등 군구조 전반을 효율적이고 혁신적으로 발전시키고자 하며, 각 요소의 범주는 다음과 같다.

- 지휘구조 : 미래 전장 환경에 적합한 유연한 상부 지휘구조

- 부대구조 : 첨단 과학기술 기반의 각 부대구조 정예화
- 병력구조 : 적정 수준의 상비 병력 및 예비전력 규모 판단
- 전력구조 : 미래 군사 과학기술 고려 전장 기능별 전력 구성

《국방비전 2050》에서는 첨단 기술이 가져온 산업혁명과 군사력 변화의 관계를 개략적으로 살펴보고, 급속히 변화하는 글로벌 안보 환경 속에서 미래 전장의 다양한 특이점과 새로운 위협 요소에 대응하기 위한 전략과 군사력 개념의 중요성을 강조하고 있다. 특히 지휘통제, 대공 방어, 유무인 복합전, 우주력 강화, 사이버전, 전자기스펙트럼, 교육훈련 혁신, 국방 운영체계 혁신 등 다양한 군사적 기능과 영역을 첨단 과학기술과 유기적으로 융합하여 효과적으로 발전시키는 방향을 제시하고 있다. 이를 통해 한국 국방부는 미래 국방력 구축을 위한 구체적이고 실천 가능한 방안들을 다음과 같이 제시하였다.

① 지능형 전영역 통합 지휘통제체계 구축
   - AI, 빅데이터, 클라우드 기반의 지능형 체계 구축
   - 다층·다중 초연결 네트워크 구축
   - 생존성과 보안성이 강화된 지휘통제체계 구축
② 전략적 방호를 위한 지능형 통합공중방어체계 발전
   - 정보·감시·정찰 능력 고도화
   - 상대국의 공격 이전 단계부터 억제·대응 가능
   - 다양한 공중위협에 신속하고 유연하게 대응
③ 지능형 유·무인 복합전투체계 발전
   - 인간 전투원과 무인 무기체계 간 조합으로 능력 극대화

- 감지센서, 인공지능, 동력원 등 무인 체계 기술 고도화
- 유·무인 복합전투체계 운용 관련 사이버전·전자기전 대비

④ 연합·합동 차원의 미래 국방우주력 발전
- 합동성에 기반한 우주작전개념 발전
- 우주작전개념을 구현할 수 있는 다양한 우주전력 확보

⑤ 지능형 사이버전 역량 강화
- 미래 사이버 위협에 포괄적·능동적·선제적 대응 역량 강화
- 핵심 정보체계 분산 및 복원력 강화, 네트워크 강화

⑥ 미래 전자기스펙트럼 능력 발전
- 고도화된 전자기스펙트럼 운영체계 구비
- 공세적 전자기스펙트럼 무기체계 발전
- 전방위 전자기 방호대책 구축

⑦ 인간 강화기술 기반 전투체계 발전
- 인간 강화기술 관련 기술 식별 및 발전
- 인간 강화기술 활용개념 다양화

⑧ 미래 실전적 교육훈련 환경 구축
- 시간과 장소의 제약 없는 스마트 교육훈련 환경 고도화
- 과학화, 실전적 훈련이 보장되는 훈련장 구축

⑨ AI, 빅데이터, 클라우드 기반의 고효율 국방 운영체계 혁신
- 유무선 통합 초연결 네트워크 구축
- 국방 클라우드 업무환경 구축
- 사물인터넷(IoT) 센서 네트워크 조성

⑩ 무인·자율화 기반 스마트 군수혁신
- 빅데이터, 인공지능 등을 활용한 군수지원 효율화

이상은 《국방비전 2050》 공개본의 핵심 내용을 간략히 정리한 것이다. 국내외 안보 환경의 변화와 미래 전장의 요구사항을 고려할 때, 첨단 기술을 활용한 군사력의 발전 방향을 명확히 제시할 필요성이 있었다. 이를 위해 필자는 군사력의 다양한 영역에서 진행되는 발전의 양상을 포괄하고 일관된 관점에서 관통할 수 있는 개념으로 "메타파워"를 제시하였다. 이 개념은 미래 군사력의 다양한 발전 방향들을 하나로 묶는 통합적 접근을 가능하게 하며, 국방정책 수립 및 집행 과정에서 효율적인 의사결정을 지원하는 데 중점을 둔다.

필자에게 "메타파워" 개념의 심화 및 체계적 탐구는 이후 중요한 연구 과제가 되었다. 약 2년에 걸친 폭넓은 문헌 연구를 통해, 2024년 3월 IEEE Access 저널에 "A Comprehensive Review on South Korea's Military Meta Power(한국군 국방 메타파워 개념에 대한 종합적 검토)" 논문을 발표하였다. 또한 같은 해 8월 "ICT 기반 군사력의 정의에 관한 연구: 한국군의 국방 메타파워 개념을 중심으로"라는 논문을 제출하여 박사학위를 취득하였다. 본서는 이러한 연구 결과를 바탕으로, 국방 분야의 실무자와 정책 입안자들이 미래의 군사력의 속성을 효과적으로 이해하고, 구체적인 구축 방향을 명확하게 설정할 수 있도록 지원하는 것을 목표로 하고 있다.

제4장

과학기술과 군사력, 그리고 국방 메타파워

4-1 과학기술과 군사력

전쟁의 역사는 곧 기술 발전의 역사라고 할 수 있다. 기술확장이론을 주장한 마셜 맥루언(Marshall McLuhan, 1964)에 따르면, 기술은 인간의 신체적 및 인지적 능력을 외부로 확장하고 강화하는 역할을 수행한다. 기술은 인간의 물리적 힘을 강화하여 전통적인 하드파워를 구축하는가 하면, 인간의 감각과 사고 능력을 확장하여 정보 및 인지적 영역에서 메타파워를 형성하기도 한다. 본 장에서는 이러한 기술과 군사력의 관계를 탐구하며, 메타파워가 어떻게 등장하고 발전했는지 살펴본다.

역사적으로 기술 혁신은 군사력의 개념과 전쟁 수행 방식을 근본적으로 변화시켜 왔다. 화약의 등장은 견고했던 성곽 중심의 봉건 시대를 붕괴시켰고, 철도와 전신의 출현은 전략적 기동과 실시간 정보 전달을 가능하게 하여 전쟁의 속도를 획기적으로 높였다.

18세기 이후 진행된 산업혁명들은 군사력의 구조와 개념을 급속하게 변화시켰으며, 최근 정보통신기술의 비약적 발전으로 전쟁은 더욱 복잡하고 정교한 정보전, 사이버전으로 진화하였다.

1차 산업혁명 당시 증기기관의 발명과 기계화 기술은 군대의 대규모 병력 동원과 빠른 전략 기동력을 가능하게 했으며, 2차 산업혁명의 전기와 대량생산 기술은 총력전과 기갑전의 시대를 열었다. 3차 산업혁명에서는 컴퓨터와 통신 기술을 활용하여 네트워크 중심전(Network Centric Warfare, NCW) 개념이 등장하면서 정보 우위를 통한 효율적 작전 수행을 가능하게 했다. 최근 진행 중인 4차 산업혁명에서는 인공지능, 빅데이터, 사이버 기술이 융합되어 기존의 물리적 군사력을 뛰어넘는 '인지 영역의 군사력', 즉 메타파워를 형성하고 있다.

메타파워는 방대한 데이터를 신속히 수집하고 분석하여 의사결정의 우위를 제공하며, 전장의 상황을 정확히 인지하고 효과적으로 대응할 수 있게 하는 능력을 말한다. 이를 통해 군대는 정보 우세를 달성하고 적보다 신속하고 정교한 판단을 내릴 수 있다. 앞으로의 군사력 경쟁은 메타파워를 중심으로 전개될 것으로 전망한다.

본 장에서는 이러한 역사적으로 전개된 기술 혁신과 군사력의 상호작용을 산업혁명의 단계별로 구체적으로 분석하고, 이를 바탕으로 향후 국방력의 발전 방향을 제시하고자 한다.

1차 산업혁명과 대규모 전(18세기 후반~19세기 중엽)

18세기 후반부터 시작된 1차 산업혁명은 증기기관과 석탄의 활용을 통해 산업의 기계화를 촉진했다. 철도와 증기선의 등장은 대량 생산 체제와 함께 산업 전반에 급격한 변화를 가져왔다.

이러한 산업혁명은 무기 체계에도 중대한 변화를 불러왔다. 개인화기 제조가 공장제 대량 생산 방식으로 바뀌었고, 머스켓총과 대포의 표준화가 이루어졌다. 특히 19세기 중반 강선 소총(총신에 나선형 홈을 새김)의 도입으로 총기의 정확성과 사거리가 크게 개선되었다. 더불어 후장식 소총(총기 후방에서 탄약을 장전하는 방식)이 개발되어 병사들이 더욱 빠르고 안전한 전투를 수행할 수 있게 되었다. 이러한 신무기들의 등장으로 인해 밀집대형의 전열 보병이나 기병 돌격 등 전통적 전술의 효용성이 감소하기 시작했다.

나폴레옹 전쟁 시기는 특히 프랑스 혁명으로 인해 등장한 국민개병제 군대가 전통적 소수 정예군 중심의 전쟁 개념을 크게 변화시켰다. 나폴레옹은 징집된 대규모 군대를 이용한 빠르고 기동적인 전술로 유럽을 장악하였고, 당시 지휘관들은 화승총과 대포 중심의 구식 전술에 산병(散兵), 종대(縱帶) 대형, 기마 포병 등 변화된 전술을 접목하였다.

크림 전쟁(1853-1856)을 통해 산업혁명의 군사적 잠재력이 명확히 드러났다. 철도는 병력과 군수품을 신속히 전장으로 운반하는 역할을 하였고, 전신은 원거리에서 즉각적인 전략 통신을 가능케 해 지휘관들의 의사결정 속도와 정확성을 높였다. 특히 미국 남북전쟁(1861-1865)에서는 수천 킬로미터에 달하는 철도와 전신망이 전쟁의 진행 방식을 근본적으로 변화시켰다. 북군은 철도를 통해 병력과 물자를 신속히 이동시키고 보급을 원활히 했다. 최초의 철갑 증기함인 USS 모니터와 CSS 버지니아의 해전을 통해 해상전력의 혁신을 입증했다. 그러나 당시 대부분의 지휘관들은 새로운 기술의 잠재력을 충분히 이해하지 못한 채 기존의 정면 돌격이나 밀집대형 같은 구식 전술을 유지하다 큰 피해를 입기도 했다. 대표적으로 초기 개틀링 기관총은 지휘부의 무관심과 이해 부족으로 인해 제한적인 활용에 그쳤다.

프로이센-프랑스 전쟁(1870)은 산업화 기술을 군사력으로 효과적으로 전환한 대표적 사례였다. 프로이센은 철도를 활용한 신속한 병력 동원과 더불어, 드라이제 후장식 소총과 크루프 강철포와 같은 최신 무기를 통해 프랑스를 빠르게 격파하였다. 이는 군사 분야에서 산업혁명이 가져온 기술적 혁신이 전쟁의 결과에 결정적인 영향을 미쳤음을 입증하는 역사적 사례로 남았다.

2차 산업혁명과 기계화군(19세기 후반~20세기 중반)

19세기 후반에서 20세기 중반에 이르는 2차 산업혁명은 전기와 내연기관, 석유 연료의 활용을 바탕으로 한 기술 혁신의 시대였다. 전신의 발명을 시작으로 유선 전화와 무선전신(라디오)의 등장으로 통신 기술이 비약적으로 발전하였고, 컨베이어 벨트를 활용한 공장의 대량생산 방식이 확립되었다. 화약 역시 흑색화약에서 무연화약으로 진화하며 포탄의 위력을 크게 증대시켰고, 다이너마이트 같은 폭발물이 개발되었다. 이러한 기술적 발전은 자동차, 탱크, 항공기와 같은 내연기관 기반의 병기들을 탄생시켰으며, 무선통신 장비와 레이더 기술이 군대에 본격적으로 도입되었다.

1880년대에 개발된 맥심 기관총(최초의 자동화기)은 보병의 화력을 크게 증가시켰으며, 경장포 또한 속사포로 발전하여 화력의 밀도를 높였다. 20세기 초 영국 해군은 드레드노트급 전함을 진수하여 강철로 만들어진 거대한 전함 시대를 열었으며, 지상에서는 제1차 세계대전 중에 탱크가 개발되어 참호전을 돌파하는 새로운 전술적 시도를 보여주었다. 하늘에서는 라이트 형제의 비행기 발명(1903년)을 기점으로 군용 항공기가 개발되면서 정찰과 폭격 임무에 본격적으로 활용되기 시작했고, 이후 장거리 중폭격기와 전투기로 급속히 발전하였다. 또한, 무선 통신기와 레이더 기술이 제2차 세계대전쯤에 완성되어 군사 통신망과 레이더가 전장의 필수적 요소로 자리 잡았다. 제1차 세계대전 당시 처음 사용된 화학가스 무기와 1945년 등장한 원자폭탄은 전쟁의 양상을 근본적으로 변화시킨 중요한 계기가 되었다.

2차 산업혁명은 전쟁의 성격을 대량화와 기계화로 바꾸어 놓았다. 제1차 세계대전(1914~1918)은 완전히 산업화된 규모로 이루어진 최초의 전쟁으로 평가되며, 교통·통신·산업생산력을 총동원한 총력전의 양상을 보였다. 참호전과 기관총, 철조망 등 방어 기술의 우세로 인해 소모전이 주를 이루면서 막대한 인명 손실을 초래하였다.

그러나 전쟁 후반부에 전차와 항공전의 가능성이 입증되고, 무선통신을 통한 보병과 포병 간의 협력이 개선되며 현대적인 기동전의 개념이 나타나기 시작했다. 이후 기갑부대와 기계화부대의 기동성 중심 전술 개념이 정착되었으며, 특히 제2차 세계대전에서 독일군이 선보인 전격전(Blitzkrieg)은 전차, 기계화보병, 전술공군을 무전기로 긴밀히 연결한 혁신적 군사 작전의 대표적인 사례였다.

또한, 전략폭격 개념이 등장하여 영국과 미국은 독일 본토와 일본에 대규모 공습을 감행하여 산업시설과 도시 기반을 파괴하는 총력전을 펼쳤다. 이 시기의 전쟁은 대량생산과 강력한 기계화 화력을 통해 지상, 해상, 공중에서 빠른 기동력과 막대한 타격 능력을 중심으로 승패가 결정되었다.

제2차 세계대전은 특히 산업 능력이 전쟁의 승패를 좌우한 대표적 사례이다. 독일은 초기의 기갑과 항공력을 앞세운 혁신적 작전으로 전쟁 초반 승기를 잡았으나, 결국 연합국의 압도적인 산업 생산력 앞에서 점차 밀려나 소모전을 극복하지 못했다. 1944년 당시 미국은 '민주주의의 병기창(Arsenal of Democracy)'이라는 표현이 나올 정도로 막대한 산업 생산력을 동원하여, 약 5분 30초마다 비행기 한 대를 생산하는 수준으로 공장을 가동하였다. 그 결과 미국과 영국은 탱크, 항공기, 선박을 대량 생산하여 추축국을 압도할 수 있었고, 독일과 일본은 연합국의 생산력 앞에서 결국 전쟁의 주도권을 상실하게 되었다. 소련 또한 시베리아로 산업시설을 이전하여 T-34 전차 생산을 지속함으로써 동부전선의 방어선을 유지했다.

이처럼 산업사회의 대량생산 체제를 효과적으로 활용한 국가들이 전쟁의 최종 승자가 되었다는 점에서, 제2차 세계대전은 기술과 생산력이 전략적 우위 확보에 얼마나 중요한 요소인지 명확히 보여주는 역사적 사례로 평가된다.

3차 산업혁명과 정보화전(20세기 후반)

1970년대부터 시작된 디지털 혁명은 반도체, 컴퓨터, 통신위성, 인터넷 등 정보기술(Information Technology, IT)의 급속한 발전을 특징으로 한다. 특히 마이크로프로세서의 등장은 정밀 전자장비의 대중화를 촉진하여 정보의 디지털화와 실시간 통신을 가능하게 했다. 군사 분야에서도 위성항법시스템(GPS), 고성능 전자센서, 컴퓨터 네트워크 기술이 결합하면서 정밀 유도무기(PGM)와 자동화된 지휘통제 시스템이 본격적으로 도입되었다.

3차 산업혁명 시기의 군사기술은 정밀화와 지능화에 중점을 두었다. 레이저 유도폭탄(1960~70년대 개발)과 GPS 유도미사일(1990년대)이 실전에 투입되면서 정밀 타격의 시대가 열렸다. 이는 1991년 걸프전에서 미군이 주요 목표물들을 정확하게 타격하며 그 효용성을 입증했다. 동시에 탄도미사일 요격 시스템(패트리어트 미사일)과 스텔스 기술이 발달했으며, 광학·전자 정찰위성과 드론(UAV)을 이용한 실시간 감시체계도 구축되었다. 통신위성과 데이터링크 기술로 다양한 센서와 무기체계를 통합한 C4ISR(지휘·통제·통신·컴퓨터·정보·감시·정찰) 네트워크는 전투기와 지상군이 실시간으로 정보를 공유하고 협력할 수 있도록 했다. 소프트웨어는 무기체계 성능의 핵심 요소로 부상했고, 사이버 공간이 새로운 작전 영역으로 등장하면서 사이버전의 개념도 자리 잡게 되었다.

정보화 시대에는 "적시에 정확한 정보를 획득하고 활용하는 능력"이 군사작전의 성공을 결정짓는 핵심 요소로 부각되었다. 냉전 후반 미국은 정보기술을 활용한 군사혁신(Revolution in Military Affairs, RMA)을 추진하며 "네트워크 중심전(Network Centric Warfare, NCW)" 개념을 발전시켰다. 이는 각 군종의 센서와 무기체계를 데이터링크로 통합하여 합동작전을 수행하고, 실시간 지휘통제를 통해 작전 속도를 높이는 전략이었다. 실제로 걸프전(1991)에서 다국적군은 위성정찰과 공중조기경보(AWACS)를 활용해 전장 정보를 실시간으로 파악하고, 정밀 유도무기로 이라크군의 지휘시설을 신속히 마비시키며 불과 100시간 만에 지상전을 종결시키는 성과를 거뒀다.

2000년대 이후 미군은 네트워크 중심전을 더욱 발전시켜 "센서-처리-사격(Sensor-to-Shooter)"을 하나의 통합 네트워크로 연결하고, 신속한 OODA 루프(관찰-지향-판단-행동 사이클)를 통해 적을 제압하는 전술을 확립했다. 이와 동시에 현대전 양상은 첨단 정규군 간 하이테크 전투와 저비용 민간 기술을 활용하는 테러리스트 및 반군과의 비정규전이 공존하는 형태로 변화했다. 이라크와 아프가니스탄 전쟁에서 반군은 휴대전화와 인터넷을 이용해 기폭장치 및 선전 활동을 펼쳤으며, 정규군은 드론과 네트워크 기반의 정밀 타격으로 대응하며 전쟁의 복잡성이 증가했다.

걸프전(1991)은 정보기술을 활용한 현대전의 대표적 사례로 평가된다. 미군은 GPS 유도 로켓과 스텔스 폭격기(F-117)를 활용하여 이라크군의 지휘체계를 빠르게 무력화했다. 실시간 공유된 위성사진과 신호정보(SIGINT)를 기반으로 전장의 90% 이상을 항공화력으로 제압함으로써, 이라크군이 당시 세계 4위 규모의 전력을 보유했음에도 정보력과 정밀 타격 능력의 부족으로 크게 패배했다. 이후 코소보 분쟁(1999), 이라크전(2003)에서도 미군은 첨단 C4ISR 체계를 활용해 압도적인 전투력을 발휘했다.

한편 사이버 공격과 게릴라전 등 비대칭 위협의 특징이 두드러지게 나타났다. 특히 2010년대 이후 사이버 공간에서의 교전(예: 2010년 이란 핵시설을 공격한 Stuxnet 바이러스)과 드론을 활용한 정밀 타격 사례가 증가하면서 디지털 기술의 군사적 중요성이 더욱 강조되었다.

4차 산업혁명과 지능화전(21세기 초 ~ 현재)

4차 산업혁명은 인공지능, 로봇공학, 빅데이터, 사물인터넷(IoT), 클라우드 컴퓨팅, 5G 통신, 양자기술 등 첨단 기술의 융합을 특징으로 하며, 군사력의 구조와 운용개념 자체를 혁명적으로 변화시키고 있다. 특히 AI 기술의 발전은 방대한 데이터를 실시간으로 분석하여 신속하고 정확한 판단을 가능하게 하였으며, 자율 무인 체계의 등장은 인간의 물리적·인지적 능력을 극대화하고 확장하는 기반을 마련하였다. 초소형 위성과 고성능 센서 기술은 전 세계적 감시 및 정찰 능력을 대폭 향상시키고, 클라우드 네트워크로 전투 자산이 실시간 연결되는 초연결 전장을 현실화하고 있다.

군사력의 로봇화와 무인화는 4차 산업혁명의 핵심 결과이다. 자율 드론 군집 기술은 수십에서 수백 대의 무인기가 협력하여 적의 방공망을 압도하는 새로운 전술을 가능하게 하며, 무인 전투차량(UGV)과 자율 함정은 육·해·공 전투에서 인간 병력의 역할을 새롭게 정의하고 있다. AI 알고리즘은 정찰 영상 분석, 표적 식별, 사이버 방어 등의 분야에서 지능형 무기체계의 핵심 요소가 되고 있다. 대표적인 사례로는 미군의 프로젝트 메이븐(Project Maven)이 AI를 통해 드론 영상에서 테러리스트를 식별하고 있으며, 이스라엘의 하롭(Harop) 드론은 AI 기반 자율 타격을 수행하고 있다. 극초음속 미사일과 레이저 무기 같은 신무기는 기존 방어체계를 무력화할 수 있는 잠재력을 보이고 있으며, 사이버 및 전자기 스펙트럼 무기들은 적의 주요 인프라를 무력화하는 전략적 옵션으로 떠오르고 있다. 증강현실(AR) 기술 또한 군사 훈련의 효율성을 높이고 있으며, 생명공학 기술이 새로운 생화학 위협 가능성을 제기하는 등 기술의 영향력이 군사 전반에 걸쳐 확대되고 있다.

4차 산업혁명 시대의 군사 작전 개념은 "다영역 작전(Multi-Domain Operations)"과 "초연결전"으로 요약된다. 기존의 육·해·공 전장에 우주와 사이버 공간이 추가되어 통합 운용되는 전영역 통합작전이 필수적이다. 모든 군사 플랫폼은 IoT 기술을 통해 실시간 데이터를 공유하고, AI는 이 데이터를 분석하여 인간의 인지 능력을 초월한 신속한 의사결정을 지원한다. 미군의 합동 전영역 지휘통제(JADC2) 체계는 센서, 지휘소, 화력 수단을 클라우드와 AI로 통합하여 최적의 표적을 실시간 선정하고 타격하는 시스템을 구축하고 있다. 이러한 기술력 덕분에 소규모의 첨단 정예군이 자율 무인 체계와 협력하여 초기 단계에서 결정적인 우위를 확보할 수 있게 되었다. 그러나 동등한 기술력을 가진 국가 간의 경쟁에서는 사이버전, 전자전 및 인지전이 더욱 치열하게 전개될 전망이다.

러시아와 우크라이나 간의 전쟁은 첨단 기술과 전통 군사력이 실제 전장에서 어떻게 융합되어 적용되는지를 명확히 보여주는 사례이다. 우크라이나군은 민간 위성통신과 드론 기술을 활용해 정보 우위를 점하고 소규모의 정밀 타격으로 러시아군의 약점을 효과적으로 공략했다. 특히 터키제 TB2 드론과 미국이 제공한 하이마스(HI-MARS) 위성 유도 로켓이 전황을 유리하게 전환시키는 데 큰 역할을 했다. 이에 러시아군은 전통적인 대규모 포병과 기갑 부대를 전면에 투입하는 동시에 GPS 교란, 사이버 공격, SNS와 미디어를 통한 여론전 등 디지털 공간에서의 인지전을 활발히 전개했다. 이 전쟁은 디지털 정보전과 전통적인 화력전이 결합된 혼합전(Hybrid warfare)의 특성을 뚜렷이 나타내며, 4차 산업혁명의 기술적 혁신이 현대 전장의 승패를 좌우하는 핵심 요소라는 사실을 강조하고 있다.

지금까지 네 차례의 산업혁명을 통해 기술이 무기체계, 군대 조직, 전술 등 군사력 전반에 걸쳐 근본적이고 지속적인 변화를 초래한 과정을 살펴보았다. 증기기관과 내연기관 같은 기계적이고 에너지 중심의 역학 기술들은 군사력의 물리적 힘을 꾸준히 증대시키며 발전을 견인해왔다. 또한, 전자기술의 등장은 군사력의 인지적 영역을 부각시키며, 정보의 신속한 수집, 분석 및 판단을 통한 효과적인 대응 능력을 크게 강화하는 계기가 되었다.

현대 전장에서는 이러한 인지적 군사력의 중요성이 점점 더 강조되고 있다. 이를 더욱 심도 있게 이해하기 위해, 전신과 전파기술 등 초기 기술에서부터 최근 인공지능, 빅데이터, 클라우드 컴퓨팅 등의 최첨단 정보통신기술까지의 발전 흐름을 종합적으로 검토한다. 특히, 전쟁 수행의 중추적 역할을 담당하는 지휘통제(C2) 분야를 중심으로 시대별 기술 발전에 따른 군사력의 진화를 살펴보며, 이를 통해 미래 군사력의 발전 방향을 전망하고자 한다.

4-2 정보기술의 발전과 지휘통제 방식의 변화

지휘통제(Command & Control, C2)는 속도, 정확성, 데이터 처리량, 거리 극복 측면에서 기술 발전의 영향을 가장 직접적으로 받아온 군사 분야 중 하나이다. 정보통신기술의 급속한 진보로 인해 지휘관과 부대 간의 물리적 거리는 의미를 잃고 있으며, 전장의 상황을 실시간으로 파악하여 빠르고 정확한 판단을 내릴 수 있는 능력이 극대화되고 있다.

과거 나폴레옹 시대의 깃발과 봉화, 전령과 같은 제한적인 의사소통 수단에서 출발하여, 현대의 위성통신, 초고속 인터넷, AI 기반의 데이터 분석에 이르기까지 지휘통제 체계는 지속적인 혁신을 거듭하며 발전해왔다.

이러한 기술적 진보는 방대한 데이터를 신속하게 처리하여 전술적 의사결정의 질과 속도를 비약적으로 높이고 있다. 앞으로의 전장은 AI가 결합된 C4ISR(지휘·통제·통신·컴퓨터·정보·감시 및 정찰)을 중심으로 더욱 통합적이고 효율적인 지휘통제 구조를 요구할 것이다. 본 절에서는 지휘통제 방식이 기술 발전과 함께 어떻게 변화해왔는지 시대별로 분석하고, 미래의 발전 방향을 제시하고자 한다.

1차 산업혁명기: 중앙집권식 지휘와 전신의 등장

18세기 이전 전쟁에서 지휘관은 눈에 보이는 범위 내 부대에만 직접 명령을 내릴 수 있었다. 원거리 부대와의 통신은 전령, 기수, 봉수, 깃발, 나팔과 같은 수단에 의존했기 때문에 명령 전달의 속도와 정확성에는 큰 제약이 있었다. 나폴레옹은 군대를 전위·중앙·후위로 나누는 등 유연한 작전 운용술을 개발했지만, 이러한 통신의 한계는 여전히 전술적 분산과 전략적 집중을 어렵게 했다. 특히 러시아 원정과 같은 대규모 작전에서는 통신 지연과 혼선이 심각한 문제로 나타났다.

그러나 1차 산업혁명의 산물로 등장한 전신 기술은 지휘통제의 개념과 실행 속도를 근본적으로 바꾸었다. 19세기 중엽 전신망이 구축되면서 지휘관들은 수백 킬로미터 떨어진 부대와도 거의 실시간으로 소통할 수 있게 되었다. 크림 전쟁 당시 영국군은 전장에 전신 부대를 배치하여 현장 지휘관과 런던의 본국 내각 간에 신속한 정보 교환을 할 수 있었다. 미국 남북전쟁에서도 링컨 대통령이 워싱턴에서 전선을 직접 관리하며 실시간으로 현장 지휘관들과 정보를 교환해, 정치 지도부의 신속한 전황 파악과 전략적 결정이 가능해졌다.

프로이센은 19세기 중반 철도와 전신 기술을 군사 작전 계획에 통합하는 혁신을 이루었다. 1870년 프랑스와의 전쟁에서 프로이센군은 철도를 통해 약 40만 명의 병력을 신속히 집결시켰으며, 전신을 통해 실시간으로 부대를 지휘하여 프랑스군을 압도했다. 이 같은 신속하고 정확한 지휘통제에 제대로 대응하지 못한 프랑스군은 큰 피해를 입었다. 프로이센의 승리는 군사 통신 기술과 철도 인프라를 전략적으로 활용한 최초의 성공적 사례로 평가되며, 이후 많은 국가가 참모본부 제도를 도입하고 군사 통신 체계를 정규화하는 중요한 계기가 되었다.

2차 산업혁명기: 무선통신과 기동전 지휘

20세기 초 유선 전화와 무선전신(라디오)의 등장은 전쟁 수행에 있어 지휘통제에 혁명적 변화를 가져왔다. 제1차 세계대전 당시, 야전지휘소와 포병진지 사이에 유선 전화망이 구축되어 포병사격 지휘가 정교해졌고, 최초로 무전기가 차량과 항공기에 탑재되어 기동부대와 지휘부 간 실시간 통신이 가능해졌다. 그러나 당시 참호전 환경에서는 전화선 단절 문제로 지휘 효율이 떨어져, 전령을 이용한 전통적인 방식이 병행될 수밖에 없었다.

무선통신 기술의 잠재력은 제2차 세계대전에서 본격적으로 발휘되었다. 독일군은 전차부대, 보병부대, 항공기 사이에 무선통신망을 구축해 신속하고 협력적인 합동 기동전을 성공적으로 수행하였다. 특히 독일군이 구현한 '전격전(Blitzkrieg)' 전략은 무선통신으로 연결된 기계화 부대 간의 신속한 정보 교환과 상황 공유를 통해 상대방의 방어를 효과적으로 돌파하였다. 영국군은 레이더 기술과 무선통신을 통합하여 독일 공군의 공격을 효과적으로 탐지하고 대응하는 방어 시스템을 구축하였다. 또한 미·영 연합군은 노르망디 상륙작전 당시 방대한 해상, 공중, 지상 전력을 무선통신을 통해 정교하게 통합 지휘하여 성공적인 작전을 펼칠 수 있었다.

이 시기에는 암호통신과 정보전의 중요성도 급격히 증가했다. 미·영 연합군이 독일군의 에니그마 암호를 해독해 독일군 잠수함(U보트)의 움직임을 사전에 파악함으로써 지휘관들에게 전략적 우위를 제공하였다. 반대로 일본군은 미군에 의해 암호가 해독됨으로써 미드웨이 해전과 같은 주요 전투에서 결정적 열세를 겪었다. 이는 지휘통제 체계에서 정보보안이 필수적임을 분명히 보여준 사례이다.

무선통신의 발전은 중앙집권적 지휘통제(C2) 방식을 가능하게 했지만, 전장 현실에서는 통신 교란과 처리 가능한 정보량의 한계로 인해 현장 지휘관의 독립적 판단과 재량의 필요성도 강조되었다. 독일군의 임무형 지휘방식(Auftragstaktik)은 현장 지휘관에게 상황에 따른 판단과 자율성을 부여하여, 변화무쌍한 전장 환경에서도 효과적으로 대응할 수 있도록 하였다. 이는 기술 발전에도 불구하고 지휘체계에서의 분권화와 유연성이 필수적이라는 점을 시사한다.

3차 산업혁명기: C4I 체계와 실시간 합동 지휘

기술의 발전은 지휘통제 체계의 속도와 정확성, 정보처리량을 획기적으로 향상시켰다. 정보화 시대가 도래하면서 컴퓨터와 데이터 네트워크가 지휘통제에 본격적으로 도입되었고, 이에 따라 C4I(지휘·통제·통신·컴퓨터·정보)의 개념이 등장하였다.

1970~80년대 미군은 자동화된 지휘체계를 최초로 구현하였다. 예를 들어, SAGE 시스템은 북미 방공망을 레이더와 컴퓨터로 통제했고, 베트남전에서는 IBMS를 활용해 공중 폭격 작전을 효율적으로 관리하였다. 1990년대에는 인터넷 프로토콜(IP)이 군사 통신망에 적용되면서 각급 지휘소들이 네트워크로 연결되었고, 전자지도와 GPS, 전술 데이터 링크(Link 16 등)를 통해 공동 전장 상황 인식(Common Operational Picture)이 실시간 공유되었다. 이 같은 기술적 진보로 인해 상급 지휘부는 전장 전체를 실시간으로 모니터링하며 효과적으로 통제할 수 있게 되었다.

걸프전은 이러한 C4I 통합체계의 가치를 입증한 대표적인 사례이다. 전략공중지휘기(ABCCC)를 통한 공중-지상 간 신속한 정보 교류와 해상 함대의 위성통신망, 지상군의 기동 통제 체계(MCS)가 유기적으로 연결되면서, 중앙사령부가 전장의 모든 정보를 종합하고 각 부대에 실시간 디지털 명령을 전달할 수 있었다.

이후에는 감시정찰 자산을 통합한 C4ISR 체계가 등장했고, 2000년대 들어 네트워크 중심전(NCW) 개념이 확립되면서 전투 플랫폼 간 정보공유와 자율적인 협동 교전 체계가 개발되었다. 이러한 변화의 핵심은 "정보 우위를 통한 신속한 결정과 정밀 타격"으로 요약할 수 있다. 특히 존 보이드(John Boyd)의 OODA 루프 이론은 정보기술을 활용해 의사결정 사이클을 단축하고 전술적 우위를 확보하는 데 중요한 이론적 토대가 되었다.

전략적 차원에서도 정보혁명은 전 세계적 차원의 통합 지휘를 가능케 하였다. 냉전 시기의 핵전력 C3I(지휘·통제·통신·정보) 체계는 전 세계에 분산된 미사일 발사대를 위성통신과 지하 케이블로 연결하여 일원화된 통제를 구현하였다. 또한 전 세계 미군 주둔지를 포괄하는 글로벌 지휘통제 체계를 구축하고, 소련 붕괴 이후 미국은 세계 각지의 분쟁에 신속히 개입하기 위해 대통령-국방장관-전구사령관으로 이어지는 합동 지휘체계를 더욱 효율적으로 개선하였다. 이 역시 글로벌 정보망(위성, 통신망)과 조기 경보 위성의 발전 덕분이었다.

그러나 고도로 정보화된 C4I 체계는 새로운 취약점도 드러냈다. 사이버 공격과 전자전 위협이 대표적인 사례다. 2007년 이스라엘은 시리아의 핵시설 공습 전 사이버 공격으로 시리아의 레이더 체계를 무력화시켰다. 각 국은 사이버전의 중요성을 반영하여 사이버 방어사령부를 창설하였다. 기술 의존도가 높아질수록 네트워크 공격으로 인한 지휘 기능 상실 위험성이 증가하기 때문이다. 이에 따라 3차 산업혁명기 말기부터는 네트워크 중심의 중앙집권적 지휘와 적극적인 사이버·전자 방어, 그리고 분산형 임무 명령을 조화시키는 방향으로 지휘 철학이 발전하고 있다.

4차 산업혁명기: 초연결 초지능 지휘체계

최신의 지휘통제 체계는 초연결성과 부분적 자동화로 특징지을 수 있다. 4차 산업혁명 기술은 과거 지휘관이 일일이 판단해야 했던 부분을 인공지능이 보조하거나 때로는 대체할 가능성을 열어주었다. 예를 들어, 미군의 프로젝트 메이븐(Project Maven)은 드론에서 촬영된 영상에서 AI가 자동으로 위협 요소를 식별하고, 이를 지휘관에게 즉각 알려주는 시스템이다. 향후 AI는 군사 의사결정 지원체계(Decision Support System, DSS)에 더 깊숙이 통합되어, 적의 행동을 예측하고 최적의 대응책을 추천하거나, 일부 사이버 및 전파전 영역의 교전까지도 자율적으로 수행하는 단계로 발전할 것으로 보인다.

현대 전장의 복잡성과 빠른 속도는 중앙집중식 통제를 어렵게 만들고 있다. 이에 따라, 하위 전투원과 플랫폼들이 일정 부분 자율성을 가지면서 AI 알고리즘을 기반으로 협력하는 분산형 지휘방식이 주목받고 있다. 대표적인 사례가 스웜 드론(Swarm drone)으로, 개별 드론들이 별도의 조종 없이 자체적으로 표적을 탐지하고 임무를 분담하여 공격하는 것이다. 이에 따라 인간 지휘관들은 전술적이고 세부적인 통제보다는 전략적이고 윤리적인 결정과 같은 보다 높은 수준의 판단에 집중할 수 있다. 결국 지휘관의 역할은 마치 오케스트라의 지휘자와 같이 여러 자율 체계를 효과적으로 조율하는 방향으로 변화할 것으로 예상된다.

한편, 미래의 전장 환경에서는 초연결 네트워크 구축이 핵심 과제로 떠오르고 있다. 미국은 JADC2(합동 전영역 지휘통제)라는 개념 아래 모든 센서와 무기 체계를 실시간으로 연결하는 거대한 네트워크를 추진하고 있으며, 중국 역시 AI를 기반으로 하는 "전구 합동 지휘체계"를 적극 구축 중이다. 다만 초연결 네트워크는 사이버 공간에 대한 의존도가 높아 사이버 공격과 인지전에 매우 취약할 수 있다. 미래 전투에서 적대 세력은 아군 지휘망을 교란하거나 허위 정보를 유포하여 잘못된 판단을 유도할 가능성이 크다. 따라서 군은 분산된 백업망 구축, AI 기반 이상 탐지 시스템, 적응형 네트워크 등을 통해 지휘체계의 회복탄력성을 강화하는 전략적 접근을 발전시키고 있다.

결론적으로, 지휘통제 및 정보체계는 산업혁명을 거치며 신호기에서 시작하여 전신, 전화 및 무전, 컴퓨터를 거쳐 현재의 AI 네트워크로 지속적으로 발전해왔다. 이러한 정보통신기술의 진화는 정보의 전달 거리와 속도를 크게 확장시키고, 정보의 양과 처리 속도, 그리고 정보의 다양성을 획기적으로 증가시켰다. 이에 따라 군의 지휘통제 체계 역시 본질적인 변화를 겪었다.

 전통적으로 제한된 환경에서 명령을 전달하는 역할이 주류였던 지휘관의 임무는 이제 방대한 데이터로부터 핵심 정보를 신속히 추출하고, 이를 기반으로 빠르고 정확한 판단을 내려 즉각적인 작전 이행을 가능케 하는 정보 조정자의 역할로 진화하였다.

 특히 최근 AI 기술의 활용이 확대되면서 방대한 데이터를 신속하고 정확하게 처리하여 상황을 신속히 파악하고 AI 분석을 통해 최적의 판단을 내릴 수 있게 되어 '군사적 인지 역량'이 획기적으로 발전할 것이다. 그러나 기술의 발전은 동시에 정보 교란이나 사이버 공격과 같은 위협 요소도 증대시키고 있어, 현대의 지휘관들은 정보기술 활용뿐만 아니라 정보보안 강화와 인지전 대응 전략 마련을 필수적으로 고려해야 한다.

4-3 하드파워에서 메타파워로의 전환

군사력의 개념은 전통적으로 물리적 파괴 능력과 강제력에 초점을 둔 "하드파워(Hard Power)"로 설명되어 왔다. 그러나 현대 전쟁 환경에서는 정보 우위와 결심 영역의 영향력이 점차 중요해지면서, 단순한 물리적 힘을 넘어서는 "인지적 군사력(Cognitive military power)"으로의 전환이 요구되고 있다. 본 책에서는 이를 "메타파워(Meta Power)"로 명명한다.

메타파워는 AI, 빅데이터, 클라우드, 초연결 네트워크와 같은 첨단 정보통신기술을 활용하여 상황 인식을 신속하게 하고, 정확한 의사결정을 효과적으로 지원하는 군사적 역량이다. 기존의 '인지전(Cognitive warfare)'이 주로 사람들의 인식과 사고, 믿음을 조작하거나 영향력을 행사하여 전략적 목표를 달성하는 전쟁 방식을 의미했다면, '인지적 군사력(Cognitive military power)'으로서의 '메타파워'는 데이터의 생성, 전송, 처리 및 해석에 이르는 모든 정보적 과정을 효율적으로 수행하여 상황 인식에서부터 군사적 결정까지 전 과정을 고도화하는 능력을 의미한다.

여기서 언급하는 "인지"는 상황의 인식, 분석, 사고, 해석 등 데이터 기반의 모든 사유적 과정을 포함한다. 즉, 메타파워는 단순한 물리적 파괴력과 강제력을 넘어서, 정보와 데이터를 통해 전쟁 수행의 효율성과 효과성을 획기적으로 향상시키는 새로운 형태의 군사력이다. 본 장에서는 이러한 인지적 군사력으로서의 메타파워가 어떻게 현대 전장의 패러다임을 변화시키고 있는지 역사적, 기술적 맥락과 함께 구체적으로 살펴볼 것이다.

전통적 하드파워 패러다임: 물리적 파괴와 점령

산업혁명 이전과 직후의 군사력은 병력 규모, 무기 성능, 화력·기동력 등 물리적 요소가 핵심이었다. 적을 격멸하고 영토를 점령하는 것이 승리의 기준이었고, 군사 전략은 결전에서 이겨 수도를 함락시키는 데 주력하였다. 클라우제비츠도 전쟁을 "상대의 의지를 꺾기 위해 그의 군대를 분쇄하는 행위"로 정의했듯, 적의 유형 전력을 파괴하는 것이 곧 목적이었다.

1차 산업혁명부터 2차 산업혁명기까지는 이러한 하드파워 경쟁이 극대화된 시기이다. 거대한 군대와 강력한 함대, 대량 살상 화력이 국력의 척도였고, 제국주의 열강들은 군비 확장으로 세력 판도를 다투었다. 철도, 증기선 등 운송 수단의 발전과 전신 및 전화와 같은 초기 정보통신기술이 도입되면서 병력과 물자의 빠른 이동이 가능해졌고, 전쟁의 범위와 규모는 더욱 커졌다.

하드파워 중심 사고는 두 차례 세계대전으로 정점을 이루었으나, 핵무기 탄생 후 상호확증파괴(MAD) 상황에서 절대적 하드파워 행사(전면 핵전)는 자제될 수밖에 없었다. 냉전 동안에도 미·소는 재래식 전력과 핵탄두 수에서 경쟁했지만, 직접 충돌을 피하고 대리전과 억지 전략으로 대체하였다. 이는 순수 하드파워만으로 해결할 수 없는 정치적·심리적 요소가 부각된 시기이기도 하다.

정보화에 따른 패러다임 변화: 정보 우위의 등장

3차 산업혁명, 즉 정보혁명은 군사력의 본질을 근본적으로 변화시켰다. 실시간 정보의 확보와 정밀 타격 능력이 가능해지면서 전쟁의 승패는 물리적 파괴력 못지않게 정보의 확보·차단·활용 역량에 달려있게 되었다. 1991년 걸프전에서 미국은 압도적인 정보 우세와 첨단 지휘통제(C4ISR) 능력을 바탕으로 일방적 승리를 거두며, "정보 우위(Information Superiority)"라는 새로운 군사력 개념을 주목받게 했다.

정보 우위는 아군이 적보다 빠르고 정확하게 상황을 파악하며, 동시에 적이 아군의 의도를 파악하지 못하게 하는 역량이다. 이를 위해 정찰위성, 통신첩보, 사이버 해킹 등 정보 수집 수단이 급속히 발전했고, 암호화 기술과 전자전 등 정보보호 기술의 중요성도 증가하였다. 냉전 이후 미국이 강조한 네트워크 중심전(Network-Centric Warfare, NCW)은 정보 공유를 극대화하여 작전 속도와 정확성을 높이고, 상대보다 신속히 관찰(Observe), 지향(Orient), 결정(Decide), 행동(Act)하는 OODA 루프를 강화하는 데 초점을 두었다.

그러나 정보 우위 경쟁이 치열해지면서 러시아, 중국, 북한 등의 사이버 공격이 활발해져 미국과 동맹국의 정보 우위가 위협받게 되었다. IS와 같은 테러 조직들도 인터넷을 이용한 선전과 허위 정보를 퍼뜨려 인지전을 수행했다. 이에 따라 서방 국가들은 사이버사령부를 창설하고 온라인 정보작전 역량을 강화하며, 정보전 영역에서 본격적인 경쟁을 벌이고 있다.

지능화 전쟁과 메타파워: 인지적 우위의 군사력

4차 산업혁명은 AI, 빅데이터, 초연결 네트워크(5G/6G), 사이버 인프라 등 첨단 기술을 바탕으로 군사 영역에 근본적인 변화를 가져오고 있다. 특히 AI와 자율화 기술을 중심으로 하는 지능화전(Intelligentized Warfare)은 기존의 정보화를 뛰어넘어 전쟁 수행 방식을 획기적으로 바꾸고 있다.

지능화전은 단순한 무기의 첨단화를 넘어 전투 상황을 신속하게 인식하고 정확한 판단을 내릴 수 있는 군사적 인지 역량의 중요성을 부각시키고 있다. AI와 빅데이터의 융합은 전장에서 생성되는 방대한 데이터를 실시간으로 분석하여 신속하고 정확한 의사결정을 지원한다. 초연결 네트워크는 부대 간 즉각적인 정보 공유를 가능하게 함으로써, 보다 빠르고 효율적인 작전 수행을 실현하고 있다. 또한 사이버 인프라의 통합은 육·해·공·우주·전자기·사이버·인지 등 모든 영역에서의 통합적 작전 운용을 가능하게 하는 '다영역 통합 군사력(Multi-Domain Military Power)'의 발전을 촉진하고 있다.

이러한 지능화전에서 특히 강조되는 것이 바로 인지 영역이다. 인지 영역은 방대한 전장 데이터를 신속하고 정확하게 분석하고 처리하여 빠른 의사결정을 가능하게 하는 전쟁의 핵심이다. 무인기(UAV), 무인수상함(USV), 무인잠수정(UUV) 등 무인 체계와 인간이 협력하는 유무인 복합체계(MUM-T)의 확대는 인간의 물리적 개입을 최소화하면서도 신속하고 정확한 판단 및 대응 능력을 향상시키고 있다.

이러한 배경에서 등장한 군사력의 새로운 개념이 바로 메타파워

(Meta Power), 즉 인지적 군사력(Cognitive military power)이다. 메타파워는 AI, 빅데이터, 클라우드, 초연결 네트워크와 같은 첨단 정보통신 기술을 활용하여 데이터를 신속히 수집·처리·분석하고, 이를 통해 빠르고 정확한 상황 인식과 의사결정을 가능하게 하는 역량이다. 메타파워는 정보의 생성에서부터 전송, 분석, 해석에 이르는 모든 인지적 과정을 효율화하여 "인지적 우위(Cognitive Superiority)"를 달성하는 데 중점을 둔다.

메타파워는 특히 OODA 루프(관찰-지향-결정-행동)를 신속하게 반복하여 상대의 의사결정 속도를 능가함으로써, 물리적 타격 이전에 적의 인지적·심리적 영역에서 우위를 확보할 수 있게 한다. 따라서 AI와 빅데이터를 활용한 메타파워는 적의 전략과 전술을 압도하고, 전장의 주도권을 선점하는 전략적 역량으로 자리 잡고 있다.

미군은 최근 '합동 전영역 지휘통제(Joint All-Domain Command and Control: JADC2)' 체계를 도입하여 인지적 군사력 증강을 현실화하고 있다. JADC2는 AI, 빅데이터, 클라우드 기술을 활용하여 육·해·공군뿐 아니라 사이버·우주 영역까지 통합한 초연결 네트워크 체계를 구축하고 있다. 예를 들어, 미 육군의 '프로젝트 컨버전스(Project Convergence)'는 AI 기반의 실시간 데이터 분석을 통해 드론이 수집한 방대한 전장 데이터를 즉각 처리하여 표적을 신속히 파악하고 최적의 공격 수단을 자동 추천하는 시스템이다.

미 공군의 ABMS(Advanced Battle Management System) 역시 AI를 기반으로 공중전·사이버전·우주작전까지 포괄하는 통합 지휘통제 환경을 제공한다. 이러한 시스템들은 전장 상황 인식의 속도와 정확성을 크게 높이고 의사결정 시간을 단축시켜 적보다 빠르고 정확한 판단을 가능하게 한다. 실제로 미국은 최근 우크라이나 전쟁에서 팔란티어사의 빅데이터 분석 및 AI 플랫폼을 제공하여 우크라이나 군이 신속하고 정확하게 전투 상황을 인지하고 효과적인 전략적 결정을 내리는 데 크게 기여했다.

중국 인민해방군도 지능화 전쟁의 실현을 국가적 목표로 설정하였다. 시진핑 주석은 2035년까지 AI와 첨단 정보기술을 중심으로 '세계 최강의 지능화 군대'를 구축한다는 계획을 발표하였다. 중국은 특히 '삼전(三戰, 여론전·심리전·법률전)' 전략을 통해 물리적 충돌 이전 단계에서부터 상대의 판단과 의사결정을 제압하는 전략을 추구하고 있다. 남중국해에서 군사적 행동과 함께 소셜미디어 및 언론 매체를 활용하여 주변국들의 인식과 의사결정을 제어하고, 사이버 및 전자전 능력을 통해 상대의 지휘통제 시스템을 무력화하기 위한 역량을 육성하고 있다.

중국군이 운용 중인 AI 기반 드론 군집(Swarm drone)은 이미 실전에 활용 가능한 단계에 진입해 있으며, 기존의 방공망을 효과적으로 압도할 수 있다는 평가를 받고 있다. 중국은 이처럼 정보적·인지적 영역에서 전투를 우선적으로 마무리 짓는 것을 목표로 하고 있으며, 메타파워 개념을 적극적으로 현실화하고 있다.

4차 산업혁명 시대의 군사력은 이제 물리적 무력을 넘어 데이터 기반의 인지력을 중심으로 한 메타파워로 빠르게 진화하고 있다. 미국의 JADC2와 중국의 지능화전 사례는 인지적 군사력이 더 이상 이론적 수준이 아니라 현실로 등장했음을 보여준다. 향후 전장의 승패는 물리적 힘뿐 아니라 정보 및 인지 영역에서 누가 메타파워를 더 효과적으로 구축하고 운용하느냐에 따라 결정될 것이다. 방대한 데이터를 정확하고 신속하게 분석하여 인지적 우위를 확보하는 것이 미래 전쟁의 핵심이다.

지능화전을 가능하게 한 기술 요소

지능화전의 실현에는 첨단 정보통신기술의 발전이 핵심 역할을 수행한다. 인공지능, 빅데이터, 초연결 네트워크, 자율무기, 정보통신기반 등 다양한 기술들이 유기적으로 결합되어 미래 전쟁 양상을 근본적으로 바꾸고 있다. 다음은 지능화전을 가능하게 하는 주요 기술적 요소들이다.

인공지능은 지능화전에서 중추적 역할을 수행하며, 전투 상황의 인식, 분석, 의사결정 전반을 혁신적으로 개선한다. 미 국방부는 AI를 미래 전쟁을 바꾸는 핵심 기술로 간주하여 전장의 모든 영역에서의 활용 확대를 적극 추진하고 있다. AI는 방대한 전장 데이터를 빠르게 분석하여 신속한 전략적 판단과 효율적인 전술 행동을 가능하게 하며, 영상 인식 기술을 이용하여 무인 체계가 스스로 목표를 식별하고 공격할 수 있도록 지원한다. 중국 역시 2030년까지 AI 분야에서 글로벌 리더가 되겠다는 국가적 목표를 설정하고 군사력 강화를 위한 AI 기술 연구와 적용에 적극적으로 나서고 있다.

빅데이터는 AI가 효과적으로 작동할 수 있게 하는 핵심 자원이다. 정찰 위성, 센서, 통신망 등 다양한 소스를 통해 수집된 방대한 데이터는 전략적 인사이트를 제공하여 전장의 상황을 예측하고 대응하는 데 결정적인 역할을 한다. 빅데이터 분석 기술은 적군의 움직임을 예측하고 자원의 최적화를 돕는다. 또한 AI와의 결합을 통해 더욱 정교하고 신속한 의사결정을 지원함으로써 "인지적 우위(Cognitive Superiority)"를 확보할 수 있게 한다.

지능화전에서는 초연결 네트워크의 구축이 필수적이다. 5G와 사물인터넷(IoT) 기술을 활용하여 병사, 무기, 센서, 지휘센터 등 전장의 모든 요소가 실시간으로 연결되면서 신속한 정보 공유가 가능해진다. 이러한 고도의 연결성 덕분에 지휘관은 언제 어디서나 전장 상황을 정확하게 파악할 수 있고, 다양한 부대가 긴밀하게 협력할 수 있게 된다. 다만, 이러한 네트워크가 교란되거나 손상될 경우 군사 작전이 급속히 마비될 수 있으므로 네트워크 보안과 안정성 확보가 더욱 중요해지고 있다.

자율무기 체계는 지능화전의 실질적 실행력을 제공한다. 발전된 AI 기술 덕분에 무인 체계는 인간의 개입 없이도 표적 탐지, 공격, 협동 작전 등을 독립적으로 수행할 수 있다. 특히, 드론 군집 기술은 수십에서 수백 대의 드론이 동시에 협력하여 압도적인 전투력을 발휘할 수 있게 한다. 이러한 자율무기 체계는 위험한 임무에서 인명 손실을 최소화하고, 전투 상황에서 빠르고 효율적인 대응을 가능케 하여 전쟁의 양상을 근본적으로 바꾸고 있다.

지능화전은 강력한 정보통신 기반의 뒷받침 없이는 불가능하다. 슈퍼컴퓨터, 클라우드 컴퓨팅, 통신위성, 고성능 반도체 등으로 구성된 첨단 정보통신 기반은 AI의 복잡한 연산, 빅데이터 처리, 자율무기 통제를 가능케 하는 핵심 요소이다. 각국은 전쟁 수행 능력을 강화하기 위해 국가적 차원에서 정보통신 기반을 확충하는 데 적극적으로 투자하고 있으며, 이와 관련된 보안과 컴퓨팅 자원의 확보는 전략적 우위를 결정짓는 중요한 요인이 되고 있다.

메타파워 시대의 군사력

메타파워 시대의 지능화전은 산업화 시대의 기계화전이나 정보화 시대의 네트워크전을 뛰어넘는 새로운 전쟁의 패러다임이다. 인류 역사상 각 산업혁명의 단계는 군사력의 본질을 근본적으로 변화시켜 왔다. 1차 산업혁명의 증기기관과 철도는 대규모 병력과 물자의 신속한 이동을 가능하게 하여 전쟁의 속도와 규모를 획기적으로 증가시켰다. 2차 산업혁명의 내연기관과 전기 기술은 기계화부대와 항공력을 중심으로 한 기동전을 가능하게 하면서 군사력의 핵심을 물리적 하드파워로 확립했다.

3차 산업혁명은 정보통신기술의 발전을 통해 전장 환경을 혁명적으로 변화시켰다. 전파 기술, 위성통신, 인터넷의 등장으로 실시간 정보 전달과 처리를 할 수 있게 되었고, 이는 전장에서 정보의 우위를 확보하여 정밀타격과 신속한 지휘통제를 통해 전투 효율성을 극대화했다.

4차 산업혁명은 AI, 빅데이터, 초연결 네트워크(5G/6G), 클라우드 등 첨단 기술의 융합으로 메타파워 시대를 열고 있다. 이 시대 군사력의 핵심은 방대한 데이터를 실시간으로 수집·처리하여 전장 상황을 신속히 인지하고 정확한 판단을 내릴 수 있는 "인지적 우위(Cognitive Superiority)"에 있다. 메타파워는 정보통신 기반의 빠르고 정확한 의사결정 능력을 통해 군사적 성과를 좌우하며, 전장의 개념을 물리적 공간에서 정보적·인지적 영역으로 확대하고 있다.

종합하면, 군사력은 1차 산업혁명의 병력 중심 하드파워에서 2차

표-1. 산업혁명 단계별 군사력 발전 비교

구분	1차 산업혁명 (18세기 후반 ~19세기 중엽)	2차 산업혁명 (19세기 후반 ~20세기 중반)	3차 산업혁명 (20세기 후반, 정보화 시대)	4차 산업혁명 (21세기, AI 시대)
주요 기술 동력	증기기관, 철도, 전신, 기계화, 석탄 에너지	내연기관, 전기, 유선전화, 무선통신, 레이더	마이크로전자, 컴퓨터, 위성, 인터넷, 디지털통신, GPS	인공지능, 빅데이터, IoT, 로봇, 5G/6G, 양자 기술
무기 체계 발전	강선 머스켓, 후장식총, 강철포, 증기 군함, 철도 병참	탱크, 항공기, 항모, 잠수함, 기관총, 대구경 대포	정밀유도 미사일/폭탄, 스텔스기, 드론, 미사일 방어체계	AI 자율드론·로봇, 극초음속 미사일, 사이버 무기, 에너지 무기
작전 양상	대규모 국민군, 철도 기동, 초보적 합동전	기계화 기동전(전격전), 전략 폭격, 육해공 합동전	네트워크 중심 합동 작전, 정밀타격, 신속 결정전	다영역 통합작전, 유·무인 복합전, 초연결전
지휘 통제 발전	전신 통신 시작, 참모본부 조직, 철도 동원	유무선 통신 보편화, 신속 기동 지휘, 합동 참모체계	C4ISR 체계 구축, 실시간 정보공유, 네트워크 지휘	AI 지원 지휘결심 합동작전, 초연결망, 사이버·우주 C2
군사력 개념 전환	하드파워 중심, 화력전	하드파워 극대화, 기계화전	하드파워 정밀화/ 메타파워 등장, 정보화전	메타파워 중심 지능화전

산업혁명의 기계화 기동력, 3차 산업혁명의 정보 기반 군사력을 거쳐, 4차 산업혁명의 데이터 중심 인지우위 기반의 메타파워로 진화

해왔다. 오늘날 군대는 이러한 흐름을 인지하고 미래 전장의 도전에 선제적으로 대응해야 한다. 이는 단순한 첨단 기술의 활용을 넘어, 인지적 군사력을 강화하기 위한 조직 구조 및 부대 구성의 혁신 등 전반적이고 체계적인 변화가 요구된다. 특히, 데이터 기반의 빠르고 정확한 상황 인식 및 의사결정 역량을 강화하는 것이 미래 군사력의 경쟁 우위를 확보하는 데 필수적이며, 이를 위해 지속적인 기술 혁신과 조직 문화의 진화가 필요하다.

제5장

힘(Power)의 변천과 메타파워

앞에서는 정보통신기술 기반의 군사력이 기존의 군사력 개념으로는 충분히 설명되지 않는 새로운 역량을 갖고 있으며, 이를 메타파워(Meta Power)로 정의하였음을 논의하였다. 특히 메타파워는 미래 전장에서 인지적 우위를 확보하는 데 핵심적인 역할을 할 것으로 기대된다. 본 장에서는 이러한 메타파워 개념의 학문적 배경을 명확히 하기 위해, 먼저 국제정치학과 군사학에서 논의되는 힘의 전통적인 견해를 살펴보고, 이후 정보통신기술의 발전과 사이버 공간의 등장으로 변화한 힘의 개념을 분석하여 메타파워의 등장 배경을 체계적으로 제시한다.

우선 전통적인 힘의 개념인 하드파워(Hard Power)와 소프트파워(Soft Power)를 개략적으로 정리한다. 하드파워는 주로 군사력이나 경제력처럼 물리적 강제력을 통해 상대방의 행동을 변화시키는 능력을 말하며, 소프트파워는 문화적 매력, 외교적 영향력과 같은 비물리적이고 간접적인 수단을 통해 상대방의 태도나 행동을 변화시키는 능력을 의미한다.

다음으로, 정보통신기술의 급속한 발전으로 새롭게 등장한 힘의 개념들을 소개한다. 사이버 파워(Cyber Power)는 사이버 공간에서 정보통제 및 보안, 사이버 공격 및 방어 능력을 통해 국가 간 힘의 관계를 재정립하는 능력을 의미하며, 정보적 파워(Informational Power)는 데이터의 수집, 분석 및 전파를 통해 상대방의 인식과 행동에 영향을 주는 능력을 강조한다.

마지막으로, 이 책의 핵심 개념인 메타파워(Meta Power)를 설명한다. 메타파워는 ICT 기반의 데이터 처리, 초연결 네트워크, 인공지능 기술 등을 활용하여 상황 인식과 의사결정을 획기적으로 향상시키는 새로운 유형의 힘이다. 이는 군사 영역에서 인지적 우위를 확보하고, 복잡하고 동적인 전장 환경에서 효과적으로 대응할 수 있는 군사적 역량을 제공한다.

본 장에서는 이상의 다양한 힘의 개념들을 체계적으로 소개하며, 특히 메타파워의 특성과 구체적 활용 방안에 대해 깊이 있게 논의할 것이다.

5-1 전통적 힘 개념

힘(Power)은 국제정치와 군사학에서 빈번하게 사용되는 개념이지만, 학문적으로 명확하게 정의하기 어려운 개념이다(Baldwin, 2013: Morgenthau et al., 1985). 힘은 본질적으로 복합적이고 다차원적이며, 다양한 이론적 접근을 통해 논의되어 왔다(Dahl, 1957: Nye, 2010). 일반적으로 힘은 물리적 무력, 경제적 자원, 정치적 영향력, 사회·문화적 자본 등 다양한 요소를 통해 구현된다.

힘에 대한 대표적 정의로 로버트 달(Robert A. Dahl, 1957)은 "A가 B에게 B가 원래 하지 않았을 행동을 하도록 유도하는 능력"으로 설명하였다. 이는 타인에게 영향을 미쳐 목표를 달성하는 능력으로 이해된다(Nye, 2010; Organski, 1968).

하드파워와 소프트파워

국제정치학에서 힘에 대한 접근법은 크게 두 가지로 구분된다. 첫째, 물리적 강제력을 중심으로 보는 '자원 기반 접근법(Power-as-resources approach)'과 둘째, 상호작용을 통해 발현되는 '관계적 힘 접근법(Relational power approach)'이다.

자원 기반 접근법은 힘을 전통적 시각에서 접근하는 방식으로 군사력과 경제력 같은 유형적 자원을 가진 국가가 더 큰 힘을 보유한다고 보는 견해이다(Morgenthau et al., 1985). 이 접근법에서는 군사적 충돌이나 경제적 압박과 같은 직접적이고 강제적인 수단을 통해 상대에게 영향력을 행사하는 것을 강조한다.

관계적 힘 접근법은 무형의 요소(문화, 가치, 정책 등)를 통해 상대의 행동이나 태도에 영향을 미치는 방식이다. 이는 설득과 매력을 통해 상대의 인식과 선호를 변화시키는 힘이며, 대표적으로 소프트파워와 연관된다(Nye, 1990). 군사력과 같은 물리적 자원이 없이도 국제적 평판과 문화적 매력을 통해 국가 간 관계에서 영향력을 행사하는 방식이다.

조셉 나이(Joseph Nye)는 이러한 힘을 '하드파워'와 '소프트파워'로 구분했다. 하드파워는 군사력과 경제력 등의 물리적·강제적 수단을 이용해 원하는 결과를 얻는 힘이다. 대표적 사례로 미국의 걸프전 참전(1991), 러시아의 우크라이나 침공(2022) 등 군사력 행사와 미국의 이란 경제 제재, 중국의 일대일로 전략 등 경제적 강제력을 들 수 있다.

반면 소프트파워는 설득과 매력을 통해 상대방이 자발적으로 행동을 변화하도록 유도하는 힘이다. 민주주의, 인권과 같은 가치를 전파하거나, 미국의 할리우드 영화나 한국의 한류와 같은 대중문화, 유엔(UN)이나 유럽연합(EU) 같은 외교적 네트워크를 통해 국가 간 영향력을 발휘하는 것이 이에 해당한다(Nye, 2004).

조셉 나이는 장기적인 영향력을 유지하기 위해서는 하드파워와 소프트파워의 병행이 필요하다고 주장했다. 그러나 최근 국제사회는 미·중 간 전략 경쟁의 심화로 하드파워가 강조되는 방향으로 변화하고 있다. 한편 2025년 미국 트럼프 행정부 등장 이후 관세 전쟁 초래 등 불안 요인이 확대되면서 미국의 소프트파워(국제적 신뢰)가 약화되는 경향을 보인다.

이러한 힘에 대한 국제정치학적 접근은 군사학에서도 중요한 의미를 가지며, 군사적 관점에서 힘의 개념을 이해하는 데 근본적인 분석의 틀을 제공한다.

5-2 군사학의 하드파워와 소프트파워

군사학 분야에서도 힘에 대한 다양한 주장이 제시되었다. 그중 그레그 사이먼스(Greg Simons)의 주장을 중심으로 핵심적인 내용을 정리하면 다음과 같다. 그레그 사이먼스는 군사력을 유형적 요소(Tangible Elements)와 무형적 요소(Intangible Elements)로 구분하여 분석하였다. 그는 군사력이 단순히 물리적 전력(병력, 무기, 군사 자원 등)만으로 구성되는 것이 아니라 심리적 요소, 정보전, 명성 등 무형적인 요소도 포함된다고 주장하였다. 이러한 분석은 군사력의 다층적인 성격을 이해하는 데 중요한 틀을 제공한다.

유형적 요소(Tangible Elements) - 물리적 전력

① 병력(Personnel): 병력은 군사력의 가장 기본적인 요소로, 군대의 규모와 훈련된 인력의 역량을 의미한다. 이는 병력의 숫자뿐 아니라 전투 기술 숙련도와 훈련 수준도 포함하며, 실제 전투 능력의 기반이 된다.
② 무기 시스템(Weapons Systems): 군대가 보유한 다양한 무기와 장비, 즉 총기, 전차, 군함, 항공기, 미사일 등을 의미한다. 무기의 기술 수준과 유지보수 능력, 최신 무기 도입 속도가 군사력의 주요 척도로 작용한다.
③ 물리적 환경(Physical Environment): 지형, 기후, 해양, 우주 등 작전 환경은 군사 작전에 큰 영향을 미치며, 이러한 환경을 극복하거나 활용할 수 있는 능력 또한 군사력의 유형적 요소로 포함된다.
④ 군수 및 보급(Logistics & Supply Chain): 연료, 식량, 탄약, 의료 지원 등의 군수 지원 역량은 군사 작전의 지속성을 보장하는 요소다. 특히 현대전에서는 실시간 보급과 자동화된 물류 시스

템의 구축이 중요하다.

무형적 요소(Intangible Elements) - 심리적, 관계적 요소

① **심리적 요인(Psychological Factors)**: 군대의 사기와 국민적 지지, 심리전은 전투력 유지와 적군 사기 저하에 핵심적인 요소로 작용한다.
② **전략 및 교리(Strategy & Doctrine)**: 군사 전략과 전술 개념은 군사력 발휘의 효율성을 좌우한다. 합동작전과 다영역 작전 등 현대적 전략 개념의 중요성이 점점 강조되고 있다.
③ **군사 외교 및 동맹(Military Diplomacy & Alliances)**: 국제적인 군사 협력과 동맹 관계는 군사적 억지력을 증대시키며, 국가 안보를 강화하는 핵심적인 무형적 요소다.
④ **전쟁의 명분 및 정당성(Legitimacy of War)**: 전쟁 수행의 도덕적 정당성과 국제법적 타당성은 내외적 지지 확보와 국제적 고립 방지에 필수적인 요소다.

사이먼스의 군사력 분석은 조셉 나이(Joseph Nye)의 하드파워(Hard Power)와 소프트파워(Soft Power) 개념과 긴밀하게 연결된다. 유형적 요소는 하드파워로 정의되며, 군사력과 경제력과 같은 물리적 강제력을 포함한다. 반면 무형적 요소는 소프트파워로 정의되며, 문화적 영향력과 외교력, 심리적 영향력을 포함한다.

사이먼스의 이러한 분석은 군사력을 물리적 요소와 비물리적 요소의 균형 잡힌 결합으로 이해해야 한다는 것을 강조한다. 군사력이 단순한 병력과 무기체계에 의존하는 것이 아니라 심리전, 전략적 커뮤니케이션 등 관계적 요소가 군사력의 효과성을 크게 증대시킨다는 점을 제시한다.

이상에서 국제 정치학과 군사학의 힘 개념을 물리적 강제력인 '하드파워'와 무형적 영향력인 '소프트파워'로 요약하여 설명하였다. 그러나 학계 연구는 여기에 그치지 않는다. 정보통신기술의 발전과 사이버 공간의 등장으로 힘에 대한 새로운 접근 방안이 제시됐다. 다음 절에서는 이러한 변화 속에서 새로운 영역으로 등장한 사이버 공간을 중심으로 한 새로운 힘의 개념을 다룬다.

5-3 제3의 힘의 개념

정보통신기술을 기반으로 하는 사이버 공간의 등장은 군사력을 포함하여 정치, 경제, 사회, 문화 등 인류 삶의 모든 영역에서 광범위하고 심대한 영향을 미치고 있다. 이에 따라 다양한 학자와 기관들이 사이버 공간의 영향을 반영한 새로운 힘의 개념을 정립하고자 노력해왔다. 본 절에서는 특히 주목받는 두 가지 새로운 힘의 개념을 소개한다.

첫 번째는 조셉 나이(Joseph Nye) 교수가 제시한 사이버 파워(Cyber Power) 개념으로, 사이버 영역 내에서 '상호 연결된 전자 정보 자원을 활용하여 원하는 결과를 달성할 수 있는 능력'을 의미한다. 두 번째는 미국 국방부가 제시한 정보적 파워(Informational Power) 개념으로, '군사적 목표를 달성하고 정보적 우위를 확보하기 위해 정보를 활용하고 효용을 창출하는 능력'을 뜻한다.

본 절에서는 이 두 가지 힘의 개념이 지니는 주요 특징과 한계점에 대해서 구체적으로 논의한다.

사이버 파워

사이버 공간의 출현과 확장은 힘의 개념에 중대한 변화를 가져왔다. 사이버 공간을 기반으로 하는 '사이버 파워' 개념은 유형적(Tangible) 및 무형적(Intangible) 영역과 함께 '세 번째 힘(Third Element of Power)'으로 인정받고 있다(Stevens & Kavanagh, 2021). 이는 현대 사회에서 힘의 다차원적 본질에 대한 인식이 확장됨에 따라, 사이버 공간이 국가 및 군사 역학을 형성하는 데 중요한 역할을 한다는 점을 반영한 것이다.

조셉 나이 교수는 사이버 공간을 "물리적 속성과 가상 속성이 결합된 하이브리드 체제"로 설명한다(Nye, 2010). 사이버 공간의 기반은 정보통신기술 활용 장비로 구성된 물리적 인프라층과, 데이터 처리, 인공지능, 다양한 소프트웨어 애플리케이션으로 구성된 가상의 정보층으로 이루어진다(Nye, 2010).

초기 사이버 공간은 단순한 정보 교환의 매개로 출발하였으나, 소셜 네트워크, 동영상 스트리밍, 인공지능과 같은 고도화된 서비스가 등장하면서 복잡한 생태계로 발전하였다. 학자들은 사이버 공간의 유형적 자산과 무형적 자산을 결합한 복합적 특성을 강조한다.

사이버 공간은 하드파워와 소프트파워에 모두 깊은 영향을 미친다. 유형적 측면(하드파워)에서는 일상의 작업과 전쟁 방식을 변화시켜 원격 협업, 정보 공유, 자동화 프로세스를 가능하게 했다. 이는 산업의 생산성과 효율성을 크게 향상시키고, 군사적으로는 분산된 부대 간의 원활한 통신과 유기적인 합동 작전 수행을 지원하여 군사력의 효율성 작동을 가능하게 한다(Alberts et al., 1999; Cebrowski & Garstka, 1998).

무형적 측면(소프트파워)에서 사이버 공간은 새로운 가치 창출과 동시에 정보 시스템의 파괴 및 정보 조작의 도구로 활용될 수 있다. 핵심 인프라 공격으로 국가방위를 마비시키거나(Libicki, 2009; Schneider, 2020), 대중 여론 조작과 사회적 혼란을 초래하는 수단으로도 사용된다(Rid, 2012).

사이버 공간은 이처럼 변혁적 잠재력(Transformative Potential)과 내재적 위험성(Inherent Risks)을 동시에 지닌다. 그러나 현재 국제정치 학계에서 논의되는 사이버 파워 개념은 주로 사이버 공격(Cyber Attacks)과 사이버 조작(Cyber Manipulation)과 같은 부정적 요소, 즉 사이버 공간의 내재적 위험성(Inherent Risks)에만 집중하는 경향이 강하다. 이는 사이버 공간이 가진 경제적 혁신 촉진, 지식 공유의 활성화, 글로벌 협력의 확대와 같은 긍정적 가치(Potential Value)를 충분히 반영하지 못하는 한계를 드러낸다. 사이버 파워의 논의가 위험 요소 분석에만 머물 경우, 사이버 공간이 가진 창조적이고 건설적인 활용 가능성을 간과하게 되어 전략적 활용과 정책적 대응의 폭을 제한하는 결과를 초래할 수 있다. 따라서 사이버 파워 개념은 위험 요소의 분석을 넘어, 디지털 혁신과 창의적 활용을 포괄하는 다면적이고 균형 잡힌 접근이 필요하다.

이어서 사이버 파워 개념이 가지는 한계를 일정 부분 보완하는 미군의 정보적 파워(Informational Power) 개념에 대해 살펴본다.

미군의 정보적 파워(Informational Power)

미군은 사이버 공간에서의 영향력을 군사적 관점에서 분석하여 정보적 파워(Informational Power)라는 개념을 정립하였다. 2023년 7월, 미 국방부는 급변하는 정보 환경에 대응하기 위한 전략으로《정보 환경 내 작전 전략(Strategy for Operations in the Informational Environment)》을 발표하였다. 이 전략은 정보 역량(Information Forces & Capabilities), 작전(Operations), 활동(Activities), 프로그램(Programs), 기술(Technologies)을 효과적으로 통합하는 것을 핵심으로 삼고 있다.

이 전략을 더욱 명확히 이해하기 위해 미군의 관련 작전 교리 두 가지를 추가로 살펴볼 필요가 있다. 첫 번째는 2018년 7월 발표된《정보 환경 내 작전 통합 개념(Joint Concept for Operations in the Information Environment, JCOIE)》이고, 두 번째는 2022년 9월 발표된《합동 작전을 위한 정보력(Information in Joint Operations)》이다. 이 두 교리를 통해 미군의 정보적 파워 개념을 종합적으로 정리할 수 있다.

미 국방부가 정의한 '정보적 파워는 목표를 달성하고 정보적 우위를 확보하기 위해 정보를 전략적으로 활용하여 가치를 창출하는 능력'을 의미한다. 정보적 파워의 핵심은 목표 달성을 위해 정보를 전략적으로 투사(Projection), 활용(Exploitation), 차단(Denial), 보존(Preservation)하는 역량에 있다. 각 요소의 세부적인 설명은 다음과 같다.

① **투사(Projection)**: 전략적 목적을 위해 정보를 전달하여 아군이나 적군의 상황에 직접적인 영향을 미치는 행위이다.
  - (예시) 아군의 사기 진작을 위한 정보 제공이나, 적군의 심리를 흔들기 위한 선전 캠페인(Propaganda) 실행
② **활용(Exploitation)**: 정보를 분석하고 가공하여 작전 수행이나 의사결정에 적극적으로 활용하는 활동이다.
  - (예시) AI를 활용한 대규모 데이터 분석을 통해 적군의 이동 경로를 예측하거나 전술적 우위를 확보하는 데 필요한 정보 분석
③ **차단(Denial)**: 적이 특정 정보를 얻거나 활용하지 못하도록 방해하는 활동이다.
  - (예시) 전자전(Electronic Warfare)을 통해 적의 통신망을 교란하거나 정보 수집 능력을 저하시키는 행위
④ **보존(Preservation)**: 아군의 핵심 정보를 보호하고 정보 보안과 무결성을 유지하는 행위이다.
  - (예시) 데이터 암호화, 네트워크 보안 강화 등을 통해 군사적 기밀 정보의 유출을 방지함으로써 정보 보안을 유지하는 활동

미군은 '정보적 파워(Informational Power)' 개념을 체계화하기 위해, 정보활동에 영향을 미치는 모든 요소를 포괄하는 정보 환경(Information Environment)을 제시하고, 이 정보 환경을 세 가지 차원(Dimensions)으로 구분한다. 이는 물리적 차원(Physical Dimension), 정보적 차원(Informational Dimension), 및 인지적 차원(Cognitive Dimension)이다.

물리적 차원은 유형의(Tangible) 대상이며 실제 세계(Real World)를

그림-1. 정보 환경의 세 가지 차원
(출처, 미군 정보 환경 내 작전 통합 개념, 2018년 7월)

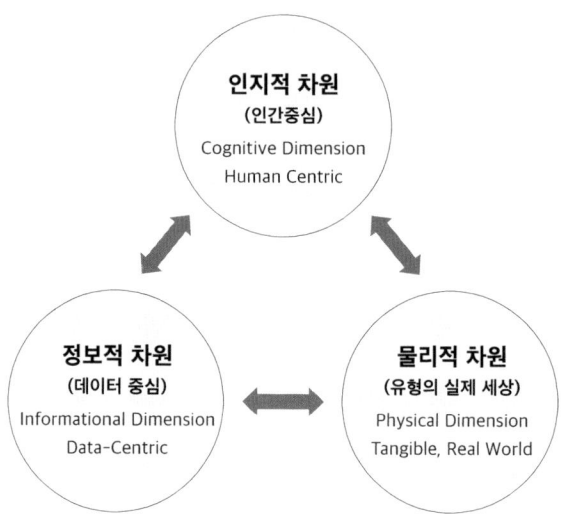

의미하며, 정보적 차원은 데이터 중심(Data-Centric)의 체계를 의미하고, 인지적 차원은 인간 중심의 의사결정의 체계를 의미한다.

미군은 나아가 이러한 세 가지 차원을 기반으로 구체화한 군사력의 모습을 분석하기 위해 세 가지 구성 양상(Aspects)을 제시하였다. 이는 물리적 양상(Physical Aspects), 정보적 양상(Informational Aspects), 및 인적 양상(Human Aspects)이다. 각 차원과 양상에 관해 미군 설명을 종합하면 다음과 같다.

◇ 물리적 양상(Physical Aspects)
미국이 정의한 정보 환경의 물리적 양상은 합동 작전 환경 내

존재하는 자연적(natural) 및 인공적(manufactured) 요소를 의미한다. 이러한 요소들은 군 구성원 간, 혹은 군 정보 시스템 간의 원활한 의사소통을 촉진하거나 반대로 방해하는 요인으로 작용한다. 물리적 양상은 정보를 생성·저장·전송·보호하는 기반을 구성하며, 군사력 투사의 출발점이 된다. 물리적 양상을 구성하는 요소는 다음과 같다.

① **물리적 환경**: 지형(Terrain), 기후(Climate), 국경(Territorial boundaries), 작전 지역의 자연적 특성 등은 군사 작전의 공간적 제약과 기회를 결정짓는 핵심 요소다.
② **통신 인프라**: 광섬유 케이블, 위성통신, 라디오 주파수, 데이터 센터, 통신 장비 등은 정보 흐름의 경로를 구성하며, 효율적이고 안정적인 지휘통제를 가능하게 한다.
③ **군사 기반 시설**: 군사 기지, 레이더 및 감시 시스템, 지휘통제 센터(C2 Centers) 등은 정보 환경의 물리적 노드로 기능하며, 작전의 물리적 거점 역할을 수행한다.
④ **물리적 매개체**: 정보 전송을 위한 실질적인 매체로서, 광섬유, 전파, 위성 링크 등 다양한 형태의 전송 채널이 여기에 해당된다.

미군은 정보 환경에서 물리적 양상을 정의할 때, 정보의 저장과 전송, 보호를 가능하게 하는 모든 물리적 환경과 기반 인프라를 포괄적으로 고려한다. 이는 주변 자연환경을 고려하여 정보 인프라와 물리적 네트워크를 전략적으로 유지·보호해야 할 필요성을 강조한다. 특히 사이버전(Cyber Warfare), 전자전(Electronic Warfare), 네트워크 중심전(Network-Centric Warfare)으로 전쟁 양상이 변화함에 따라, 인공적 요소에 대한 보호 및 강화를 통해 물리적 양상의 회복력과 생존성을 확보하는 것이 현대 군사 전략의 핵심 과제로 부상하고 있다.

결국, 물리적 양상은 후술할 정보적 양상의 모든 활동을 실현할 수 있는 기반 인프라를 제공하며, 전장 환경에서의 정보 우위 확보를 위한 물리적 전제조건으로 기능한다.

◇ **정보적 양상**(Informational Aspects)

미군은 정보 환경(Information Environment)을 구성하는 핵심 요소 중 하나로 정보적 양상(Informational Aspects)을 제시하였다. 이 양상은 정보의 흐름, 가공, 분석, 배포 및 활용에 초점을 맞춘 데이터 중심의 차원으로, 정보가 어떤 방식으로 수집되고 처리되며 의사결정에 활용되는지를 중점적으로 다룬다. 미 국방부는 정보적 양상을 다음과 같이 정의한다:

"정보적 양상은 개인, 정보 시스템, 집단이 정보를 소통하고 교환하는 방식을 설명한다. 이는 정보가 수집, 전송, 처리, 저장, 표시되는 모든 과정을 포함한다."

이는 공식적·비공식적 통신 인프라뿐만 아니라 사회적 네트워크, 혈연·지연 관계, 합법적·비합법적 상업 관계 등 모든 형태의 관계망을 정보 전달 경로로 포함하며, 정보 우위를 확보하기 위한 총체적 접근을 의미한다.

정보에 대한 범주도 포괄적으로 정의하고 있다. 미군은 정보적 양상에서 수집·분석의 대상이 되는 정보를 다음과 같이 세 가지 범주로 구분한다.

① **활동의 비언어적 특성**(Body Language of Activities): 군대의 이동 경로, 부대 배치, 병력의 집결 등 활동 자체에 내재된 시각적이고 동적인 비언어 정보
② **활동의 특징 및 세부사항**(Features and Details): 병력 규모, 군사적 능력, 활동의 위치, 지속 시간, 실행 시점 등 군사 활동의 정량적·정성적 세부 정보
③ **활동에 대한 의사소통**(Communications about an Activity): 언어적 의사소통(직접 대화, 명령 전달, 보고서 등) 및 비언어적 의사소통(이미지, 음성 메시지, 시각 자료 등 시각적 또는 청각적 전달 수단)

정보가 수집되어 최종적으로 작전·전략 결정에 반영되기까지의 정보 흐름의 구성 요소는 다음과 같다.

① **수집**(Collection): 정찰 위성, 드론, 신호 정보(SIGINT) 등 다양한 출처에서 데이터 획득
② **전송**(Transmission): 무선 네트워크, 위성통신, 전술 데이터 링크 등 통해 실시간 전장 정보 전달
③ **처리**(Processing): 데이터베이스, AI 기반 분석 도구 등을 활용한 정제 및 통합 분석

④ **저장(Storage)**: 클라우드 시스템, 분산형 데이터 센터 등 고가용성 저장소 확보
⑤ **표시(Display)**: 전술 상황 보고서, 지도 기반 디지털 시각화 자료 등을 통해 최종 사용자에 전달

정보적 양상은 물리적 기반 위에서만 작동할 수 있으며, 두 양상은 상호보완적인 관계를 맺는다. 위성, 통신망, 데이터센터 등 물리적 기반이 파괴될 경우, 정보적 양상의 작동이 불가능하다. 군사 네트워크가 물리적으로 파괴되면 정보의 수집·전송·처리가 불가능하다.

이러한 통합적 기능은 네트워크 중심전(Network-Centric Warfare)과 같은 현대전 개념을 구현할 수 있게 하며, 전장의 실시간 상황 인식과 명령 체계를 연계함으로써 전략적·전술적 우위를 확보하는 핵심 역량으로 작용한다.

◇ **인적 양상(Human Aspects)**

미 국방부는 정보 환경(Information Environment)의 세 번째 핵심 차원으로 인지적 차원(Cognitive Dimension)을 제시하고, 이 차원을 구체화하는 요소로 인적 양상(Human Aspects)을 정의한다. 인적 양상은 인간의 사고, 감정, 의사결정, 행동 등에 중점을 두며, 정보가 인간의 인식과 반응에 어떤 영향을 미치는지를 설명하는 영역이다. 미 국방부는 인적 양상을 다음과 같이 정의한다.

"인적 양상은 사람들 간, 그리고 사람과 환경 간의 상호작용을 통해 인간

의 행동과 의사결정을 형성하는 요소를 다룬다. 이러한 상호작용은 언어적, 사회적, 문화적, 심리적, 물리적 요소에 기반하여 이루어진다."

이 정의는 인간-인간 상호작용과 인간-환경 상호작용을 모두 포함하며, 정보가 어떻게 해석되고 행동으로 이어지는지를 통합적으로 이해하려는 시도를 담고 있다.

인간-인간 상호작용은 병사 간의 상호 신뢰 및 의사소통, 지휘관과 부하 간의 명령과 응답, 및 부대 간 협업 및 공동 작전 수행 등을 포함한다. 인간-환경 상호작용은 지형(산악, 도시, 사막 등 전장 지형이 의사결정에 미치는 영향), 기후(드론, 항공기 운용 가능성 및 통신 환경에 대한 제약), 및 통신 인프라(광케이블, 위성, 전파 통신의 존재 여부에 따른 작전 조건 변화)을 포함한다. 이러한 상호작용은 작전 수행의 제약 요소일 뿐 아니라 정보 전달과 수용 방식에도 결정적 영향을 미친다.

미군은 이러한 상호작용에 영향을 미치는 요소를 다음과 같은 다섯 가지로 세분화한다.

① **언어적 요소(Linguistic Elements)**: 언어는 정보 교환과 해석의 기반이다. (명령 전달, 암호화된 메시지, 통신 규칙 등)
② **사회적 요소(Social Elements)**: 사회적 연결망과 조직 내 인간관계는 정보 해석에 큰 영향을 미친다. (계급 구조, 팀 내 신뢰도, 공식·비공식 네트워크)
③ **문화적 요소(Cultural Elements)**: 문화적 배경은 동일한 정보를 서로 다르게 해석하게 만든다. (심리전에 문화적 상징 사용, 지

역 민간인과의 소통 전략)

④ **심리적 요소**(Psychological Elements): 인간의 심리 상태는 의사 결정과 행동에 직접적으로 영향을 준다. (사기 저하를 유도하는 심리전, 스트레스 요인 분석)

⑤ **물리적 요소**(Physical Elements): 물리적 환경은 인간의 인지 활동과 정보 활용 방식에 영향을 미친다. (지형과 기후가 통신 수단과 정보 해석에 미치는 영향)

정보 환경의 인지적 차원을 구체화하는 인적 양상은 단순히 정보의 흐름이나 시스템적 처리 과정이 아니라, 궁극적으로 정보가 인간의 판단과 행동에 어떤 변화를 유도하는가에 중점을 둔다. 물리적 요소와 정보적 요소는 인적 요소를 통해 결합되며, 이는 최종적인 전술·전략적 행동으로 귀결된다.

현대전에서 인적 양상은 전투력의 소프트파워 측면과 깊은 연관이 있는 것으로 보인다. 인적 양상에 대한 고찰과 합리적 개선은 군 조직의 유연성, 적응력, 민첩성 확보에 핵심적 역할을 수행할 것이다.

◇ **물리적 파워와 정보적 파워**

미군은 이상과 같이 정보 환경을 구성하는 세 가지 차원(물리적, 정보적, 인지적)과 세 가지 양상(물리적, 정보적, 인적)을 제시하면서, 군사적 역량의 측면에서 두 가지 파워인 물리적 파워(Physical Power)와 정보적 파워(Informational Power)를 다음과 같이 정의하였다.

"물리적 파워는 타인의 행동과 사건의 전개 과정을 강제하거나 영향을 미치기 위해 물리적 힘을 사용하는 수단을 의미한다."

즉, 물리적 파워는 전통적인 군사력의 핵심 요소로서, 군사 장비, 병력, 무기체계, 군사작전 등 물리적 수단을 통해 상대방의 행동을 억제하거나 변화시키는 능력을 말한다.

"정보적 파워는 목표를 달성하고 정보적 우위를 확보하기 위해 정보를 효율적으로 활용하는 능력을 의미한다. 정보적 파워의 본질은 정보를 투사(Projection), 활용(Exploitation), 차단(Denial), 보존(Preservation)함으로써 자신의 의지를 관철하고 목표를 추구할 수 있는 능력에 있다."

정보적 파워는 정보를 수집·전달·활용·차단하여 정보를 무기화하거나 전략적으로 통제함으로써 아군과 상대의 인식과 의사결정에 영향을 미치는 능력을 포함한다.

물리적 파워는 전통적인 군사력의 물리적 강제력에 해당하며, 정보적 파워는 현대전에서 정보의 주도권을 확보하고 유지하는 데 필수적인 요소다. 두 개념은 서로 대립하기보다는 상호보완적으로 작동하며, 현대 군사 전략에서는 이 둘의 균형 있는 운용이 핵심적인 전략적 과제로 인식된다.

◇ **미군 정보적 파워 개념의 의의와 한계점**

필자는 미 국방부가 사이버 공간의 영향력을 군사력에 반영하기 위해 제시한 정보적 파워 개념을 분석하였다. 이를 통해 정보적 파워 개념의 의의와 한계점을 동시에 확인할 수 있었다. 힘(Power)에 대한 국제정치학계 및 군사학계의 연구 맥락을 고려하여, 정보적 파워의 의의를 다음과 같이 제시한다.

정보통신기술의 발전에 따라 생성된 새로운 힘의 양상을 기존의 하드파워(Hard Power)와 소프트파워(Soft Power)만으로 설명하기에는 한계가 있다. 이에 따라 국제정치학계는 사이버공간의 영향력을 반영하기 위해 사이버 파워(Cyber Power) 개념을 제시하였다. 그러나 사이버 파워 논의는 주로 해킹, 정보 조작 등 사이버 공간의 위험 요소에 집중되어, 이 공간이 가진 변혁적 잠재력은 충분히 설명하지 못하는 한계를 지닌다.

이러한 한계가 드러난 상태에서, 미군은 정보통신기술이 지닌 혁신성과 전장 적용 가능성을 반영한 정보적 파워(Informational Power) 개념을 정립하였다. 앞에서 설명한 도출과정을 정리하면 다음의 세 단계로 구성된다.

① 정보 환경(Information Environment)의 구조를 물리적 차원(Physical Dimension), 정보적 차원(Informational Dimension), 인지적 차원(Cognitive Dimension)의 세 차원으로 구분
② 각 차원에 대해 물리적 양상(Physical Aspects), 정보적 양상(Informational Aspects), 인적 양상(Human Aspects)의 세 가지 측면을 정의
③ 위 구조를 바탕으로 물리적 파워(Physical Power)와 정보적 파워(Informational Power)의 개념을 정립

이상의 내용을 표로 정리하면 다음과 같다.

표-2. 미군의 물리적 및 정보적 힘에 대한 개념 정리
(출처, 미군의 정보 환경 내 작전 통합 개념 등)

미군의 정보의 영향력을 반영한 군사적 힘 [미 국방부 전략(2023) and 교리 (2018)]

물리적 차원(유형적 실 세계) Physical dimension (Tangible, Real world)	정보적 차원(데이터 중심) Informational dimension (Data centric)	인지적 차원(인간중심) Cognitive dimension (Human centric)
물리적 양상 Physical aspect	정보적 양상 Informational aspect	인간적 양상 Human aspect
물리적 힘 **Physical power**	**정보적 힘** **informational power**	
물리력을 사용하여 타자의 행동 또는 사건의 전개 방향에 영향을 미치는 능력	원하는 행동이나 사건의 전개를 도출 위해 정보를 활용하여 인식, 태도 등을 변화시키는 능력	

미군이 제시한 물리적 파워는 국제정치학계에서의 하드파워와 유사하며, 직접적이며 강제적인 힘을 의미한다. 반면, 정보적 파워는 사이버 파워 개념과 유사한 배경에서 출발하지만, 강조점은 다르다. 사이버 파워가 해킹이나 정보 조작 등 위험 요소에 집중하는 반면, 정보적 파워는 사이버 공간의 변혁적 잠재력에 중점을 두며 사이버 보안까지 포괄하는 개념으로 발전하였다.

이러한 점에서 미군의 정보적 파워 개념은 국제정치학계의 사이버 파워 개념보다 진일보한 것으로 평가한다. 사이버 공간은 정보의 활발한 유통과 상호작용을 통해 활동의 효율성을 증진시키는 잠재력을 갖는 동시에, 사이버 공격이라는 위험성도 함께 내포하고 있기 때문이다. 이 두 측면을 균형 있게 고려하는 것이 바람직하다.

이상과 같이 미군이 제시한 정보적 파워 개념은 사이버 공간과 정보기술이 전장에 미치는 영향을 반영한 새로운 군사력 개념으로 평가할 수 있다. 그러나 필자는 이 개념을 도출하는 과정에서 다음 두 가지 핵심적인 문제점을 지적하고자 한다.

첫째, 미군은 정보 환경(Information Environment)을 물리적, 정보적, 인지적 차원으로 구분하고, 각 차원에 대해 물리적 양상(Physical Aspects), 정보적 양상(Informational Aspects), 인적 양상(Human Aspects)을 설정하였다. 하지만 이후 정의된 두 가지 군사력 개념인 물리적 파워와 정보적 파워는 이러한 세 차원의 구조, 특히 인지적 차원과 인적 양상의 의미를 충분히 반영하지 못하고 있다.

즉, 물리적 파워와 정보적 파워는 물리적 및 정보적 차원의 내용은 포괄하고 있으나, 표-2에서 제시된 바와 같이 인지적 차원의 핵심 구성요소인 인적 양상은 파워 개념에서 배제되어 있다. 이는 군사력 구성 체계의 일부가 누락된 불완전한 개념 도출로 이어지며, 결과적으로 개념 체계의 구조적 완결성을 저해하는 문제로 작용한다.

둘째, 미군은 인지적 차원의 구체화를 위해 설명을 전개하면서 인적 양상(Human Aspects)만을 구성 요소로 설정하고 있다. 이는 최근 군사 기술의 발전 동향을 충분히 반영하지 못한 접근이다. 현대 전장은 인지 영역에서 인공지능, 자동화 시스템, 기계학습 기반의 의사결정 시스템 등이 복합적으로 작동하는 환경이다. 인간 중심의 판단 체계가 여전히 중요하지만, 전장에서는 상황 인식의 속도, 정보 분석의 정확성, 작전 결정의 실시간성이 요구되며 이는 인간 능력만으로 충족되기 어렵다. 이로 인해 인간과 기계가 상호 협력하여 의사결정과 작전을 수행하는 인간-기계 팀 구성(Human-Machine Teaming)이 핵심 작전 개념으로 부상하고 있다.

예를 들어, 미군은 드론 운용, 영상 분석, 표적 식별, 작전 계획 수립 등의 분야에서 인간의 전략적 판단력과 인공지능 기반 분석 기술을 통합하여 작전 효율성과 정확도를 극대화하고 있다. 그러나 미군은 인지적 차원의 영역을 인간 요소만으로 제한하고 있다.

현대 전장에서 인지적 차원을 온전히 설명하기 위해서는 인적 양상(Human Aspects)뿐만 아니라 정보적 양상(Informational Aspects)도 함께 고려되어야 한다. 두 양상은 상호보완적 관계에 있으며, 인간의 인식과 판단은 정보의 질과 처리 속도, 전달 방식에 크게 영향을 받는다.

따라서 미군이 제시한 정보적 파워 개념의 현실 적합성과 개념적 완성도를 높이기 위해서는 인지적 차원에 대한 정의와 구성 요소의 재검토가 필요하다. 이는 정보 중심 전장에서 군사력 개념을 정립하는 데 필수적인 조건이라 할 수 있다.

2021년 대한민국 국방부가 제시한 "국방비전 2050"은 정보통신기술이 구현하는 새로운 힘의 개념을 보다 포괄적이고 체계적으로 수용하고 있다. 이는 기존 정보통신기술 기반의 힘의 개념에서 드러난 한계를 보완하고, 미래 전장 환경에 적합한 군사력 개념을 제시하려는 시도로 평가한다.

한국군의 접근은 기존의 하드파워와 소프트파워 개념을 바탕으로, 정보통신기술을 활용하여 생성되는 새로운 군사력 개념을 보다 완결성 있는 프레임워크로 정립하고 있다.

5-4 한국군의 힘의 모델: 하드파워, 소프트파워, 메타파워

정보통신기술의 발달과 사이버 공간의 확장에 따라, 전통적인 하드파워와 소프트파워 개념만으로는 현대 전쟁의 특성을 설명하기 어려워졌다. 사이버 공간의 영향력 확대는 사이버 파워(Cyber Power)와 정보적 파워(Informational Power) 개념을 등장시켰지만, 각각 다음과 같은 한계를 지닌다.

사이버 파워는 사이버 해킹, 정보 조작 등 위험 요소를 과도하게 강조하여, 지휘통제 체계의 혁신, 전장 상황 인식의 고도화, 실시간 의사결정 지원 등 사이버 공간의 변혁적 잠재력을 반영하지 못한다. 정보적 파워는 정보적 차원과 인지적 차원을 분리하여 설명함으로써, 정보통신기술이 현대전에서 미치는 영향력을 통합적으로 반영하지 못하는 한계를 갖는다.

필자는 이러한 부족한 점을 보완하는 대안으로 한국군이 제시한 세 가지 힘의 모델을 설명한다. 대한민국 국방부는 2021년 《국방비전 2050》에서 새로운 군사력 개념 모델인 '하드파워', '소프트파워', '메타파워'로 구성된 세 가지 힘의 모델을 정의하였다.

- 하드파워(Hard Power)는 유형적 군사 자산으로 파괴력, 내구성, 정밀도, 기동성 등 물리적이고 직접적인 강제력을 의미한다. 전통적인 군사력인 무기체계, 병력, 군사장비 등을 포함한다.
- 소프트파워(Soft Power)는 무형적 군사 자산으로 군사 운용 능력, 정신전력 등을 의미한다. 군사교리, 전략·전술, 제도, 사기, 군문화, 국방 매력 등 비물질적 요소를 포함한다.

- 메타파워(Meta Power)는 정보통신기술을 활용하여 생성된 인지적 영역의 군사 역량을 의미한다. 인공지능, 빅데이터, 초고속 통신망 등을 활용하여 실시간 데이터 전송 및 정보분석을 통해서 형성되는 군사적 능력을 포함한다.

미래전의 양상을 고려할 때 전쟁의 승패에 영향을 미치는 군사 역량의 속성은 기술 중심으로 빠르게 변화하고 있다. 단순한 병력과 장비의 우위보다는, 방대한 데이터를 실시간으로 수집·처리하고 이를 기반으로 신속하고 정밀한 의사결정을 내릴 수 있는 능력이 핵심 군사 역량으로 부상하고 있다.

이러한 변화에 대응하기 위해 한국군은 기존의 '하드파워'와 '소프트파워' 개념을 넘어, 정보기술과 인공지능을 활용한 새로운 군사

그림-2. 한국군의 세 가지 군사력 정의
(출처, 국방비전 2050 공개본, 한국 국방부, 2021년 11월)

력 개념으로 '메타파워(Meta Power)'를 제시하였다. 메타파워는 전 영역에 분산된 군사 자산을 초연결 네트워크로 통합하고, 전장에서 수집되는 각종 데이터를 인공지능과 빅데이터 분석 기술을 통해 실시간으로 처리함으로써 지휘관의 지휘 결심을 지원한다.

메타파워는 시간과 공간의 제약을 극복하여, 빠르게 변화하는 전장 환경에 즉각적으로 적응하고 최적화된 작전을 수행할 수 있도록 하는 인지 기반의 군사 능력이다. 이는 단순히 기술적 도구의 활용을 넘어, 데이터 주도형 전쟁 수행 체계를 구축하는 핵심 전력 요소로 작용한다.

오늘날 전쟁의 양상은 육상, 해상, 공중뿐 아니라 우주, 사이버, 심리 영역까지 확장되고 있으며, 그 복잡성과 속도는 인간 중심의 전통적 지휘 체계로는 감당하기 어려운 수준에 도달하고 있다. 이에 따라, 광범위한 작전 영역에서 생성되는 데이터를 효율적으로 통합하고 해석하여 지휘관의 전략적 판단을 실시간으로 보조하는 메타파워의 중요성은 더욱 강조되고 있다.

하드파워, 소프트파워, 메타파워는 서로 독립된 의미이나 상호보완적인 관계를 형성한다. 하나의 힘이 강화되면 다른 힘의 효율성과 효과성도 함께 증대되는 승수효과가 나타난다. 세 가지 힘이 조화롭게 발전할 때 미래 전장에서 최상의 전투력을 발휘할 수 있다.

비유적으로 설명하면, 하드파워는 인간의 신체적 능력으로 외부 환경에 물리적으로 작용하는 힘을 의미하고, 소프트파워는 정신력이나 설득력 등 타인에게 영향을 미치는 정서적·문화적 역량이다. 메타파워는 인간이 주변 상황을 인식하고 생체정보를 전달하며 이를 통해 판단을 하는 신경망과 같다. 이는 방대한 데이터를 기반으로 전장 상황을 신속하고 정확하게 인식·분석하고, 이를 통합하여 불확실성과 복잡성이 높은 전장 환경에서 최적의 판단과 실행을 가능하게 하는 인지적 역량으로 간주된다. 메타파워가 강화된 군대는 높은 적응성과 유연성을 바탕으로 신속한 의사결정을 수행할 수 있으며, 이는 적군에게 불확실성과 복잡성을 강요하는 효과를 가진다.

한국군이 제시한 세 가지 힘의 모델은 미래전의 복잡성과 예측 불가능성에 효과적으로 대응하기 위한 새로운 군사력 개념을 제시한다. 이 개념은 정보화·지능화된 전장 환경에서의 통합적 군사력 운용을 가능하게 하며, 전략적 우위 확보를 위한 이론적 기반을 제공한다.

결국, 국방력 향상을 위해서는 효과적이고 효율적인 군사력 개념 정립이 선행되어야 하며, 한국군의 세 가지 힘 모델은 이러한 방향성을 제시하는 데 중요한 이정표가 될 수 있다.

표-3은 힘에 대한 국제정치학계와 군사학계의 지금까지의 논의 내용과 한국군의 군사력 모델을 종합적으로 정리하여 제시한다.

표-3. 힘의 개념에 대한 대표적 주장 종합

유형의 영역 (Tangible domain)		무형의 영역 (Intangible domain)

국제관계에서 발휘되는 국가의 힘 [조셉 나이 (1990, 2004, 2014)]

하드파워 (Hard power)	소프트파워 (Soft power)
정보통신기술의 사용을 통해서 타자에게 영향력을 미치거나 강요하는 능력	의제 선정, 매력, 설득의 힘

군사력의 유형 [그레그 사이먼스 (2012)]

유형의 힘 (Tangible element)	무형의 힘 (Intangible element)
물리적 요소(병사, 무기, 지역, 날씨 등)	인지적 작용에 근거한 심리적 요소(정치, 정보, 명성, 군기, 인식 등)

사이버 공간의 힘 [조셉 나이 (2010)]

사이버 파워 Cyber power
정보통신기술의 사용을 통해서 타자에게 영향력을 미치거나 강요하는 능력

미군의 정보의 영향력을 반영한 군사적 힘 [미 국방부 전략(2023) and 교리 (2018)]

물리적 차원(유형적 실 세계) Physical dimension (Tangible, Real world)	정보적 차원(데이터 중심) Informational dimension (Data centric)	인지적 차원(인간중심) Cognitive dimension (Human centric)
물리적 양상 Physical aspect	정보적 양상 Informational aspect	인간적 양상 Human aspect
물리적 힘 Physical power	정보적 힘 informational power	
물리력을 사용하여 타자의 행동 또는 사건의 전개 방향에 영향을 미치는 능력	원하는 행동이나 사건의 전개를 도출 위해 정보를 활용하여 인식, 태도 등을 변화시키는 능력	

한국군의 세 가지 유형의 군사력 (대한민국 국방비전 2050, 2021년 11월)

하드파워 Military hard power	메타파워 Military meta power	소프트파워 Military soft power
무기체계, 장비, 물자, 병력 등과 같은 물리적 군사력 (속성: 파괴력, 정확도, 내구성 등)	AI, 빅데이터, 초연결 통신망 등 ICT 기술을 활용하여 생성되는 인지적 군사력 (속성: 상호작용, 통합, 분석, 민첩성)	교리, 제도, 군기·사기 등 무형의 자산 (운용전력, 정신전력 등 매력·정신력을 의미함)

제2부

ICT 기반 국방 메타파워의 구현과 특성

제6장

ICT 기반 인지적 군사력

6-1 인지적 군사력이란 무엇인가?

이 장에서는 정보통신기술에 기반한 군사력 가운데 특히 인간의 인지 능력을 확장하고 보완하는 기술의 작동 방식과 그 구성 요소에 대해 분석한다. 앞서 살펴본 기술확장이론은 정보통신기술이 인간의 인지 역량을 확장·강화한다는 철학적 배경을 제공한다. 이에 따라 본격적으로 군사 인지 능력(Military Cognitive Capabilities)을 고찰하기에 앞서, 그 토대가 되는 인간의 인지 능력(Human Cognitive Capabilities)을 간략히 살펴보며 논의를 시작한다.

인지심리학자 킴 킬리(Kim M. Kiely)는 인지 기능을 "지식을 습득하고 정보를 조작하며 논리를 구성하는 정신적 과정으로, 지각, 기억, 학습, 주의, 의사결정, 언어 능력 등을 포함하는 것"으로 정의하였다(Michalos, 2014). 즉, 인간의 인지 기능은 환경을 인식하고 정보를 처리하여 행동으로 전환하는 복합적 과정이며, 인간 사고와 행동의 핵심이다.

인간의 두뇌는 복잡한 전기적·화학적 신경망으로 구성되어 있으며, 사고, 기억, 감정, 운동 기능, 감각 인지 등을 조율하는 중앙 통제 기능을 수행한다. 신경계는 중추신경계(뇌와 척수)와 말초신경계(말단 신경 및 감각 기관)로 나뉘며, 외부 세계와 두뇌 간 정보를 연계하는 핵심 구조로 작동한다. 이 구조는 정보의 인식, 학습, 판단 과정을 가능케 하는 인지 체계의 물리적 기반이라 할 수 있다.

기술확장이론에 따르면 군사 인지 능력은 인간 인지 능력을 첨단 정보통신기술을 통해 국방 분야에 투영하고 확장한 결과물이다. 과거에는 적을 식별하고 판단하는 일이 인간의 몫이었으나, 오늘날에는 기술이 인간 인지를 보완하거나 대체하기 시작하였다.

예를 들어, 영상 기반 표적 식별 시스템은 정찰병의 시각 기능을 대신하고, 자동 상황 인식 시스템은 위험 감지와 판단 기능을 수행한다. 또한 AI 기반 전장 분석체계는 다수의 센서 데이터를 통합 분석하여 인간 지휘관의 전략적 결심을 보조한다. 이와 같은 기술은 인간 말초신경계의 감지 기능은 물론, 중추신경계에 해당하는 고차원적 판단 능력까지 침투하며 인간 인지 기능을 대체하거나 보완하고 있다.

레이더, 카메라, 각종 센서들은 인간 말초신경계처럼 주변의 변화를 감지하고 이를 다양한 통신망(광케이블, 무선, 위성, 전술망 등)을 통해 전송한다. 이 활동은 주변 자극을 감지하고 뇌로 신호를 전달하는 말초신경계의 기능과 유사하다.

한편 최근 20여 년간 정보통신기술은 중추신경계에 해당하는 판단·결정 기능까지 담당하는 시대로 진입하였다. 대규모 데이터센터 기반의 빅데이터 처리 기술과 인공지능 알고리즘의 고도화로 실시간 데이터 분석과 전략적 의사결정이 가능해지고 있다.

예컨대 미군의 프로젝트 메이븐(Project Maven)은 드론 영상 데이터를 자동으로 분석해 표적을 식별·분류하고, 지휘관의 결정을 지원한다. NATO의 연합 작전 네트워킹(Federated Mission Networking)은 동맹국 간의 정보 공유 및 실시간 공동 작전 결정을 위한 인지 기반 네트워크 체계를 구현하고 있다. 이는 기술이 인간 두뇌가 수행하던 정보 통합, 해석, 판단의 기능을 대체할 수 있는 수준으로 발전하고 있음을 보여준다.

인공지능은 특히 전장에서 발생하는 대다수의 비정형 데이터―드론 영상, 감청 음성, 텍스트 보고서, 전파 신호 등―를 처리할 수 있게 되었다. 기술은 이미지, 문장, 음성, 신호 등 다양한 형태의 데이터를 인식하고 이를 결합해 전장 상황을 파악하며, 상황에 적합한 행동 방안을 도출할 수 있게 되었다. 이는 곧 인간의 중추신경계가 수행하던 복합 판단과 실행 기능을 기술이 점차 수행하고 있음을 의미한다.

이러한 흐름을 반영하여 2021년 대한민국 국방부는 정보통신기술 기반의 새로운 군사력 개념으로 '국방 메타파워(Meta Power)'를 제시하였다. 이는 AI, 빅데이터, 클라우드, 고속 네트워크 등 첨단 기술을 융합하여 군사 작전과 전략 수행 방식을 근본적으로 변화시키는 제3의 군사력이다.

국방 메타파워는 전쟁의 본질을 변화시킨다. 여기서 '전쟁의 본질'이란 병력과 무기 중심의 물리적 충돌이 아니라, 정보와 인지를 중심으로 실시간 상황 인식과 정밀한 판단을 통해 전장을 주도하는 방식으로 전환되는 것을 의미한다. 메타파워는 전통적 지휘체계를 넘어, AI 기반 분석과 자동화된 의사결정 체계를 통해 전장의 복잡성과 속도에 대응하며, 새로운 작전 수행 모델을 가능하게 한다.

이러한 메타파워는 육·해·공뿐 아니라 우주, 사이버, 심리 영역까지 아우르는 다차원 전장에서 작동한다. 초연결 네트워크로 통합된 전력과 실시간 수집된 데이터가 AI 기반 분석을 통해 지휘관의 결정을 지원함으로써, 불확실한 전장 환경 속에서 신속하고 정밀한 작전 수행을 가능하게 한다.

국방 메타파워는 단순한 기술적 도입이 아니라, 군사 전략과 작전의 근본적 패러다임 전환을 요구한다. 이는 인간의 판단력과 기술의 협업을 통해 이루어지는 새로운 형태의 전쟁 수행 방식이며, 정보 우위, 판단 우위와 실행 우위가 결합된 '인지적 우위'가 전쟁의 승패를 결정짓는 핵심 요소로 부상하고 있음을 보여준다.

다음에는 메타파워가 실제 군사 전략과 전술을 어떻게 변화시키고, 전쟁 양상을 어떻게 재구성하는지를 구체적으로 살펴본다.

6-2 인지적 군사력 전략

필자는 인지적 군사력에 대해 객관적으로 분석하기 위해 미군의 관련 전략문서 14건과 정보통신기술 관련 군사학계의 주요 학술 논문을 참조하였다. 이 작업은 정보통신기술이 군사 작전에 어떤 영향을 미치고 있으며, 그 기술이 군사 전략에 어떻게 통합되고 있는지를 체계적으로 이해하기 위한 것이다.

이 연구가 가능했던 이유는 미군이 다양한 군사 전략문서를 대외적으로 공개하고 있기 때문이다. 대부분 국가에서는 군이 생산한 문서를 외부에 공개하지 않는 것이 일반적이지만, 미군은 인터넷을 통해 수많은 전략 문서와 교리를 개방적으로 제공하고 있다.

미군이 군사 전략을 세부 영역까지 공개하는 것은 자국 국방력에 대한 자신감의 표현으로 해석될 수 있다. 이는 단지 정보의 개방을 넘어, 자국의 전략적 우위와 실행 역량에 대한 강한 신뢰를 드러내는 행위로 볼 수 있다.

더 중요한 점은 이러한 전략의 공개가 군대 내에서 그 실행 가능성을 구조적으로 높여준다는 데 있다. 전략이 명확히 제시되고 조직 내에서 공유되며, 그 이행 과정이 체계적으로 검토되고 피드백되면서 전략이 단순한 선언에 그치지 않고 실제로 실현될 수 있는 기반이 된다.

일반적으로 정부와 군 조직은 다양한 전략을 수립하지만, 이를 비공개로 관리할 경우 담당자 교체와 함께 전략의 지속성이 상실되거나, 존재 자체가 조직 내에서 잊히는 경우가 많다. 이로 인해 전략이 실현되지 않더라도 문제 제기가 어렵고, 책임이 모호해지는 구조가 반복된다. 반면, 미군처럼 전략을 공개하는 것은 해당 전략의 이행에 대한 조직의 의지와 책임감을 드러내는 동시에, 전략의 실천 가능성을 높이는 메커니즘으로 작용한다고 본다.

다시 본론으로 돌아가, 본 책에서 다루는 미군의 전략서 범위와 그 분류를 살펴보자. 필자는 수많은 미군 전략서 중 정보통신기술과 관련된 분야로 한정하여 표-4와 같이 총 14건의 전략서를 분석 대상으로 선정하였다. 이 전략서들은 인공지능, 사이버, 우주, 디지털 전환 등 핵심 영역을 포함한다.

표-4. 정보통신 관련 미군의 군사 전략 분류

미군의 군사 전략	분류
① 미군 2018 인공지능 전략 요약 (2018년) (Summary of the 2018 DoD Artificial Intelligence Strategy) ② 미군 신뢰 기반 인공지능 전략과 실행방안 (2022년) (US DoD Responsible Artificial Intelligence Strategy and Implementation Pathway)	AI 역량
③ 미군 2023 사이버 전략 요약 (2023년) (Summary of 2023 Cyber Strategy of DoD) ④ 2023 - 2027 미군 사이버 인력 전략 (2023년) (DoD Cyber Workforce Strategy 2023 - 2027) ⑤ 미군 제로 트러스트 전략 (2022년) (DoD Zero Trust Strategy) ⑥ 미군 신원, 자격 증명 및 접근 관리 전략 (2020년) (DoD Identity, Credential, and Access Management (ICAM) Strategy)	사이버 역량
⑦ 국방 우주 전략 요약 (2020년) (Defense Space Strategy - Summary)	우주 역량
⑧ 미군 디지털 현대화 전략 (2019년) (DoD Digital Modernization Strategy) ⑨ 미군 C3 현대화 전략 (2020년) (DoD C3 Modernization Strategy) ⑩ 미군 클라우드 전략 (2018년) (DoD Cloud Strategy) ⑪ 미 육군 클라우드 추진 계획 (2022년) (US Army Cloud Plan) ⑫ 미군 소프트웨어 현대화 전략 (2022년) (DoD Software Modernization Strategy) ⑬ 미군 전자기스펙트럼 우세 전략 (2020년) (DoD Electromagnetic Spectrum Superiority Strategy) ⑭ 미군 데이터 전략 (2020년) (DoD Data Strategy)	C4ISR

정보통신 분야의 기술적 특성상, 필자가 미군 전략서를 그대로 참조한 데에는 정당한 근거가 있다. 정보통신기술은 다양한 국가의 다양한 주체가 상호연동을 가능하게 하는 것을 기본 전제로 하며, 이를 위해서 대부분 장비는 국제적 표준화 체계에 따라 개발되고 운영된다. 따라서 정보통신 관련 군사 전략의 기본 구조는 국가간 유사하게 성립될 수 있으며, 미군 전략서를 분석하는 일은 모든 국가의 군사 전략 수립에 실질적인 통찰을 제공할 수 있다.

본서에서 검토한 미군 전략서는 다양한 주제를 포함한다. 인공지능, 사이버 보안, 우주 전략, 디지털 전환, 클라우드 컴퓨팅, 소프트웨어 운영 전략, 전자기파 작전 전략, 데이터 전략 등이다. 이는 현대 군사 전략의 디지털 중심의 전환과 ICT 기반 통합작전 수행 개념을 포괄적으로 보여준다.

필자는 본 전략서에서 다루는 핵심 군사력을 포괄하여 다음 네 가지 군사 역량으로 분류하였다.

① **인공지능 역량**
② **사이버 역량**
③ **우주 역량**
④ **C4ISR 역량**(지휘·통제·통신·컴퓨터·정보·감시·정찰)

이하에서는 위 네 가지 역량 각각에 대해, 군사학계의 학술 논문에서 제시된 주요 연구 결과를 바탕으로 분석을 진행한다. 학술 논문 기반의 논의는 최신 기술 발전 동향을 실시간으로 반영하지 못할 수 있다는 한계가 있다. 그러나 학술 논문에 기반한 분석을 통해 인지적 군사력의 개념과 구조를 체계적으로 조망하고, 전반적 방향성을 확인하는 데에는 여전히 유효한 접근이라 판단하여 다음의 내용을 구성하였다.

6-3 인공지능 역량

인공지능의 탄생

인공지능의 개념은 1943년 미국의 신경외과 의사 워런 맥컬록(Warren McCulloch)과 논리학자 월터 피츠(Walter Pitts)가 인간 두뇌의 신경망 구조를 수치적 모델로 제시한 연구에서 출발하였다(McCulloch, Warren S., and Walter Pitts, 1943). 이 연구는 현재 전 세계를 변화시키고 있는 인공지능 기술의 기초가 되었다. 이후 수십 년에 걸쳐 AI는 인간 능력을 모방하고 확장하려는 다양한 시도를 거쳐 발전해왔다.

2006년 제프리 힌튼(Geoffrey Hinton)이 딥빌리프 네트워크(DBN)를 통해 딥러닝 개념을 성공적으로 입증하면서, AI 연구는 본격적인 전환점을 맞았다. 이후 인공지능은 자연어 처리, 영상 인식, 전략 예측 등 다양한 분야에서 인간의 능력을 초월하는 성과를 보여주며 기술 발전의 중심축으로 자리 잡았다.

인공지능 연구는 발전과 정체기를 반복하며 진화해왔다(Haenlein & Kaplan, 2019). 그러나 최근 들어 AI는 다양한 산업 분야에서 혁신의 핵심 기술로 평가받고 있으며, 군사 영역에서도 전략적 경쟁력을 좌우하는 결정적 요인으로 부상하고 있다.

미국 과학기술위원회는 최근 인공지능 발전을 이끈 주요 요인을 세 가지로 제시하였다. 이들 기술적 요인은 군사 분야에도 직접적으로 적용되어 전장 상황을 실시간으로 분석하고, 무기 시스템과 지휘통제 체계를 지능화하는 기반을 제공하고 있다. 세 가지 요소는 다음과 같다.

① 빅데이터(Big Data)의 대량 생성 및 활용 가능성 증가
② 머신러닝(Machine Learning) 알고리즘 및 접근 방식 발전
③ 컴퓨팅 파워(Computing Power)의 급격한 증가

군사 분야에서 AI는 단순한 기술을 넘어 전쟁 수행 방식의 패러다임을 바꾸는 '게임체인저(Game Changer)'로 등장하였다(Davis, 2019). AI는 인간의 판단과 반응 속도를 능가하며, 복잡성과 불확실성이 높은 현대 전장에서 지휘관에게 정밀하고 신속한 결정을 가능케 하는 '전장의 예언자(Oracle)'로 기능하고 있다. 이러한 AI 기반 역량은 미래 군사력 경쟁의 핵심으로 자리잡고 있으며, 전략 수립, 작전 계획, 무기 시스템 설계 전반에 걸쳐 깊숙이 통합되고 있다.

군사 분야에서의 인공지능

군사 분야에서 인공지능은 활용 범위에 따라 전술적 차원, 전략적 차원, 국방 운영 차원으로 구분할 수 있다. 다음은 각각의 영역에서 AI가 어떤 방식으로 적용되고 있는지에 대한 설명이다.

첫째, 전술적 차원에서 AI는 다양한 무기 플랫폼의 기능을 자동화하고 최적화하여 군사 작전의 효율성과 정밀도를 극대화한다(Payne,

2018). AI 기반 시스템은 적의 미사일, 잠수함, 병력 이동 등을 자동으로 탐지·분석하고, 머신러닝을 활용한 자동 표적 인식(Automatic Target Recognition, ATR)을 지원한다(Johnson, 2020b). 다음은 AI 기반 무기체계의 대표적인 사례이다.

- ① **로열 윙맨(Royal Wingman)**: 유인 전투기와 협력하는 무인 전투 항공기(Axe, 2017).
- ② **씨 헌터(Sea Hunter)**: AI 기반으로 자율 대잠수함 작전을 수행하는 무인 함정(ACTUV, 2018).
- ③ **AI 군집 드론(Swarming Drone Systems)**: AI를 활용한 군집 전술(Swarming Tactics)을 통해 다수의 드론이 협력하여 작전을 수행(Ilachinski, 2017; Octavian et al., 2023; Scharre, 2018).

이러한 AI 무기체계는 육상, 해상, 공중, 우주 및 사이버 공간까지 작전 영역을 확장시키고 있으며, 전장의 패러다임을 근본적으로 변화시키고 있다.

둘째, 전략적 측면에서 AI는 군사 지휘관의 의사결정을 지원하는 핵심 시스템으로 발전하고 있다. 다양한 정보 출처를 통합·분석하여 실시간 상황 인식(Situational Awareness)을 제공하며, 복잡한 전투 환경에서 최적의 판단을 돕는다(Ayoub & Payne, 2016; Goldfarb & Lindsay, 2021; Lee et al., 2023; Payne, 2018).

① **AI 기반 정보 분석과 의사결정 지원**

AI는 영상 분석(Image Analysis), 전자 신호 분석(RF Interpretation),

음향 정보 분석(Acoustic Intelligence) 등의 신호처리 기술을 통해 핵심 정보를 도출한다. 또한 다국어 번역, 지형 분석, 3D 모델링 등 다양한 기능을 활용해 전장 정보를 보다 정밀하게 해석할 수 있도록 지원한다(Boyce et al., 2022; Hao et al., 2018; Sayler, 2019).

② AI 기반 지휘통제 시스템

AI는 지휘통제 시스템과 통합되어, 작전 수행 과정에서 발생할 수 있는 위험을 사전에 예측하고, 상황에 맞는 전략을 제안한다(Bojer et al., 2023). 실시간 데이터 분석 및 전투 시뮬레이션 기능은 전략적·전술적 의사결정을 자동화하고, 지휘관의 판단을 보조한다. AI는 이러한 특성으로 인해 현대 전장의 '예언자(Oracle)'로 불리며, 21세기 복잡한 전장에서 군 지휘관의 핵심 조력자로 자리매김하고 있다.

셋째, AI는 작전 환경뿐만 아니라 평시와 전시의 군사 행정, 병참, 의료, 인사 등 국방 운영 전반에서도 높은 활용 가능성을 보이고 있다. 특히 병력 감축이 불가피한 한국과 같은 국가에서는 인공지능의 활용이 전력 효율화를 위한 필수 요소로 간주된다.

① AI 기반 군수(Logistics) 및 병참 지원

AI는 군수품 재고를 자동으로 관리하고, 수요 예측과 실시간 배분 최적화를 통해 군 기지와 전방의 물류 흐름을 효율적으로 관리한다(Payne, 2018; NSTC, 2016). 이는 전투 지역의 보급품 부족 문제를 사전에 방지한다.

② AI 기반 병영 위험 분석 및 예방

병영 내외의 각종 데이터를 분석하여 사고 가능성을 예측하고, 병사와 시설의 안전을 실시간으로 모니터링할 수 있다. 기상 조건, 장비 상태, 작업 환경 등의 요인이 반영된 예측 시스템은 군 내 사고 예방에 기여할 수 있다.

③ 군 의료 및 인사 관리

의료 데이터 분석을 통해 병사의 건강 상태를 사전에 파악하고, 전투 중 발생할 수 있는 부상에 대해 AI 기반 응급 대응 시스템을 구축할 수 있다. 향후 실시간 의료 지원 및 구조 자동화에도 활용될 전망이다.

④ AI 기반 인력 배치 및 효율성 관리

병사의 역량, 선호도, 경력 등을 종합적으로 분석하여 가장 적합한 인력 배치를 지원한다. 이는 군 조직의 효율성과 임무 완성도를 높이고, 인적 자원의 낭비를 최소화하는 데 기여한다.

AI는 무기체계의 지능화뿐만 아니라, 지휘통제, 군수, 의료, 인사 등 군사력 전반에 걸쳐 적용되는 핵심 기술로 자리잡고 있다. 특히 병력 감소와 복잡한 전장 환경에 대응해야 하는 국가들에게 AI는 효율적 국방 운영을 위한 대안이자 필수 역량으로 부상하고 있다. 인공지능의 정밀 분석, 예측, 자동화 능력을 군 전반에 통합하는 것이 향후 군사력 혁신의 결정적 요인이 될 것이다.

인공지능 군사력 경쟁 - 주요국 AI 군사 전략

인공지능(AI)이 군사력에 미치는 영향이 커지고 국제 안보 환경이 변화하면서, 주요 국가들은 AI를 활용하여 자동화 무기 체계, 실시간 정보 분석, 지휘통제 최적화 등 다양한 방식으로 국방력을 강화하고 있다.

미국은 제3차 상쇄 전략(Third Offset Strategy, 2014)을 통해 AI와 자율 무기 시스템을 중심으로 한 군사적 우위 확보를 목표로 하고 있다. 중국은 차세대 AI 발전 계획(Next Generation AI Development Plan, 2017)을 통해 경제 및 군사 분야 전반에서 AI를 활용한 국가 경쟁력 강화에 초점을 두고 있다. 러시아는 AI 기반 군사 현대화 전략을 추진 중이다. 특히 AI를 기반으로 한 전차 자동화, 감시정찰 시스템, 전자전(EW) 기술 개발을 중점적으로 추진하며, 전장에서의 전투 자동화와 정보 우위를 확보하려는 전략을 추구하고 있다. AI는 21세기 군사력 경쟁의 핵심 요소이며, 미래 전장의 승패를 결정짓는 주요 기술로 자리 잡고 있다.

6-4 사이버 역량

사이버 공간과 전쟁의 변화

전쟁의 양상은 지상, 해상, 공중 등 전통적인 물리적 영역을 넘어, 이제는 사이버 공간이라는 복잡하고 인공적인 새로운 영역으로 확장되고 있다(Canan & Sousa-Poza, 2018; Ottis & Lorents, 2010).

사이버 공간은 디지털 정보가 생성, 저장, 변형, 교환, 활용되는 가상 환경으로, 컴퓨터 시스템, 네트워크, 디지털 데이터 등이 서로 연결되어 있는 정보 기반의 전장이다(Robinson et al., 2015). 미국 전략사령부(U.S. Strategic Command, 2009)는 사이버 공간을 다음과 같이 정의하고 있다.

> "사이버 공간은 정보 환경(Information Environment) 내의 글로벌 도메인(Global Domain)이며, 인터넷, 통신망, 컴퓨터 시스템, 내장 프로세서(Embedded Processors), 제어 시스템(Controllers) 등의 IT 인프라가 상호 연결된 네트워크로 구성된다."

이 정의는 사이버 공간이 단순한 통신 네트워크가 아니라, 정보의 흐름과 통제가 이뤄지는 복합적 전장이라는 점을 강조한다. 실제로 사이버 공간은 현대전에서 정보 수집, 명령 전달, 무기 시스템 운용 등 전쟁 수행의 전 과정에 깊숙이 관여하고 있다. 그 영향력은 전통적인 전투 영역과 맞먹거나 이를 능가하고 있다.

따라서 사이버 공간은 더 이상 보조적 수단이 아니라, 전쟁 수행 방식 자체를 근본적으로 변화시키는 핵심 전장(Core Battlefield)으로 인식되고 있다. 이는 사이버 공간의 통제 여부가 곧 전장의 주도권을 결정짓는 요인이 된다는 점에서 전략적 중요성이 더욱 부각되고 있다.

사이버 공간의 특성과 군사적 중요성

사이버 공간은 군사 작전의 시간과 공간 개념을 근본적으로 재정의한다. 특히 시간의 측면에서, 사이버 전쟁은 전자적 속도(Electronic Speed), 즉 빛의 속도로 전개되며, 이는 물리적 전쟁과는 본질적으로 다른 작전 환경을 형성한다(Ottis & Lorents, 2010).

이처럼 전자적 속도로 작동하는 사이버 공간은 빠른 템포로 이루어지는 작전을 가능하게 한다. 이는 공격자에게 전략적 이점을 제공한다. 예를 들어, 2003년 발생한 SQL 슬래머 웜(SQL Slammer Worm) 사례에서, 악성코드는 단 몇 분 만에 전 세계적으로 75만 개 이상의 시스템을 감염시켰다(Moore et al., 2003). 이 사례는 사이버 공격이 전통적인 물리적 공격과 비교할 수 없는 속도로 확산될 수 있음을 보여준다.

방어자의 입장에서도 사이버 공간은 빠른 의사결정과 실시간 대응을 요구한다. 정보 시스템 관리자는 몇 초에서 수 분 내에 방화벽(Firewall)의 보안 규칙을 수정하여 공격을 차단할 수 있다. 이는 물리적 전쟁에서 방어선을 구축하는 데 수일에서 수개월이 소요되는 것과 비교하면, 사이버 공간에서의 방어는 신속한 판단과 자동화된 대응 체계를 필수로 한다는 점을 강조한다.

결국 사이버 공간에서는 공격과 방어가 초 단위로 이뤄진다. 실시간 대응 능력이 전장의 승패를 결정짓는 핵심 요소가 된다.

사이버 전쟁(Cyber Warfare)의 유형

사이버 전쟁은 적의 정보 및 통신 시스템, 핵심 정보 자산, 기반 시설, 심지어 인적 자원까지를 목표로 다양한 형태의 공격이 이루어지는 현대 군사 전략의 핵심 수단이다. 공격자는 평시와 전시에 관계없이 표적 시스템의 취약점을 지속적으로 탐색한다. 특정 시점에 이를 이용해 네트워크를 마비시키거나 중요한 정보를 탈취한다.

특히 스피어 피싱(Spear-Phishing)은 사이버 공격자들이 주로 활용하는 대표적 수법으로, 군사 및 정부 기관의 주요 인사(Target Personnel)를 정조준해 악성 이메일을 전송하고, 대상자의 부주의한 클릭 한 번을 계기로 시스템을 장악하거나 내부 정보에 접근한다. 다음은 주요 사이버 전쟁 사례들이다.

① 2008년 러시아-조지아 전쟁

러시아는 조지아 정부의 웹사이트를 대규모 DDoS(분산 서비스 거부) 공격으로 마비시켰다. 조지아 정부 웹사이트가 조작되어 허위 정보(Disinformation)가 유포되었다(Swanson, 2010).

② 2010년 미국·이스라엘의 이란 공격 (Stuxnet)

미·이스라엘은 이란의 핵 개발을 저지하기 위해 '스턱스넷(Stuxnet)' 악성코드를 감염시켰다. 이를 통해 이란 핵원료 원심분리기를 비정상적으로 작동시켜 물리적 손상을 초래하였다(Cohen et al., 2016; Kushner, 2013).

③ 2015년 우크라이나 전력망 사이버 공격

러시아 해커들이 우크라이나 전력망을 해킹하여 대규모 정전 사태를 발생시켰다(Greenberg, 2019). 이는 사이버 공격이 국가 기반 시설(Critical Infrastructure)까지 위협할 수 있음을 보여주었다.

④ 2016년 미국 대선 개입

미국 정보기관은 러시아가 미국 대통령 선거 동안 해킹을 통해 선거에 개입했다고 발표하였다(Ohlin, 2016). 러시아 해커는 미국 민주당 이메일 서버 해킹 및 위키리크스(WikiLeaks)를 통한 정보 공개로 정치적 혼란 유발하였다.

⑤ 2017년 워너크라이 랜섬웨어 공격(WannaCry)

북한으로 추정되는 해커 집단이 전 세계 150개국, 20만 대 이상의 컴퓨터를 감염시키며 데이터를 암호화하고 금전적 대가를 요구하였다. 이 공격은 국가 기관, 병원, 기업, 군사 시스템 등 다양한 영역에 피해를 입혔다(Chen & Bridges, 2017).

사이버 전쟁은 단순한 정보 탈취를 넘어 국가 기반 인프라, 정치 체계, 사회적 안정성까지 위협하는 전략적 도구로 진화하고 있다. Rid 와 McBurney(2012)는 사이버 전쟁의 방식을 다음 세 가지로 분류하였다.

① 파괴(Sabotage): 물리적 기반 시설 및 군사 시스템을 마비시켜 작전 수행 능력을 저하시킴. (예: 2015년 우크라이나 전력망 사이버 공격)
② 첩보(Espionage): 군사 및 정부 기밀을 침투·탈취하여 정보 우위를 확보함. (예: 2016년 미국 대선 해킹 사건)

③ **전복**(Subversion): 허위 정보 유포 및 여론 조작을 통해 심리적 혼란을 유발하고 국가 정통성을 약화시킴. (예: 2008년 러시아-조지아 전쟁 중 허위 정보 확산)

사이버 공격은 전시가 아닌 평시에도 은밀하게 수행될 수 있다. 전통적 군사력과 결합해 하이브리드 전쟁(Hybrid Warfare)의 핵심 요소로 자리 잡았다(Schafer, 2020). 사이버 전쟁은 작전 개시 이전에 상대의 기반을 약화시키고, 사회 내부의 불안을 증폭시켜 전통적 무력 충돌 없이도 전쟁 목적을 달성할 수 있게 한다. 이에 따라, 사이버 공간은 이제 전장의 핵심 영역으로 부상하고 있다.

주요 국가들의 사이버전 대비 및 군사 전략

디지털 기술의 확산으로 군사 및 민간 부문 모두에서 디지털 시스템에 대한 의존도가 급격히 증가하고 있다. 이에 따라 사이버 공간에서의 취약성(Digital Vulnerability)도 높아지고 있다. 이를 악용한 사이버 공격은 국가 안보에 중대한 위협으로 부상하고 있다(Schneider, 2021). 이러한 변화에 대응하기 위해 주요 국가들은 사이버전을 독립된 작전 영역으로 간주하고, 관련 조직 및 전략을 본격적으로 구축하고 있다.

① **미국**
미국은 2010년 사이버사령부(USCYBERCOM)를 창설하여 사이버 공간에서의 전투 수행 능력을 제도화하였다. 또한 사이버

무기 개발 프로젝트인 'Plan X'를 비롯해 다양한 전략 기술 개발에 착수하여 사이버 공간에서의 지배적 우위를 확보하려는 노력을 강화하고 있다. 미 사이버사령부는 국방부 산하 전투사령부로서 작전 수행 능력뿐 아니라, 동맹국과의 정보 공유 및 사이버 억지력 강화에도 초점을 맞추고 있다.

② 중국

중국은 '통합 네트워크 전자전(Integrated Network Electronic Warfare)' 개념을 통해 컴퓨터 네트워크 공격과 전자전을 결합한 복합 작전 능력을 강화하고 있다. 중국 인민해방군(PLA)은 전략지원부대(Strategic Support Force)를 중심으로 사이버 공격, 정보 작전, 심리전 등을 통합 운영한다. 디지털 전장에서의 정보 우위를 선점하려는 전략을 추진 중이다.

③ 러시아

러시아는 사이버 작전 사령부를 운용하며, 자국의 전략적 이해에 따라 우크라이나 및 서방 국가를 대상으로 한 다양한 사이버 작전을 수행하고 있다. 특히 러시아는 정보 왜곡, 허위 정보 유포, 전력망 마비 등 전통적 사이버 공격뿐만 아니라 여론 조작 및 심리전에 가까운 전복(Subversion) 작전을 병행한다. 사이버 공간을 하이브리드 전쟁(Hybrid Warfare)의 중심축으로 활용하고 있다.

④ 대한민국

한국은 2010년 사이버작전사령부(Korean Cyber Command)를 창설하고, 사이버 방어와 공격 역량을 동시에 강화하고 있다. 국가 기반시설 방어, 군 통신망 보호, 위협 탐지 및 대응 자동화 등 다층적 방어체계를 구축하고 있다. 사이버 인력 양성 및 민군 협력체계 확대를 통해 사이버 안보 역량을 체계적으로 고도화하고 있다.

사이버전은 더 이상 선택이 아닌 필수의 전장 영역이다. 각국은 사이버 공간을 군사 전략의 핵심 요소로 인식하며, 독립된 지휘체계와 전력 구조를 갖춘 사이버 전력을 강화하고 있다. 디지털 취약성에 대한 지속적 대응과 함께, 사이버 공간에서의 작전 수행 능력은 향후 국가 안보의 결정적 요소가 될 것이다.

6-5 우주 역량

지구 대기권을 넘어선 우주 공간은 이제 현대 군사작전에서 전략적 핵심 영역으로 부상하고 있다. 과거에는 정찰과 통신을 지원하는 보조적 역할에 그쳤던 우주 공간이, 현재는 독립적인 작전 공간으로 인식되며 군사력 투사의 새로운 전장이 되고 있다.

최근 민간 우주 산업의 혁신이 우주 군사 역량 강화에 새로운 동력을 제공하고 있다. 스페이스X(SpaceX), 블루오리진(Blue Origin) 등 민간기업의 진출로 위성 발사 및 운영 비용이 급격히 낮아졌다. 소형 위성군(Satellite Constellation)을 활용한 감시, 통신, 정찰 체계의 구축이 가능해졌다(Moltz, 2019).

이러한 변화에 따라, 미국을 포함한 주요 국가들은 '민/군 이중용도 정책(Dual-Use Policy)'을 적극 도입하고 있다. 이는 민간 우주 자산을 군사적 용도로도 활용할 수 있도록 하는 정책으로, 평시에는 상업적 용도로 운용되다가 유사시에는 군사 작전에 통합될 수 있는 구조를 말한다(Webb, 2009).

결과적으로 우주는 단순히 지상 작전을 보조하는 수단이 아니라, 정보 우위 확보, 정밀 타격 지원, 실시간 작전 통제 등을 가능케 하는 핵심 전략 공간으로 발전하고 있다. 향후에는 우주기반 무기체계, 안티-위성무기(ASAT) 개발, 우주영역방어(Space Domain Awareness) 등과 관련된 군사적 경쟁이 더욱 격화될 전망이다.

따라서 우주 역량은 미래 전장에서의 전략적 주도권을 결정짓는 필수 요소로 자리매김하고 있다.

위성 기술의 군사적 중요성

현대 전장에서 위성 기술은 작전의 정확도와 속도, 통신 효율성, 정보 우위 확보 등 군사력의 핵심 역량을 구성하는 데 중추적인 역할을 수행한다. 위성은 단순한 정보 수단을 넘어, 지상, 해상, 공중, 미사일 체계 등 모든 군사 자산을 네트워크화하고 통합작전을 가능하게 하는 전략 자산으로 작용한다(Reed & Norris, 1980).

① 군사 GPS(Global Positioning System)의 혁신적 영향

미국이 1970년대에 개발한 글로벌 위치 확인 시스템(GPS)은 군사 작전에서 위치(Positioning), 항법(Navigation), 시각(Timing)의 정밀 정보를 실시간으로 제공한다. 이를 통해 전장 기동성, 정밀 타격, 지휘통제의 효율성을 극대화하는 데 기여했다. PNT(Positioning, Navigation, Timing)는 다양한 무기 체계와 병력 운용, 미사일 유도 등에 통합되어 현대 군사 전략의 핵심 인프라로 자리잡았다.

② 군사 통신위성(Communication Satellites)과 C4ISR 역할

군사 통신위성은 지휘통제, 통신, 컴퓨터, 정보, 감시 및 정찰(C4ISR)의 근간을 형성하며, 글로벌 작전 수행을 위한 통합 네트워크를 제공한다(Hays et al., 2015). 특히 전 세계 모든 지역에서 안전하고 고신뢰성의 통신을 가능하게 한다. 전술 지휘관과 병력 간의 실시간 연결을 보장한다. 이는 기동 전력의 민첩성과 다영역 통합작전(Multi-Domain Operations)의 실행 가능성을 실질적으로 뒷받침한다.

③ 정찰 및 감시 위성의 군사 정보 수집 기능

위성 기반의 광학 및 전자 감지 기술은 고도화된 정찰 능력을 가능하게 한다. 적의 병력 배치, 무기 시스템 이동, 핵시설 운영 등 전략 자산에 대한 감시·정찰을 수행한다. 지구 관측 위성(Earth Observation Satellites)은 정보 우위를 확보하는 데 핵심 수단이며, 실시간 데이터 확보를 통해 군사 의사결정의 속도와

정확도를 향상시킨다(Hays et al., 2015).

　기상 위성(Meteorological Satellites)은 날씨 정보 제공을 넘어, 전장 환경 예측, 물류 계획 수립, 전투 일정 조율 등에서 작전 계획 전반에 실질적인 기여를 하고 있다(Estes III & STUDIES, 1996).

위성 기술은 지휘통제, 정밀 타격, 감시정찰, 항법 보조, 전략 의사결정 지원 등 전장 전반에 걸쳐 군사력을 구성하는 핵심 축으로 기능하고 있다. 미래 전장에서 우주 기반 자산의 역할은 더욱 확대될 것이며, 위성 기술은 국가 간 군사력 격차를 좌우하는 결정적 요인이 될 것으로 전망된다.

우주전(Space Warfare)과 위성 공격 전략

우주전(Space Warfare)은 현대 군사 전략에서 점점 더 중요한 영역으로 부상하고 있다. 특히 전시 상황에서는 적국의 우주 전력을 무력화하거나 제거하려는 시도가 적극적으로 이루어질 가능성이 크다. 이는 작전 초기에 전장을 선점하기 위한 결정적 수단으로 간주된다(Szymanski, 2019).

　전시 초기(First Strike Phase)에는 적군의 핵심 군사 자산 중 하나인 정보·통신·정찰·항법(Navigation) 목적의 위성들이 우선적인 공격 대상이 된다. 이들 위성을 무력화함으로써 적국의 감시·정찰 능력을 약화시킬 수 있다. 지상·해상·공중 작전 전반에 걸친 지휘통제 및 작전 수행 능력을 크게 저하시킬 수 있다.

　즉, 우주전의 핵심 전략은 적의 위성 기반 군사 네트워크를 선제적으로 무력화함으로써 작전 주도권을 선점하는 데 있다. 적군의 전장 인식과 전술 판단 능력을 저해하는 것이 목적이다.

이러한 군사 전략에 따라 주요 국가들은 대위성 무기(ASAT: Anti-Satellite Weapon) 개발에 박차를 가하고 있다. ASAT 기술은 크게 직접 타격형(Kinetic Kill)과 전자기적 또는 사이버 공격(Electronic/Cyber Attack) 형태로 나뉜다. 고도화된 정밀 유도 및 추적 기술이 함께 요구된다.

중국은 2007년 자국 위성을 직접 타격하는 방식의 대위성 실험을 공개적으로 수행하며 ASAT 역량을 과시하였다. 한편, 미국은 2008년 해군 이지스 구축함에서 발사된 요격 미사일로 위성을 파괴하는 실험을 통해 기술력을 입증하였다. 또한, 러시아는 2018년부터 위성 추적 및 기만, 전자전 능력을 결합한 복합형 ASAT 시스템 개발을 진행 중인 것으로 알려져 있다.

각국은 저궤도(Low Earth Orbit) 및 정지궤도(Geostationary Orbit) 위성을 대상으로 한 무기 체계 개발에 집중하고 있다. 우주 공간의 군사적 우위를 확보하기 위한 경쟁은 날로 심화되고 있다(Shabbir & Sarosh, 2018).

우주 공간은 이제 전장의 전략적 핵심 영역으로 인식되고 있다. 위성 파괴 능력은 단순히 정보 차단에 그치지 않고, 전장 주도권을 좌우하며 전체 작전 양상을 바꿔 놓을 수 있는 파급력을 지닌다. 향후 우주기반 전력 투사와 우주 자산 방호 능력은 미래 군사력 평가의 핵심 기준이 될 것이다. 이에 대한 전략적 대비가 더욱 중요해지고 있다.

우주 패권(Space Superiority)을 둘러싼 미·중 군사 전략

21세기 들어 우주 공간은 단순한 탐사나 통신의 영역을 넘어, 군사

작전 수행과 국가 전략 우위를 확보하기 위한 핵심 전장으로 부상하고 있다. 이러한 변화 속에서 미국과 중국은 우주 공간에서의 전략적 우위를 선점하기 위해 본격적인 패권 경쟁을 벌이고 있다.

미국은 '뉴 스페이스(New Space)' 전략을 통해 민간 우주 기업의 혁신 역량을 국방 및 안보 목적에 통합하고 있다. 스페이스X(SpaceX), 블루오리진(Blue Origin) 등 민간기업은 초소형 위성 개발, 발사체 기술, 궤도 운용 기술 등을 고도화하고 있다. 이는 미 국방부와 미 우주군(US Space Force)의 군사 작전 역량 강화에 직접적으로 기여하고 있다(Moltz, 2019).

특히 미국은 위성 발사 비용 절감과 빠른 우주자산 전개 역량을 통해 '다영역 통합작전(Multi-Domain Operations)'의 핵심 인프라를 우주에서 구축하고자 한다. 이러한 민간-군 협력 모델은 미국의 우주 역량을 탄력적이고 지속 가능한 구조로 전환시키는 데 중요한 역할을 하고 있다.

중국은 전략적 자율성 확보를 목표로 우주 산업을 '국가 전략 산업'으로 지정했다. 민간 기업을 포함한 우주 기술 생태계를 정부 주도로 적극 육성하고 있다(Sénéchal-Perrouault, 2020). 중국 인민해방군(PLA)은 독자적인 위성 항법 시스템인 '베이더우(Beidou)'를 중심으로 정밀항법, 통신, 감시정찰 기능을 수행하는 독립적인 위성 네트워크를 구축하고 있다.

또한 중국은 우주 기반 감시 및 정찰 역량 확대, 반(反)위성 무기 개발, 우주 상황 감시(Space Situational Awareness) 체계 정비 등 다양한 영역에서 우주 작전 능력을 고도화하고 있다. 미국과의 전략적 균형을 목표로 하고 있다.

미국과 중국을 중심으로 한 우주 패권 경쟁은 러시아, 유럽연합(EU), 인도, 일본, 대한민국 등 다른 주요 국가들에도 영향을 미치고 있다. 이들 국가는 각기 다른 방식으로 우주 안보 전략을 수립하고 있다. 군사 위성 운영, 위성발사 역량 강화, 다국적 협력체계 구축 등을 통해 우주에서의 전략적 영향력을 확대하려는 노력을 기울이고 있다.

우주는 더 이상 과학기술의 경쟁을 넘어, 국가 안보와 군사 전략의 주도권을 결정짓는 핵심 공간이 되었다. 미국은 민간의 혁신을 바탕으로 한 확장성과 융합성을, 중국은 국가 주도의 집중투자와 자립성을 기반으로 우주 전략을 전개하고 있다. 양국은 서로 다른 방식으로 우주 패권을 추구하고 있다. 이러한 경쟁은 향후 글로벌 안보 환경에 중대한 영향을 미칠 것이다. 우주 전략의 정교화와 국제 협력 체계 구축 여부가 국가의 전략적 지위를 좌우할 것으로 전망된다.

6-6 C4ISR 역량

C4ISR(지휘·통제·통신·컴퓨터·정보·감시·정찰)은 현대 군사작전의 핵심 인프라로, 전장의 정보 흐름을 실시간으로 연결하고 작전 수행의 정밀성과 속도를 획기적으로 향상시키는 기반 체계이다. 이 체계는 지휘관이 복잡한 전장 환경을 효과적으로 인식하고, 위협을 신속히 탐지하며, 적시에 대응할 수 있도록 지원하는 데 핵심적 역할을 한다(Mathur et al., 2022).

C4ISR은 전장을 통합 네트워크로 연결하는 일종의 군사적 신경망(Battlefield's Central Nervous System)으로 기능한다(Defense One). 이를 통해 각 군 단위 간 실시간 통신이 가능해진다. 작전 정보의 공유와 지휘 명령의 전달이 자동화 · 지능화되어 자율적 연계(Self-Synchronization)와 빠른 결심(Fast Decision-Making)을 가능하게 한다(Fewell & Hazen, 2003).

특히 C4ISR은 정찰 감시 자산, 위성 정보, 통신 링크, 데이터 처리 체계, 지휘통제 플랫폼 등 다양한 기술을 통합한다. 이를 통해 네트워크 중심전(Network-Centric Warfare, NCW)의 기반을 제공한다. NCW는 정보 우위를 통해 작전 효율을 극대화하고, 병력과 자산을 유기적으로 연결하여 복합 전장을 지배하는 현대전의 핵심 개념이다.

즉, C4ISR 역량은 지휘체계의 실시간 통합, 정보 기반 정밀 작전, 자율적 부대 운영 등을 가능하게 하는 전략적 전력 요소로 자리매김하고 있다. 미래전에서 군사력의 효과성과 속도를 좌우하는 결정적 요인이 되고 있다.

C4ISR과 네트워크 중심전(NCW)

C4ISR(지휘·통제·통신·컴퓨터·정보·감시·정찰)은 네트워크 중심전(Network-Centric Warfare, NCW) 개념과 밀접한 관계를 갖고 발전해왔다.

NCW는 첨단 정보통신기술을 활용하여 전장 정보를 실시간으로 공유하고, 이를 바탕으로 작전 효과성을 극대화하는 전략 개념이다(Cebrowski & Garstka, 1998; Dunkelberger, 2003; Ferris, 2004; Fewell & Hazen, 2003; Skoryk et al., 2021). 정보의 신속한 공유와 정밀한 의사결정, 자율적 부대 간 연계는 NCW의 핵심 특징이며, 이는 C4ISR 체계를 통해 실현된다.

C4ISR은 정보 우위(Information Superiority)를 달성하기 위한 전략적 수단으로, 전장에서의 상황 인식(Situational Awareness), 목표 식별(Target Identification), 전력 운용(Command Execution)의 전 과정을 실시간으로 지원한다. 이 시스템은 지휘통제 구조와 감시정찰 자산, 통신 네트워크, 데이터 처리 및 시각화 시스템을 통합한다. 정보 기반 정밀 작전이 가능하도록 한다. 즉, C4ISR은 네트워크 중심전의 실질적 실행체계이며, 정보 중심전(Information Warfare)의 필수적 구성 요소로 작동한다.

C4ISR의 정립과 미군의 전략

C4ISR 개념은 미국의 제2차 상쇄 전략(Second Offset Strategy, 1970년대)과 함께 발전하였다. 당시 NATO는 바르샤바 조약기구(Warsaw Pact)에 비해 병력과 기갑 장비에서 수적으로 열세였다. 전체 병력과 무기 체계가 상대의 약 1/3 수준에 불과하였다(Perry, 1990). 이러한 전략적 불균형을 극복하기 위해 미 국방부는 정보통신 및 컴퓨터 기술을 군사력에 접목함으로써 효율성과 정밀도를 극대화하는 방향으로 전략을 전환하였다(Tomes, 2015).

이러한 흐름 속에서 등장한 핵심 개념이 ISR(Intelligence, Surveillance, and Reconnaissance)이다. ISR은 전장에서 정보 우위를 확보하고 작전의 정확도와 신속성을 향상시키기 위한 정보 체계로, 적보다 빠르고 정확하게 상황을 인식하고, 아군 간의 원활한 소통을 통해 합동 작전을 가능하게 하는 기반을 제공한다. ISR의 전략적 효과는 걸프전(1990~1991)에서 본격적으로 입증되었다.

걸프전에서 미국은 정밀 유도무기(Precision-Guided Munitions, PGM), 스텔스 전투기, 위성 기반 감시체계 등 첨단 기술을 통합 운용함으로써 전장의 가시성과 타격력을 획기적으로 향상시켰다(Ferris, 2003; Mahnken & Watts, 1997). 특히 ISR 체계는 전력 승수(Force Multiplier)로서의 효과를 실질적으로 입증했다. 적의 전력을 조기에 식별하고, 목표물을 정밀 타격하며, 최소의 병력 손실로 최대의 작전 효과를 달성하는 데 기여하였다.

이후 미군은 ISR을 C4(지휘·통제·통신·컴퓨터) 체계와 통합하여 C4ISR이라는 개념을 정립하였다. C4ISR은 지휘관의 의사결정을 실시간으로 지원하고, 통합된 작전 환경에서 다국적·다영역 작전을 가능하게 하는 핵심 군사 시스템으로 발전하였다.

현대전에서 C4ISR의 기술적 진화

현대전의 작전 환경에서는 전장에서 발생하는 방대한 데이터를 실시간으로 수집·분석하고, 이를 기반으로 신속하고 정확한 작전 결심을 내리는 것이 전투력 발휘의 핵심이다. 이러한 요구에 대응하기 위해, C4ISR 체계는 빅데이터, 클라우드 컴퓨팅, 인공지능 등 첨단 정보통신기술과 융합되며 빠르게 진화하고 있다.

현대의 C4ISR 시스템은 지상, 해상, 공중, 우주 등 다양한 전장 영역에서 수집되는 대량의 데이터를 실시간으로 분석하고 공유하는 능력을 요구받는다. 클라우드 컴퓨팅은 이러한 방대한 데이터를 저장하고 처리하는 데 필수적인 기술로, C4ISR 체계의 확장성과 연동성을 극대화한다(Skoryk et al., 2021). 클라우드 기반 인프라는 데이터의 접근성과 가용성을 높인다. 분산된 전력 간 정보 공유와 협업을 가능하게 한다.

인공지능은 C4ISR의 정보처리 능력과 지휘결심 지원 기능을 획기적으로 강화하는 핵심 기술로 부상하고 있다(Clark & Zelnio, 2023; Sharma et al., 2020). AI 알고리즘은 다종의 센서에서 수집된 데이터를 신속하게 분석하여, 위협 요소를 식별하고 이상 징후를 조기에 탐지하는 데 탁월한 효과를 보인다. 또한 예측 분석(Predictive Analytics)을 통해 적의 행동 패턴과 작전 방향을 사전에 추정할 수 있다. 지휘관의 의사결정을 보다 정밀하고 신속하게 지원한다.

AI와 클라우드 컴퓨팅을 통합한 차세대 C4ISR 시스템은 실시간 데이터 기반 작전수행 능력을 비약적으로 향상시키고 있다. 이러한 기술은 전장의 불확실성과 복잡성 속에서도 통합적 상황 인식과 민첩한 대응을 가능하게 한다. 향후 정보 주도 작전(Information Dominance Operations)의 핵심 인프라로 기능할 것이다. C4ISR의 기술적 진화는 작전 개념의 근본적 전환을 이끄는 전략적 촉매로 작용하고 있다.

C4ISR의 역할

C4ISR은 병력과 무기체계를 신속하고 정밀하게 운용하기 위한 정보 기반 구조를 제공하며, 군대의 '신경망(Nervous System)'에 비유된다(Defense One). 병력과 무기 시스템이 군대의 '근육(Muscle)'이라면, C4ISR은 그 근육이 효과적으로 작동할 수 있도록 명령과 정보

를 전달하는 뇌신경 역할을 수행한다.

특히 인공지능을 기반으로 한 차세대 C4ISR 시스템은 전장의 복잡성과 속도에 대응하는 데 있어 결정적인 전환점을 제공한다. AI 기반 C4ISR 시스템은 자동으로 위협을 탐지하며, 표적 식별과 대응을 수행할 수 있다. 이러한 자동화 기능은 인간의 개입 없이도 신속한 의사결정을 가능하게 한다. 전투 속도를 극대화하고 상황 주도권을 선점할 수 있게 한다.

6-7 인지적 군사 역량 종합

앞서 미군의 전략서와 군사학술 자료를 바탕으로, 인공지능, 사이버, 우주, C4ISR 역량은 현대 군사력의 핵심 구성 요소이자 '전력 증폭 요소(Critical Enablers)'로 정의되었다. 이들 역량은 물리적 무력을 직접 행사하지 않지만, 전통적 군사 자산의 효율성과 효과성을 극대화한다. 이를 통해 전장의 속도, 정밀성, 작전 효율을 획기적으로 향상시킨다(Horowitz, 2018).

특히 이 네 가지 역량은 서로 독립적으로 작동하지 않으며, 상호 의존적으로 연결되어 하나의 통합된 작전 체계를 구성한다. 그 중심에는 C4ISR이 위치한다. AI는 정보 처리와 판단 지원을, 사이버는 정보 보안과 전장 공간의 확장을, 우주는 감시정찰과 정밀 항법, 통신 인프라를 제공하며 각각은 C4ISR과 긴밀히 연계된다. 이 통합된 구조는 인간의 신경망처럼 전장 전체를 유기적으로 연결하고, 군사력의 통제, 판단, 집행의 결정이 이루어지는 '군사적 중추신경계'로 작동한다.

또한 이들 인지적 군사력은 모두 사이버 공간을 기반으로 하며, 데이터 중심으로 기능한다는 공통점을 지닌다. 즉, 방대한 전장 데이터를 수집하고, 이를 실시간으로 전송·처리·해석하여, 지휘관의 결심과 작전 실행을 지원하는 전체 과정이 사이버 공간과 연결되어 있다. 모든 것이 데이터를 매개로 작동하기 때문에, 데이터는 단순한 정보가 아니라, 전략적 판단의 기반이자, 작전의 성패를 좌우하는 자산으로 전환된다.

결론적으로 인공지능, 사이버, 우주, C4ISR은 군사 작전의 구조적 근간을 구성한다. 이들이 연계된 통합 체계는 인지적 군사력의 실질적 구현이다. 다음 장에서는 이러한 인지적 군사 역량이 실제로 어떻게 데이터 기반으로 작동하고 있는지를 '데이터의 생성-전송-처리-해석' 흐름을 중심으로 구체적으로 분석하고자 한다.

제7장

데이터 관점의 인지적 군사력

7-1 인지적 군사력의 구성 요소

본 장에서는 인공지능, 사이버, 우주, C4ISR 역량이 개별적으로 분리된 요소가 아니라, 서로 밀접하게 연계되어 통합적으로 작동하는 군사 인지 체계임을 살펴보고자 한다. 이 분석의 핵심 관점은 '데이터(Data)'다. 군사 작전에서 데이터가 어떻게 생성되고, 전송되며, 처리되고 해석되어 최종적으로 군사적 의사결정에 이르는지를 중심으로 각 역량의 통합 작동 방식을 조명한다.

이때 '데이터 중심(Data-Centric)'이란, 현대 군사 작전에서 핵심이 더 이상 물리적 무기체계가 아니라, 정보의 생성·흐름·분석·활용에 있다는 것을 의미한다. 이는 단순한 기술 보조를 넘어 전쟁 개념 자체를 데이터 기반 구조로 재정의하는 변화이다. 정보 기반의 전장 주도권 확보 전략이 곧 데이터의 품질과 처리 능력에 의해 결정된다는 것을 의미한다.

이러한 데이터 기반의 군사 인지 체계는 인간의 신경망과 유사한 구조로 설명할 수 있다. 전장 센서(Battlefield Sensors)에서 감지된 정보는 신경 말단처럼 데이터를 수집하고, 이를 통신망을 통해 중앙 지휘체계로 전송한다. 이후 두뇌에 해당하는 지휘부와 정보처리 시스템은 이를 분석·가공한 후, 판단 결과를 작전 부대로 전달한다. 이 모든 과정은 감각-전달-판단-행동으로 이어지는 인간 신경계의 흐름과 유사하다. 전장의 민첩한 인지적 대응을 가능하게 한다.

본 장에서는 이러한 데이터의 흐름을 '데이터 생명주기(Data Life Cycle)'로 정의하고, 이를 다음의 네 단계로 구분하여 설명한다.

① 데이터 생성(Data Generation)

전장 감지 자산과 시스템이 원시 데이터를 수집하는 단계이다. 레이더, 위성탑재 감시체계, 영상 탐지장비, 소나, 전파 탐지기, 사이버 감지장치 등 다양한 센서들이 적 활동, 환경 조건, 전파 신호 등 다양한 전장 정보를 획득한다.

② 데이터 전송(Data Transmission)

수집된 원시 데이터는 다양한 군사 통신망을 통해 전송된다. 광케이블, 위성통신, 전파 기반 전술통신망, 유선 전장 네트워크 등 다계층 통신 인프라가 활용된다. 이 과정은 신속하고 안정적인 정보 전달을 위한 핵심 단계이다.

③ 데이터 처리(Data Processing)

전송된 데이터는 AI 기반 분석 시스템과 빅데이터 플랫폼에서 분류, 정제, 통합된다. 이 단계에서는 패턴 인식, 위협 탐지, 행동 예측 등을 통해 전략적 가치가 높은 정보로 가공된다. 데이터의 품질과 분석 속도는 전장의 판단 속도에 직결된다.

④ 데이터 해석(Data Interpretation)

처리된 데이터는 작전 가능 정보로 해석되어, 전술 및 전략적 의사결정에 활용된다. 이 단계에서는 전장 위험 분석, 목표물 식별, 병력·무기 배치 결정, 작전 계획 수립 등 실제 군사 행동에 반영될 수 있는 형태로 변환된다.

이 네 가지 데이터 생명주기를 통해 군사적 활동은 실시간으로 연결된다. 전장의 복잡한 상황에서도 효율적이고 정밀한 대응이 가능해진다. 이러한 흐름을 실증적으로 파악하기 위해, 본 장에서는 앞서 소개한 미군의 14개 주요 전략문서를 바탕으로 각 데이터 단계가 군사력 운용에 어떻게 통합되어 작동하는지를 분석한다. 이를 통해 데이터 기반 전장 환경에서 군사 인지 역량이 어떻게 형성되고 실행되는지를 구체적으로 조망할 수 있을 것이다.

7-2 인지적 군사력의 구조화

본 절에서는 AI, 사이버, 우주, C4ISR의 인지적 군사역량이 상호 연계되어 작동하는 통합 체계임을 데이터를 중심으로 살펴본다. 데이터는 다양한 군사 인지 능력을 하나의 유기적 체계로 결합하는 핵심 매개로 작용한다. 이는 마치 인간 신경계에서 감각 정보와 명령이 전기적·화학적 신호를 통해 전달되는 구조와 유사하다. 다시 말해, 데이터는 군사 시스템 간 연결을 가능하게 하는 '전장 신호'로서 기능한다.

이러한 관점에서, 필자는 미군의 14개 주요 전략문서를 분석하여 각각 전략이 데이터와 관련하여 제시하는 군사 정책과 기술 요소를 체계적으로 검토하였다. 그 결과, AI, 사이버, 우주, C4ISR의 인지적 군사역량은 단지 개별 기능이 아니라, 데이터 흐름을 매개로 긴밀히 연동되는 구조화된 역량임을 확인하였다. 따라서 본 절에서는 데이터 중심(Data-Centric) 관점에서 인지적 군사역량의 구조적 작동 양상을 제시하고자 한다.

군사작전에서 데이터는 단순한 기술적 자원이 아닌, 지휘 결심을 실질적으로 뒷받침하는 핵심 자산이다. 데이터의 생성, 전송, 처리, 해석에 이르는 전 과정은 각 군사 시스템이 유기적으로 통합되어 작동할 수 있는 기반을 형성한다. 이 절에서 제시하는 각 단계는 모두 미군의 14개 전략문서에서 제시된 개념과 사례를 종합하여 정리한 것이다.

(1) 데이터 생성: 전장 감지 및 정보 수집

현대 군사작전에서 데이터 생성 단계는 지상, 해상, 공중, 우주, 사이버 공간 등 다차원 전장 영역에서 감지된 정보를 실시간으로 수집하는 출발점이다. 이 과정은 첨단 센서, 감시 장비, 군사 플랫폼(Military Platforms)을 활용하여 다양한 유형의 데이터를 획득하는 것

표-5. 데이터 수집 군사 플랫폼 예시

작전 영역	전장 플랫폼
지상	전술 차량, 지상 레이더, 감시 드론 등
해상	함정, 해상 레이더, 대잠수함 감시 시스템 등
공중	정찰기, 무인 항공기(UAV), 공중 조기경보 통제기 등
우주	군사 위성, 지구 관측 위성, GPS 위성 등
사이버	사이버 감시 시스템, 네트워크 보안 장비 등

으로 구성된다. 수집되는 정보는 영상 정보, 전자·통신 신호, 음향 정보, 위치 정보, 기상 및 환경 데이터 등으로, 작전 수행의 정밀도와 속도를 결정짓는 핵심 자산이다.

군사작전에서 데이터를 수집하는 다양한 군사 플랫폼들은 표-5와 같다. 이러한 플랫폼은 각기 다른 작전 환경에서 실시간 전장 상황을 탐지한다. 방대한 양의 데이터를 안정적으로 수집함으로써 작전계획 수립과 전술적 대응에 필수적인 정보 기반을 제공한다.

현대 군사작전에서 데이터 생성은 다차원적(Multi-Domain)이고 다형식(Multi-Format) 접근을 필요로 한다. 이는 물리적 공간(지상, 해상, 공중, 우주, 사이버 공간)과 다양한 데이터 형식(영상, 음성, 신호, 텍스트 등)을 아우른다. 복합적인 작전 환경을 반영하는 것이다. 이와 같은 상황은 강력한 데이터 관리 체계(Data Management System) 구축을 요구한다. 정보의 정확도와 작전 수행 능력 향상에 결정적 기여를 한다. 각각의 군사 플랫폼과 센서에서 생성되는 데이터의 유형은 표-6과 같다.

표-6. 군사 데이터 유형

데이터 유형	설명	활용 사례
고해상도 이미지	군사 위성, 전장 드론, 정찰기 등을 통해 수집된 영상 정보	지형 분석, 목표물 식별, 전술적 감시
음향 정보	수중 음파 감지, 적군의 통신 감청 등	대잠수함 작전, 군사 통신 감청
무선 신호	전자기 신호 분석을 통한 적군의 통신망 감지 등	전자전, 신호 정보 분석
화학적 탐지 데이터	생화학무기 탐지 센서를 통한 화학 물질 탐지 등	화생방 방어, 환경 분석

수집되는 데이터는 단순한 감시 기능을 넘어서 정밀 타격과 실시간 대응의 기반이 된다. 예를 들어 드론 기반 영상 분석은 실시간 표적 식별 및 위협 탐지에 활용된다. 레이더와 위성 데이터는 미사일 위협 탐지 및 병력 이동 예측에 활용된다. 수중에서 포착된 음파와 공중에서 감지되는 전자기 신호, 화학적 신호 등은 모두 전략·전술적 판단의 정밀도를 높이는 데 핵심 역할을 수행한다.

또한 군사 작전 외에도 군사 행정, 인사, 물류 등 다양한 분야에서도 데이터가 생성된다. 대표적인 예시는 다음과 같다.

① 군사 기지 운영(Military Base Management): 군사 기지 내 환경 감시, 보안 시스템 운영 등

② 군 인력 훈련(Personnel Training Programs): 전투 시뮬레이션 및 전술 훈련 데이터 분석 등

③ 군사 행정 및 물류 관리: 군수품 관리, 병력 이동 계획 최적화 등

데이터 생성 단계는 단순한 정보 수집의 차원을 넘어, 군사력의 효과성을 극대화하고 지휘결심의 질을 향상시키는 첫 번째 단계이다. 이 단계에서의 정확하고 다각적인 정보 수집은 곧 작전 성공의 기초이다. 궁극적으로 군사 운용의 인지적 우위(Cognitive Superiority)를 확보하기 위한 필수적 조건이다.

(2) 데이터 전송: 전장 네트워크

군사작전에서 데이터 전송(Data Transmission)은 생성된 데이터를 신속하고 안정적으로 지정된 데이터 허브(Data Hubs)로 전달하는 과정이다. 이는 지휘·통제·감시·정찰의 모든 단계에서 실시간 결심과 작전 수행을 가능하게 한다. 전장 민첩성을 좌우하는 핵심 요소이다. 데이터의 수집 지점(Geographic Location), 전송 용량(Transmission Capacity), 보안성 등 전송 조건에 따라 다양한 통신수단이 연계하여 활용된다.

군사작전에서 단거리 및 중거리 데이터 전송을 위해 다음에 제시된 바와 같이 다양한 유형의 통신 시스템이 활용된다.

① 5G 네트워크 기반 전술 통신

5G 네트워크는 초고속 데이터 전송 속도(High-Speed Transmission), 최소 지연 시간(Minimal Latency), 대규모 장치 동시 연결(Massive Device Connectivity) 기능을 제공한다. 이는 매우 빠른 속도로 수많은 대상을 빠르게 연결할 수 있다는 것을 의미한다. 이를 통해, 실시간 작전 수행 및 다차원 데이터 통합이

가능해진다. 특히, 5G 기술은 IoT(사물인터넷) 기반 전장 센서 네트워크를 구축하는 데 필수적인 역할을 수행한다.

② 전술 작전용 전자기스펙트럼(EMS) 기반 무선 플랫폼

다양한 주파수 대역을 사용하는 전자기 스펙트럼(EMS) 기반 무선 플랫폼은 기동작전 중에도 정보 교환이 가능하도록 한다. 복잡하고 변화무쌍한 작전 환경에서 유연한 전술통신을 보장한다.

③ 장거리 및 글로벌 데이터 전송: 위성통신 시스템

장거리 및 글로벌 통신이 필요한 군사작전에서는 위성통신 시스템이 활용된다. 정지궤도 위성(Geostationary Satellites) 및 저궤도 위성(LEO, Low Earth Orbit) 등이 활용된다.

전통적인 정지궤도 위성(Geostationary Satellites)은 광범위한 지역을 커버하며, 장거리 통신을 안정적으로 지원한다. 최근에는 저궤도 위성(LEO, Low Earth Orbit) 및 초소형 위성(CubeSats) 기술이 발전하면서, 신속하고 비용 효율적인 통신 솔루션을 제공하는 방법이 확대된다. 특히, 저궤도 위성 및 초소형 위성은 외딴 지역 또는 접근이 어려운 작전 지역에서의 데이터 통신을 강화하는 데 중요한 역할을 수행한다.

위성 기반 통신 시스템은 지리적으로 복잡한 환경에서도 군사 정보가 끊기지 않도록 지원한다. 글로벌 작전 수행을 위한 필수 요소로 자리 잡고 있다.

④ 대용량 데이터 전송: 광섬유

군사작전에서는 고해상도 데이터(High-Resolution Data) 및 대규모 데이터 전송이 요구되는 경우가 많다. 이를 위해 광통신망(Optical Fiber Networks) 및 수동 광 네트워크(Passive Optical Networks, PON)가 대용량 통신을 위해 필수적인 역할을 수행한다.

레이더 데이터, 무인 항공기(UAV) 영상, 위성 이미지 등 수집된 대용량 데이터를 지상에서 실시간으로 전송하기 위해 광섬유 네트워크를 활용한다. 대규모 데이터 전송이 요구되는 상황에서, 광섬유 네트워크는 최소한의 지연(Low Latency)으로 정보를 빠르게 전송한다.

⑤ 전술 및 현장 작전용 전술 통신 시스템

현장 작전 및 전술 작전을 위한 데이터 전송에는 특수 전술 통신 시스템이 활용된다. 전술 통신 시스템은 지역 작전에서 지휘·통제 및 협조를 위해 필수적이다. 주파수 도약(Frequency-Hopping) 기능을 포함하여 적군의 전자전 공격을 방어한다. 암호화 기능을 내장하여 기밀 유지 및 정보보호 강화한다.

군사 데이터 통신 체계는 다양한 체계간 소통을 보장하기 위해 표준화된 네트워크 체계를 구축한다. 데이터 전송 시스템은 인터넷 프로토콜(Internet Protocol, IP)을 기반으로 설계된다. 표준화된 네트워크 체계를 통해 원활한 통합 운용을 가능하게 한다. 전군 네트워크 통합을 위한 표준화된 프로토콜로 All-IP(모든 통신을 IP 기반으로 전환) 및 IPv6(차세대 IP 프로토콜) 적용한다. 다양한 통신 시스템 간 상호운용성을 보장하고 새로운 기술 및 시스템과의 호환성(Future Integration)을 향상시킨다. 표준화된 프로토콜 도입은 군사 데이터 전송 네트워크를 유기적으로 통합하고, 새로운 기술을 효과적으로 적용할 수 있는 기반을 제공한다.

현대 군사작전에서 데이터 전송 체계는 전장 인지력, 결심 속도, 작전 통합 수준을 결정짓는 핵심 인프라이다. 단·중거리 무선통신과 위성 기반 글로벌 통신망, 광섬유 기반 고용량 전송망, 전술현장 통신망 간의 통합은 전 지구적 작전 대응력의 핵심 동력이 된다. 데이터 기반 전쟁 환경에서 전략적 우위 확보의 필수 조건으로 작용한다.

(3) 데이터 처리: 클라우드 기반 AI 분석 및 최적화

데이터 처리(Data Processing)는 군사작전의 정밀성과 속도를 결정짓는 핵심 단계이다. 이 단계는 다양한 센서와 플랫폼에서 수집된 대규모 데이터를 실시간으로 분석, 가공, 저장하여 전략적 판단과 작전 실행에 활용할 수 있는 유의미한 정보로 전환하는 과정이다.

예를 들어, 적 위치 예측, 병력 이동 시뮬레이션, 실시간 표적 식별, 전투 상황 분류 등은 모두 고도화된 데이터 처리의 결과물이다. 이들은 지휘관의 결심 속도를 높이고 작전의 정밀성을 극대화하는 데 핵심적이다.

이러한 분석 과정은 클라우드 인프라, 인공지능, 빅데이터(Big Data), 그리고 미래의 양자컴퓨팅(Quantum Computing) 기술을 기반으로 한다. 각 기술은 복잡한 군사 데이터를 빠르고 정확하게 처리하는 데 중요한 역할을 한다.

① 클라우드 시스템: 전략적 데이터 허브

클라우드 시스템은 군사 데이터 처리의 확장성과 효율성을 보장하는 핵심 인프라로, 연산 자원(Computing Resources)의 통합을 통해 실시간 분석 환경을 제공한다. 특히, 대용량 비정형 데이터를 저장하고 분석하기 위한 기반으로 활용된다. 이는 AI 및 ML 알고리즘, 빅데이터 분석이 작동하는 기반을 제공한다.

군사 클라우드 인프라는 단순한 데이터 저장소가 아니라, 실시간 분석 및 전략적 의사결정을 위한 능동적 분석 환경으로 작동한다. 클라우드 기술은 다양한 작전 환경에서 수집되는 정보를 하나로 모아 종합적으로 분석하고 시각화할 수 있도록 지원한다.

② 인공지능 및 머신러닝(ML) 기반 분석

AI 및 ML 알고리즘은 방대한 데이터 세트에서 표적 우선순위 선정, 병참 경로 최적화, 위험도 분석, 작전지역 패턴 식별 등 군사적 의사결정에 활용 가능한 실질적인 분석 결과(Actionable Insights)를 도출한다.

예를 들어, 위성 이미지 분석을 통해 AI가 잠재적 위협 요소를 자동 식별할 수 있다. 적 전술 패턴을 분석하여 행동 예측 및 대응 전략 수립을 지원할 수 있다. 이러한 기술은 실시간 정보 분석(Real-Time Intelligence), 전략 기획, 지휘 결심 보조 등 군사작전의 전 단계에 걸쳐 활용된다.

③ 빅데이터 분석과 전략적 의사결정

빅데이터 분석(Big Data Analytics)은 다양한 출처에서 수집된 대규모 데이터를 통합적으로 분석한다. 전략 수립에 필요한 숨겨진 패턴, 동향, 예외적 신호 등을 탐색한다.

이러한 분석은 전략적 예측(Strategic Forecasting), 작전 대비 태세(Operational Readiness), 자원 최적화(Resource Optimization) 등에 필수적이다. AI 기술과 결합될 때 분석 속도와 정확도를 극대화할 수 있다.

④ 미래 기술: 양자컴퓨팅의 군사 적용

양자컴퓨팅(Quantum Computing)은 기존 컴퓨터를 능가하는 처리 속도와 병렬 연산 능력을 바탕으로, 군사 데이터 분석의 패러다임을 획기적으로 전환할 수 있는 잠재력을 지닌다.

예컨대, 암호 해독, 대규모 전장 시뮬레이션, 고차원 최적화 문제 해결 등에 양자컴퓨팅이 활용될 수 있다. 미 국방고등연구계획국(DARPA)은 양자정보과학 프로그램을 통해 양자 기술의 실전 적용 가능성을 모색하고 있다. 양자컴퓨팅은 기존 암호보안 체계를 무력화할 수 있는 암호 분석 능력을 제공할 가능성이 있어, 군사보안 측면에서도 중요한 기술로 주목받고 있다.

군사 데이터 처리는 지휘 결심의 정확성, 작전의 정밀성, 대응의 민첩성을 좌우하는 전략적 과정이다. 클라우드 기반 인프라, AI·ML 분석, 빅데이터 통합, 그리고 양자컴퓨팅 기술의 발전은 데이터 중심(Data-Centric) 군사력 개념을 실현하는 핵심 축으로 작용할 것이다.

(4) 데이터 해석: 군사적 의사결정

군사작전에서 데이터 해석(Data Interpretation) 단계는 처리된 데이터를 다양한 전략적, 전술적 첩보와 결합하여 군사적으로 활용하는 과정이다. 이 단계에서는 인공지능/머신러닝 기반 분석 기법, 고급 데이터 분석(Advanced Analysis Techniques), 시각화 도구(Visualization Tools)가 활용된다. 방대한 데이터를 전략적·전술적 의사결정에 필요한 명확한 정보로 변환하는 것이 핵심 목표이다.

① **AI/ML을 활용한 고도화된 데이터 분석**

AI/ML 알고리즘은 복잡한 데이터 세트를 분석하여, 기존 데이터 처리 방식으로는 쉽게 식별되지 않는 패턴과 트렌드를 발견한다. 이를 통해 군사 지휘관들에게 예측 분석(Predictive Insights)을 제공한다. 향후 발생할 수 있는 군사적 시나리오를 더욱 정확하게 예측할 수 있도록 지원한다. 수집된 데이터를 학습하고 다양한 데이터의 조합을 통해서 적군의 전술적 행동을 사전에 예측할 수 있다. 그에 따른 대응 전략을 미리 수립할 수 있다.

② **시각화 기법을 통한 직관적 정보 해석**

복잡한 데이터를 시각적으로 표현하는 인터랙티브 대시보드(Interactive Dashboards), 3D 모델링 등의 시각화 도구는 군사 지휘관이 실시간으로 전장 상황을 직관적으로 파악할 수 있도록 지원한다. 예를 들어, 3D 모델링은 도시 작전에서 건물 구조와

적 위치를 입체적으로 구현하여 병력 투입 경로와 위험 지역을 사전에 분석하는 데 활용된다. 이러한 시각화는 작전 이해도를 높이고, 빠르고 정확한 의사결정을 가능하게 한다.

③ 데이터 해석의 군사적 적용: 지휘통제(C2) 및 작전 지원

데이터 해석은 다양한 군사작전 분야에서 핵심적인 기능을 수행한다. 지휘통제(C2), 전장 상황 인식(Situational Awareness), 군수·보급(Logistics), 항공 작전(Air Operations), 특수작전(Special Operations) 등 다양한 작전 영역에서 실시간 해석된 정보는 작전 효율성과 전략적 일관성 확보에 필수적이다.

해석된 데이터는 공통 작전 상황판(Shared Operational Picture), 자동화된 명령전달 체계, 전술 통제 네트워크 등을 통해 군 전체의 지휘체계에 실시간으로 배포된다. 이러한 동기화(Synchronization) 과정은 지휘관 간 인식 일치를 보장한다. 작전 간 충돌이나 정보 격차를 최소화함으로써 전장 전반의 작전 수행 능력을 향상시킨다. 데이터의 대표적인 군사적 활용 영역에 대해 표-7로 정리하였다.

데이터 해석 단계는 실시간 의사결정과 전장 주도권 확보를 위한 핵심 과정이다. AI/ML 기반의 자동화 분석, 직관적인 시각화 기술, 전장 정보의 신속한 배포는 지휘관이 빠르고 정확하게 판단하고 대응할 수 있는 기반을 제공한다. 결과적으로, 데이터 해석 역량은 미래 전장에서 작전 성공 여부를 결정짓는 전략적 요소로 자리잡고 있다.

표-7. 데이터의 군사적 활용 예시

활용 영역	내 용
지휘통제(C2) 강화	지휘관에게 실시간 데이터 기반 전략정보를 제공
의사결정 지원	AI 기반 예측 분석을 활용하여 최적의 작전 계획 수립
전장 상황 인식	전장 환경을 더 명확하게 분석하여 작전 수행 능력 향상
군수 보급	보급품 수송 최적화, 군수 자원 효율적 배분
전장 시뮬레이션	군사훈련, 기상 전투 시뮬레이션 지원
군사 기지 운영 및 의료 지원	군사 시설 유지보수, 병력 건강 모니터링 및 예방 의료 지원

7-3 사이버 보안

사이버 보안(Cyber Security)은 군사작전에서 데이터 생명 주기의 전 단계에 걸쳐 적용된다. 정보를 보호하고 작전의 안전을 확보하는 핵심 기반이 된다. 보호 대상은 데이터뿐만 아니라 장비, 네트워크 인프라, 데이터 처리 센터, AI/소프트웨어 패키지, 무기 제어 시스템, 전장 감시 센서, 전술 통신 장비 등 핵심 작전 자산을 포괄한다. 이들 모든 요소를 대상으로 체계적인 보안 조치가 적용된다.

사이버 보안은 방어적(Defensive) 조치와 공세적(Offensive) 사이버 작전으로 나뉘며, 다음과 같이 구성된다.

방어적 사이버 보안(Defensive Cyber Security)

방어적 사이버 보안은 외부 공격을 차단하고, 데이터 무결성(Data Integrity)과 작전 보안(Operation Security)을 유지하는 역할을 수행한다. 외부의 해킹이나 사이버 침투뿐만 아니라 내부에서 발생할 수 있는 데이터 오용(Misuse) 및 내부 침해(Insider Threats)에 대한 대비도 포함된다. 이를 위해 방화벽, 암호화, 접근 제어, 로그 감시, AI 기반 이상 탐지 시스템 등이 통합된 다계층 보안 체계가 구현된다. 정보가 안전하게 보호되고 언제든지 사용할 수 있도록 보장한다.

① 외부 위협 대응
- **데이터 보호 및 암호화**: 고도화된 암호화 기법을 통해 데이터 기밀성을 유지하며, 데이터 유통 중 탈취를 방지한다.
- **방화벽 및 침입 탐지**: 방화벽(Firewall)과 침입 탐지 시스템(IDS)을 통해 외부 위협을 차단하고, 이상 활동을 실시간 탐지한다.
- **AI 기반 감시 체계**: 머신러닝 기반 위협 탐지 시스템을 통해 사이버 공격의 징후를 사전 감지하고 자동 대응한다.

② 내부 위협 대응
- **접근 통제 강화**: 다중 인증(MFA)과 세분화된 권한 정책을 기반으로 무단 접근을 차단한다.
- **정기 보안 감사**: AI 기반 로그 분석 시스템을 활용한 지속적 보안 점검으로 내부 침해를 예방한다.
- **사용자 행동 분석**: 내부 사용자의 비정상 행동을 실시간 탐지하여, 데이터 오남용 및 침해 가능성을 차단한다.

공세적 사이버 작전(Offensive Cyber Operations)

공세적 사이버 작전은 단순한 방어를 넘어, 잠재적 위협을 사전에 무력화하거나 적의 정보 시스템을 마비시켜 군사적 주도권을 선점하기 위한 능동적 전략이다. 이 작전은 적국의 정보 기반 시설에 타격을 가하는 능력으로, 작전 효율성과 지휘통제 역량을 약화시키는 데 목적이 있다.

① **사이버 첩보 및 감시**: 적의 군사 네트워크를 침투하여 전략 정보를 수집한다.
② **정보전 수행**: 적의 정보 시스템에 침투하여 오정보(Disinformation)를 유포하거나 통신망을 교란한다.
③ **사이버 반격**: 해킹 공격의 출처를 추적하고, 적의 핵심 인프라(예: 전력망, 통신망, 정보 서버 등)를 무력화한다.

예컨대, 적국의 전력망을 교란하거나 군 통신 체계를 무력화시킨다. 정찰 위성·정보 센터에 대한 디지털 공격으로 감시 능력을 약화시키는 전략이 대표적이다. 악성코드 삽입, 랜섬웨어, 위성 신호 교란, 정보 조작 등 다양한 수단이 활용된다. 사이버전은 전자전 및 정보전과 결합되어 다영역 작전에 복합적 효과를 창출한다.

제로 트러스트(Zero-Trust) 보안 체계의 적용

제로 트러스트 보안 체계는 '아무도 신뢰하지 않는다'는 원칙 아래,

내부외 모든 사용자의 접근 요청을 지속적으로 검증하고 최소 권한만을 부여하는 방식이다. 제로 트러스트 모델은 외부 및 내부의 모든 네트워크 트래픽을 지속적으로 검증한다. 모든 사용자와 장치를 대상으로 보안 조치를 수행하는 체계이다. 제로 트러스트의 주요 특성은 다음과 같다.

① **신원 및 장치 인증 강화**
② **데이터 및 네트워크에 대한 지속적인 보안 모니터링**
③ **보안 자동화 및 AI 기반 위협 감지 시스템 활용**

제로 트러스트 보안 모델은 군사 사이버 보안 체계를 한층 강화한다. 외부 및 내부의 모든 위협 요소에 대한 철저한 검증을 요구함으로써 군사 작전의 보안성을 극대화하는 역할을 한다. 특히 기존의 경계 기반 보안 모델과 달리, 제로 트러스트는 사용자의 위치나 네트워크 내부 여부와 관계없이 지속적인 검증과 최소 권한 원칙을 적용한다. 내부 침해 및 권한 탈취에 대한 방어력을 크게 향상시키는 것이 특징이다.

이 보안 체계는 분산형 네트워크와 다중 도메인 환경이 보편화된 현대 전장 환경에서 특히 유효하다. 실시간 인증, 행위 기반 이상 탐지, 자동화된 위협 대응을 통해 작전 보안성과 지속 가능성을 동시에 확보할 수 있는 핵심 체계로 평가된다.

사이버 보안은 현대 군사력의 효과성과 전략 지속성을 결정짓는 핵심 인프라이다. 방어적 보안은 정보보호와 시스템 안정성을 확보한다. 공세적 사이버 역량은 적의 정보 주도권을 제압하고 작전 주도권을 확보하는 수단이 된다.

특히 제로 트러스트 보안 모델은 복잡하고 유동적인 전장 환경에서 정보 주권과 작전 연속성을 보장하는 구조로 자리잡고 있다. 미래 군사작전의 보안 기반을 구성하는 전략적 자산으로 평가된다.

제8장

인지적 군사력의 구조와 속성

8-1 인지적 군사력의 구조

앞 장에서는 네 가지 인지적 군사 역량(인공지능 역량, 사이버 역량, 우주 역량, C4ISR 역량)과 데이터 생명주기(생성, 전송, 처리, 해석)의 개념을 각각 설명하였다. 이를 바탕으로 본 장에서는 미국의 14종 군사 전략 문서와 군사학계의 주요 연구를 종합 분석한다. 인지적 군사력이 어떻게 통합적이고 구조화된 체계로 작동하는지를 탐색한다.

필자는 미군의 14개 전략서에서 데이터와 관련된 모든 기술 요소를 추출했다. 비슷한 기능을 하는 기술들을 하나로 묶어 정리했다. 그 다음 이 기술들을 데이터 생명 주기의 단계별로 분류했다. 이러한 분석 결과를 표-8로 정리했다. 표-8은 데이터 생명주기의 각 단계에서 네 가지 인지 역량이 어떻게 기능하는 지를 보여준다.

분석 결과, 인공지능 역량은 주로 데이터 처리와 해석 단계에서 활용된다. 위성에서 촬영한 수많은 영상을 AI가 자동으로 분석해서 적군의 움직임을 찾아낸다. 적군의 통신을 감청한 데이터를 AI가 분석해서 위험 신호를 미리 알려준다. AI는 많은 군사 보고서와 정보 문서를 빠르게 읽고 분석해서 중요한 정보를 뽑아내는 역할을 한다.

C4ISR과 사이버 역량은 데이터의 모든 단계에서 활용된다. C4ISR은 전장에서 정보를 수집하고, 이를 지휘부에 전달하며, 지휘관의 명령을 부대에 전송하는 역할을 한다. 사이버 역량은 이 모든 과정에서 해킹이나 사이버 공격으로부터 정보와 시스템을 보호한다. 데이터 생성부터 해석까지 전 주기에 걸쳐 적의 사이버 공격을 탐지하고 차단하여 군사 작전이 중단되지 않도록 한다.

우주 역량은 주로 데이터를 생성하고 전송하는 단계에서 사용된다. 정찰 위성이 적군의 움직임을 촬영하고, 통신 위성이 전 세계 어디서든 군사 정보를 주고받을 수 있게 해준다. 우주 역량이 전장의 정보를 만들어내고 이를 필요한 곳으로 전달해야 인공지능이나 다른 시스템들이 제대로 작동할 수 있다.

이러한 분석 결과는 각 인지적 군사 역량의 기술적 속성과 작전적 역할에 대한 직관과 일치한다. 각 역량이 특화된 영역에서 작동하면서도 서로 연계하여 상호보완적으로 작용함을 확인할 수 있다.

데이터는 생성, 전송, 처리, 해석이라는 일련의 흐름을 따라 다양한 정보 시스템을 경유한다. 이 과정에서 네 가지 인지적 군사 역량은 각각이 독립적으로 작동하는 것이 아니라 하나의 통합된 시스템처럼 움직인다. 이는 인간의 인지 과정과 본질적으로 유사하다. 감각기관을 통한 정보 수용, 신경계를 통한 전달, 뇌에서의 판단, 행동으로의 실행이라는 과정처럼 인지적 군사 시스템 전체가 하나의 거대한 인지 신경망으로 작동한다.

표-8의 내용을 데이터 흐름 중심으로 재구성하여 그림-3을 작성하였다. 그림-3은 인지적 군사력의 구조를 시각화한 것으로, 각 단계에서 작동하는 기술 요소와 정보 시스템을 명시하였다. 또한 단계를 거쳐 전체적으로 시스템의 연계 구조를 제시하였다. 이를 통해 인지적 군사력이 단일 목적별로 분리된 시스템이 아니라 데이터 흐름을 통해 유기적으로 결합된 통합 구조임을 확인할 수 있다.

전장의 다양한 센서에서 생성된 데이터는 전송, 처리, 해석 단계를 거쳐 전략적, 전술적 의사결정으로 이어진다. 그 판단 결과는 물리적 무기체계의 작동으로 연결된다. 인지적 군사력은 이처럼 감지, 판단, 행동의 전 과정을 통합하는 하나의 거대한 인지 시스템으로 기능한다.

여기에서 우리는 두 가지 핵심적인 전략적 함의를 도출할 수 있다. 첫째, 데이터의 흐름은 군사 인지 시스템의 생명선이다. 이를 원활히 유지하는 것이 군사력의 정상 작동을 보장하는 전제조건이다. 데이터 흐름이 차단되거나 지연되는 순간, 전력 체계는 마치 신경이 단절되어 마비된 신체처럼 온전한 작동이 불가능해진다. 이는 단순한 정보 차단이 아니라 작전 수행과 지휘 결심에 심각한 전략적 손실을 초래할 수 있다.

표-8. 데이터 생명 주기별 군사력의 기술적 요소

군사 데이터 생명 주기	미군 전략에 제시된 기술적 요소	ICT 기반의 군사 역량			
		AI	사이버	우주	C4ISR
데이터 생성	[센서와 디바이스] 센서, 연계 디바이스, IoT, PNT, 모바일 장비, 무기 플랫폼, 훈련 설비, EMS 센서, 레이더, 광학 장비, 테스트 장비, 경영 목적 장비, 카메라 등		○	○	○
데이터 전송	[통신망과 스펙트럼] 5G 통신망, EMS, 광케이블 망 (PON), 위성, 전술 통신, 인터넷, 무선통신 플랫폼, MPLS 라우터, All-IP 설비 (IPv6, EoIP), SDN, WAN, LAN, 큐브셋, 공공 안전 통신망, 방송망 등		○	○	○
데이터 처리	[클라우드와 각종 플랫폼] 클라우드 (data hub/lakes), 엣지 서버, AI/ML 플랫폼, 빅데이터 플랫폼, 하이퍼 바이저, SaaS, IaaS, PaaS, 시스템 조율 기능, 인지 연산, 자동화 플랫폼, 데이터 마이닝 및 융합, 반도체, 소프트웨어 개발 플랫폼, 양자컴퓨팅 등	○	○		○
데이터 해석	[AI & applications] C&C, AI/ML 분석, 데이터 기반 의사결정, 상황 인식, 워 게임, LVC, 시각화, 물류, 기지 관리, 헬스 케어, 안전 관리, M&S, 동기화, 위험 관리, 사무관리 자동화, 정보 관리, 재정 관리, 전자전 관리 등	○	○	○	○

< Legends >

IoT: Internet of Things
PNT: Positioning, Navigation and Timing
PON: Passive Optical Network
MPLS: Multi-Protocol Label Switching
All-IP: All Internet Protocol
IPv6: Internet Protocol version 6
EMS: Electromagnetic Spectrum
LVC: Live Virtual Construct
EoIP: Ethernet over Internet Protocol
SDN: Software Defined Network
WAN: Wide Area Network
LAN: Local Area Network
SaaS: Software as a Service
IaaS: Infrastructure as a Service
PaaS: Platform as a Service
M&S: Modeling and Simulation

그림 3. 데이터 생명주기 관점에 본 인지적 군사력의 구조

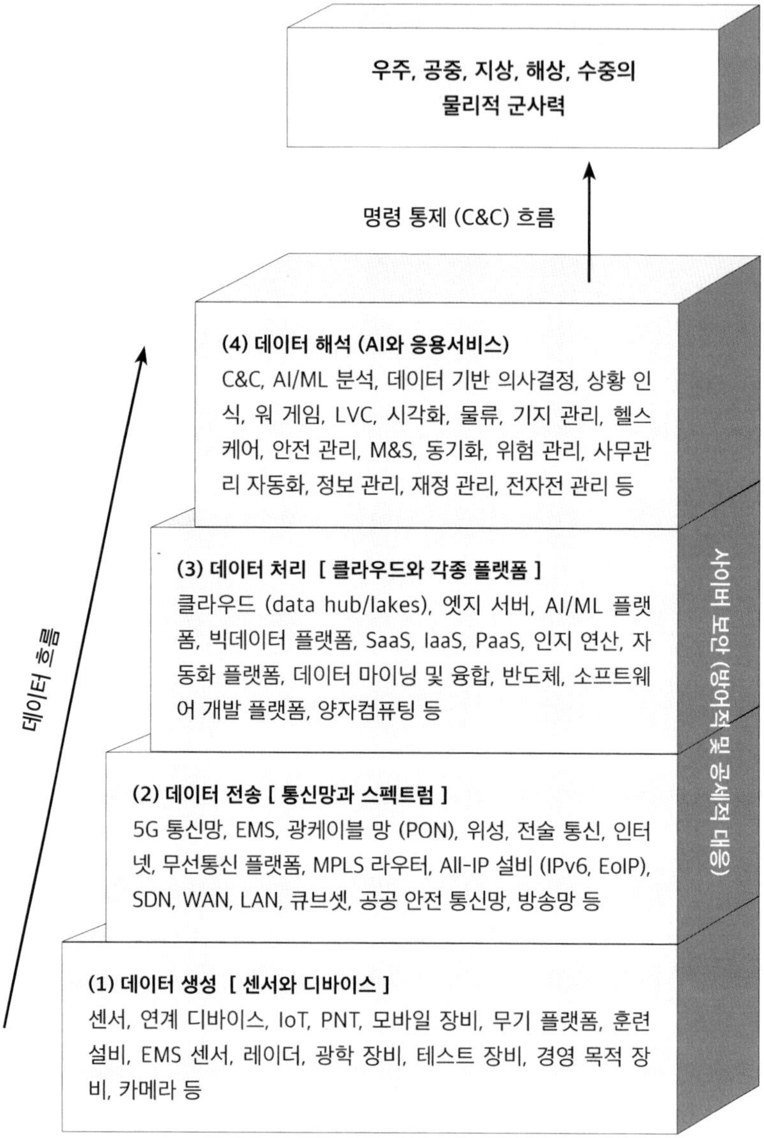

우주, 공중, 지상, 해상, 수중의 물리적 군사력

↑ 명령 통제 (C&C) 흐름

(4) 데이터 해석 (AI와 응용서비스)
C&C, AI/ML 분석, 데이터 기반 의사결정, 상황 인식, 워 게임, LVC, 시각화, 물류, 기지 관리, 헬스케어, 안전 관리, M&S, 동기화, 위험 관리, 사무관리 자동화, 정보 관리, 재정 관리, 전자전 관리 등

(3) 데이터 처리 [클라우드와 각종 플랫폼]
클라우드 (data hub/lakes), 엣지 서버, AI/ML 플랫폼, 빅데이터 플랫폼, SaaS, IaaS, PaaS, 인지 연산, 자동화 플랫폼, 데이터 마이닝 및 융합, 반도체, 소프트웨어 개발 플랫폼, 양자컴퓨팅 등

(2) 데이터 전송 [통신망과 스펙트럼]
5G 통신망, EMS, 광케이블 망 (PON), 위성, 전술 통신, 인터넷, 무선통신 플랫폼, MPLS 라우터, All-IP 설비 (IPv6, EoIP), SDN, WAN, LAN, 큐브셋, 공공 안전 통신망, 방송망 등

(1) 데이터 생성 [센서와 디바이스]
센서, 연계 디바이스, IoT, PNT, 모바일 장비, 무기 플랫폼, 훈련 설비, EMS 센서, 레이더, 광학 장비, 테스트 장비, 경영 목적 장비, 카메라 등

↑ 데이터 흐름

사이버 보안 (방어적 및 공세적 대응)

그런데 데이터 흐름만으로는 충분하지 않다. 이처럼 데이터 흐름이 인지적 군사력의 기본 조건이라면, 이 데이터를 어떻게 활용할 것인가의 문제가 남는다. 단순히 정보를 전달하는 것을 넘어서 축적된 데이터로부터 학습하고 발전하는 능력이 필요하다. 수집된 데이터를 효과적으로 활용하기 위해서는 시스템이 지속적으로 학습하고 개선되는 구조가 필요하다.

둘째, 군 조직은 데이터 기반의 지속적 학습 구조를 정착시켜야 한다. 인간은 외부 환경을 감지하고 과거 경험을 바탕으로 판단한다. 그 축적된 학습을 통해 정교한 행동 전략을 발달시킨다. 마찬가지로 군 조직도 AI와 데이터를 활용하여 경험을 지속적으로 축적해야 한다. 이를 통해 최적의 전술과 전략을 실시간으로 탐색할 수 있어야 한다. AI 기술의 발전은 데이터를 기반으로 정보 시스템이 현재 상황을 정밀하게 탐지하고, 미래 상황을 예측 및 시뮬레이션하는 능력을 실현하고 있다. 이는 불확실성이 높은 전장에서 군 조직이 유연하고 주도적으로 대응할 수 있는 기반이 될 것이다.

결론적으로 인지적 군사력은 '데이터 흐름 보장'과 '지속적인 학습'이라는 두 축을 중심으로 구성되어야 한다. 이는 인간의 인지 구조와 유사한 방식으로 군사 시스템이 작동해야 함을 시사한다. 데이터 흐름은 감각 수용, 신호 전달, 의사결정, 행동 실행이라는 인지적 사이클을 형성한다. 이를 뒷받침하는 지속 학습 구조는 군 조직이 복잡성과 불확실성 속에서도 적응과 진화를 가능하게 하는 전략적 자산이 된다.

8-2 인지적 군사력의 속성

앞서 분석한 바와 같이 인지적 군사력은 AI, 사이버, 우주, C4ISR의 네 가지 역량이 데이터 생명주기를 통해 상호 연결된 통합 시스템이다. 이 시스템은 감지, 판단, 행동이라는 일관된 작동 논리를 공유한다. 이러한 구조는 인간의 신경계와 본질적으로 유사하다. 감각기관, 신경망, 두뇌, 근육 간의 유기적 관계를 군사 작전 구조에 투영한 것이다.

인지적 군사력은 단일 요소의 합이 아니라 상호작용을 통해 기능적으로 통합된 '총합적 전장 신경망'이다. 한국 국방부는 2021년 국방 메타파워의 핵심 속성을 네 가지로 정리하였다.

첫째, 상호작용(Interaction)은 군사 작전에서 센서, 지휘통제체계, 병력, 유·무인 무기체계, 통신 네트워크 등 다양한 작전 요소들이 실시간으로 연결되는 것을 의미한다. 이를 통해 단순한 합이 아닌 복합적 시너지의 창출이 가능하다.

둘째, 통합성(Integration)은 각 군의 전력, 무기체계, 작전 전략 및 기술 요소를 하나의 유기적 체계로 융합하는 것이다. 이를 통해 최적의 군사력을 발휘할 수 있다.

셋째, 분석력(Analytics)은 인공지능 및 빅데이터를 활용하여 전장에서 발생하는 방대한 데이터를 실시간으로 분석하는 능력이다. 이를 전략적 의사결정에 반영한다.

넷째, 민첩성(Agility)은 빠르게 변화하는 전장 환경에 신속히 대응할 수 있는 유연성을 의미한다. 유연한 부대 편성, 실시간 명령 수정, 임무 재배치, 자율 무기체계와 연계된 전술 변경 등이 이를 가능하게 한다.

이 네 가지 속성은 현대 전쟁의 복잡한 역학 속에서 군의 작전 수행 능력을 극대화하는 핵심 특성으로 작용한다. 각각의 속성은 서로 긴밀하게 연결되어 인지적 군사력의 근간을 이룬다.

8-3 상호작용(Interaction)

현대 군사력은 정보통신기술의 도입으로 근본적인 전환기를 맞이하고 있다. 전장에서는 센서, 통신, 인공지능 등이 유기적으로 연결되어 작전 전 과정에서 다양한 형태의 상호작용을 촉진하고 있다. 이러한 상호작용은 현대전의 핵심 동력으로 작용하며, 전장의 패러다임을 근본적으로 변화시키고 있다.

가장 기본적인 측면에서는 인간-기계 상호작용이 전개된다. 유무인 복합전을 통해 자율 무기와 인간 병력이 협력하여 정찰, 타격, 지원 임무를 효율적으로 수행하며, 인간과 기계가 각자의 강점을 결합한 새로운 전투 능력을 창출한다. 이는 단순한 도구 사용을 넘어서 인간의 인지 능력이 기계로 확장되는 통합적 상호작용의 모습을 보여준다.

의사결정 체계에서는 인간과 AI의 상호작용이 핵심적 역할을 수행한다. AI는 실시간 정보 분석을 통해 지휘관의 결심을 지원하지만, 인간은 여전히 윤리적 판단과 전략적 선택에서 주도적 역할을 유지한다. 이러한 상호작용에서는 AI의 불확실성을 제거하고 인간의 의미 있는 개입을 보장하는 것이 중요한 과제로 부상하고 있다.

네트워크 중심전을 통해서는 시스템 간 상호작용이 더욱 심화되고 있다. 전장 내 실시간 데이터 공유가 가능해지면서 부대 간 상황 인식과 작전 통합성이 대폭 향상되고, 다영역 작전 수행의 기동성과 유연성도 함께 강화되고 있다. 이는 개별 구성 요소들이 연결되어 시너지 효과를 창출하는 네트워크 기반 상호작용의 전형을 보여준다.

한편 사이버 공간에서는 '적대적 상호작용'이라는 독특한 양상이 전개된다. 사이버전과 전자전에서 공격과 방어는 끊임없이 상대를 자극하면서 발전하는 역동적 과정을 보여준다. 이 영역에서의 패배는 국가 기반시설 마비와 군사 지휘체계 붕괴라는 치명적 결과를 초래할 수 있기 때문에, 어느 쪽도 상대방의 능력 향상에 대해 지속적인 대응 기술 개발에 나서게 된다. 이러한 적대적 상호작용은 기술 발전의 강력한 동력으로 작용하고 있다.

이러한 다층적 상호작용들은 전장의 주도권을 확보하기 위한 새로운 복합 전력 요소로 귀결되며, 그 중심에는 인지적 우세의 확보가 있다. 인지적 우세는 데이터의 생성, 전송, 처리, 해석의 과정을 원활히 진행하여 정보 우위, 판단 우위, 실행 우위를 가지는 것으로 정의된다. 사이버 제압력, 인간-기계 연계 우세, 네트워크 기반 정보 우위 등은 모두 인지적 우세를 실현하기 위한 핵심 전략 요소로 작동하며, 이는 현대전의 패러다임을 결정짓는 전략적 요체로 부상하고 있다.

국가별 전략에서는 이러한 기술을 기반으로 사이버전과 전자전까지 통합 운용하는 경향이 두드러지며, 전장의 상호작용이 단순한 정보 교환을 넘어 작전 동시성, 적응성, 자율성이라는 새로운 전투 특성으로 확장되고 있다. 이는 상호작용이 현대 전장에서 선택이 아닌 필수 요소로 자리 잡았음을 의미한다.

본 절에서는 이러한 다양한 형태의 상호작용이 어떻게 구성되고 작동하는지를 체계적으로 분석한다. 인간-기계 상호작용부터 적대적 상호작용에 이르기까지, 정보통신 기반 군사력이 현대 전장에서 어떤 방식으로 활용되고 있으며, 향후 미래 작전의 핵심 전투 개념으로 어떻게 자리잡아가고 있는지를 고찰한다.

인간-기계 상호작용(Human-Machine Interaction)

첨단 전장에서 인간과 기계의 협업은 전투 효율성과 전략적 판단력의 균형을 유지하는 데 필수적이다. 특히 AI 기반 지휘통제 시스템이 도입되면서 어느 수준까지 인간이 개입해야 하는가에 대한 논쟁은 군사작전의 핵심 정책 과제로 떠오르고 있다. 이 논쟁은 자율 무기의 작전 속도, 책임 소재, 윤리성 간의 균형 문제와 연결된다. 무기 사용 결정권과 AI 판단 범위를 둘러싼 국제 법제화 논의와도 직결된다.

군사 분야에서는 '인간 개입 수준'에 따라 다음 세 가지 형태의 인간-기계 상호작용 개념으로 분류하고 있다.

① **인간 통제형 상호작용(Human in the Loop)**
　기계가 수집한 정보를 분석하여 작전 방안을 제안하면, 최종 결정은 항상 인간이 내리는 방식이다. 치명적 무기 사용이나 윤리적 판단이 필요한 사항에서는 반드시 인간의 개입이 요구

된다. 미국 국방부의 프로젝트 메이븐도 이 범주에 속한다. 드론 영상에서 AI가 포착한 표적을 인간 분석관이 확인하고 결정하도록 설계되어 있다.

② **인간 감독형 상호작용(Human on the Loop)**

기계가 일정 수준 자율적으로 행동하되, 인간이 실시간으로 모니터링하며 필요 시 개입하는 구조다. 교전 시간이 제한적인 상황에 주로 활용된다. 전투기 조종사가 미사일 위협에 직면했을 때 자동 회피 기동이 실행되고, 조종사는 개입이 필요할 때만 개입한다. 근접 방어 무기 시스템이나 현대 전투기의 자동 방어 체계가 이에 해당한다. 이 경우 인간은 승인자가 아닌 '감독자'로서의 역할을 수행한다.

③ **완전 자율형 상호작용(Human out of the Loop)**

기계가 인간의 실시간 승인 없이 전 과정을 자율적으로 수행하는 형태다. 표적 획득부터 교전까지 모든 과정이 포함된다. 현재 군사 분야에서 실전 적용은 제한적이다. 미사일 요격과 같이 반응 시간이 극도로 짧은 상황에서는 예외적으로 허용된다. 이스라엘의 하르피 자폭 드론이나 일부 미사일 방어체계는 인간 개입 없이 목표를 탐지하고 공격하도록 설계되어 완전 자율형 무기에 가까운 사례로 평가된다.

이러한 분류 체계는 자율 무기체계의 안전성과 책임성 확보를 위한 기준으로 사용된다. 실제로 미 해군의 이지스 시스템은 AI 기반 자율 탐지와 추적 기능을 갖추고 있으며, 위협 수준에 따라 인간 개입 수준을 조절할 수 있다. 팰링스 근접방어무기체계의 경우 평상시에는 인간이 직접 통제하지만, 동시 다발적 위협 상황에서는 자동 모드로 전환하여 인간보다 빠른 대응이 가능하다. DARPA의 CODE 프로그램은 GPS와 통신이 차단된 제한된 환경에서도 무인기들이 협동하여 자율적으로 임무를 수행하는 방법을 연구한다. 그러나 치명적 무기 사용에 대한 최종 결정은 여전히 인간 조종관의 승인을 요구한다. 이처럼 인간-기계 간 역할 분담이 명확히 설정되어 있다.

AI는 전장에서 수집된 방대한 데이터를 실시간으로 처리하고 작전 대안을 제시함으로써 지휘관의 판단을 지원한다. 인간은 창의적 사고와 윤리적 책임을 맡는다. AI는 빠르고 정량적인 판단을 제공하는 역할 분담이 설정된다. 그러나 전장 환경이 고속으로 변화하고 데이터의 복잡성이 증가함에 따라 인간이 실시간 판단을 내리기 어려운 상황이 빈번히 발생한다. 드론 군집이 표적을 감지하고 위협을 분류하는 과정을 인간이 시간 내에 통제하기 어려워질 수 있다. 이 경우 AI가 자율적으로 공격을 수행하며, 사후 검증만으로는 책임성과 윤리성을 충분히 확보하기 어려운 문제도 제기된다.

실제 미 공군 내에서는 "전장에서 인간이 루프 안에 머무르면 속도에서 진다"는 주장도 제기된다. 초기 대응은 AI에 맡기고 이후 검증과 책임은 사후에 이행하는 구조가 논의되고 있다. 반면 윤리 전문가들은 "인간이 루프에 존재한다고 해서 충분한 통제가 보장되는 것은 아니다"라며 자동화된 결정 시스템에 대한 통제력 상실을 우려한다.

궁극적으로는 '얼마나, 언제 인간이 개입해야 하는가'에 대한 연구와 정책 논의가 지속적으로 이루어지고 있다. 현재까지는 임무의 성격과 위협 수준에 따라 적절한 수준의 인간 감독을 유지하는 방향으로 기술이 설계되고 있다. AI 기술의 발전은 전장의 효율성을 비약적으로 향상시키는 도구이다. 그러나 인간의 개입은 여전히 윤리적 판단과 전략적 책임성 측면에서 불가결한 요소로 남아 있다.

무인 시스템과 인간의 통합적 상호작용

전투 효율성과 병력 보호를 동시에 달성하기 위해 무인 무기와 로봇 전투 시스템의 활용이 빠르게 증가하고 있다. 드론, 무인지상차량, 무인수상정 등 각 군종별로 다양한 자율 시스템이 개발되고 있다. 이들과 인간 병력이 팀을 이뤄 작전을 수행하는 유무인 복합체계(Manned-Unmanned Teaming, MUM-T)가 부상하면서, 인간과 기술 간의 새로운 상호작용 패러다임이 등장하고 있다.

유무인 복합체계는 인간과 기계의 능력을 상호 보완적으로 결합하여 새로운 전투 협업 구조를 창출하는 개념이다. 미국 육군항공센터는 2013년 전략 브리프에서 이를 "병사와 유무인 공중 및 지상차량, 로봇 및 센서를 동기화 운용함으로써 상황 인지능력을 높이고 치명성과 생존성을 향상시키는 것"이라 정의했다. 사람과 로봇이 팀을 이루어 각자의 강점을 극대화하는 전투 모델이다. 인간은 고차원의 전략적 판단과 윤리적 결정에 집중한다. 로봇은 정찰, 자동 사격, 탄약 운반 등 고위험 임무를 맡는다. 이러한 역할 분담을 통해 실시간 상호작용과 상호의존적 협력 관계가 형성된다.

이러한 인간-기계 상호작용은 단순한 도구 사용을 넘어선다. 인간과 기술이 통합된 인지체계를 형성하는 새로운 패러다임이다. 1998년 앤디 클라크와 데이비드 찰머스가 제시한 '확장된 마음' 이론은 인간의 정신이 두뇌와 신체를 넘어 외부 도구와 환경을 포함한 통합 인지체계를 형성한다고 주장한다. 노트에 기록된 정보가 개인의 기억체계로 간주되고, 스마트폰이 인지적 보완체로 기능하는 것처럼, 군사 분야에서도 기술이 인간 인지 능력의 자연스러운 확장으로 작용한다. 이는 인간과 기계 간의 경계를 흐리며 상호작용을 더욱 밀접하고 직관적으로 만든다.

인간과 기계가 감각, 판단, 실행에 이르는 작전 루프를 공동으로 수행하는 협업 형태이며, 향후 지휘통제 체계와 작전 전술의 재구성을 요구하는 핵심 패러다임으로 주목받고 있다.

2019년 미 육군의 모의전 연습에서는 소대급 병력이 다수의 드론 및 지상로봇과 함께 작전을 수행했다. 대대급 규모의 임무를 완수하는 시나리오가 검증되었다. 드론 정찰과 로봇 화력지원이 결합된 소대는 방어 중인 적 보병 중대를 격파하며 인간-기계 협업의 위력을 입증했다. 이 연습에서는 드론이 표적을 실시간 탐지하고, 지상 로봇이 신속하게 타격하는 방식으로 작전이 전개되었다. 인간은 전체 작전을 지휘하고 최종 결정을 내리는 역할에 집중함으로써 고위험 임무를 기계에 위임하는 구조가 구현되었다. 이는 인간과 기계 간의 끊임없는 정보 교환과 동적 상호작용을 통해 달성된 성과였다.

이처럼 인간-기계 팀워크가 실현되면 소수 정예 병력이 다수의 로봇을 통제하여 광범위한 지역을 동시에 통제하고 공격할 수 있다. 이는 전력 증폭 효과로 이어진다. 영역별 적용 사례는 다음과 같다.

① 공중

미 공군이 차세대 전투기 사업에서 "로열 윙맨" 드론 구상을 추진 중이다. 이는 유인 전투기 1대가 여러 무인기를 거느리며 편대 비행하는 개념이다. 무인기는 자율적으로 전방 지역을 정찰하거나 전자전을 수행한다. 자체 무장을 활용해 타격 임무까지 수행할 수 있다. 이는 조종사의 감각기관을 전장 전역으로 확장시키는 인지적 확장의 사례이다. 조종사는 직접 위험을 감수하지 않고도 확장된 감각을 통해 전장 상황을 실시간으로 감지할 수 있다. 조종사와 무인기 간의 지속적인 데이터 교환과 상호 피드백을 통해 마치 조종사의 신체가 확장된 것처럼 자연스러운 상호작용이 이루어진다. 미 공군은 협력 전투 항공기 프로그램을 통해 기술적 준비를 지속적으로 발전시키고 있다. 호주는 보잉의 MQ-28 고스트 배트를 이용해 유사한 개념을 시험 중이다.

② 지상

지상에서는 전투로봇 탑재 차량이 전차나 보병전투차와 함께 작동한다. 무인지상차량 군집이 보병과 동행하여 정찰 및 경계 임무를 수행하는 실험이 이루어지고 있다. 미 육군은 유인 전투차가 무장 로봇 차량 여러 대를 거느리고 위험지역을 정찰 및 교전하는 개념을 테스트 중이다. 이는 유인 전투차량이 지휘권을 유지하면서, 무인 차량이 선행 정찰, 화력 지원, 위험 감수 임무를 담당하는 방식이다. 승무원은 차량에 탑재된 다양한 센서와 AI로부터 실시간 환경 정보를 제공받아 상황을 인식한다. AI가 예측한 위험 요소와 표적 정보를 바탕으로 최종 결정을 내린다. 이 과정에서 인간과 AI 간의 지속적인 상호작용을 통해 상황 변화에 동적으로 대응하는 유연한 협력 관계가 형성된다. 전장의 위험을 분산시키고 작전 효율을 극대화하는 새로운 지상전 개념으로 주목받고 있다.

중국 인민해방군은 티베트와 국경 지역에 "Sharp Claw" 소형 무인 전투차량과 "Mule-200" 무인 수송차량을 배치하고 있다. Sharp Claw는 기관총이 장착된 소형 탱크 형태로 순찰과 경계에 활용되고 있다. Mule-200은 탄약과 보급품을 싣고 50km 이상 자율주행하여 병참 지원을 수행한다. 러시아도 우크라이나 분쟁 등에서 정찰 및 공격 드론과 지상 로봇 시제품을 실전 투입하고 있다. 우란-9 등 AI 기반 로봇 전차 개발을 추진 중이다.

③ 해상

미국과 영국이 무인 수상정과 무인 잠수정을 전투함과 연계해 사용하는 실험을 진행하고 있다. 미 해군은 다수의 무인수상정을 구축함 및 순양함과 협력 작전에 투입하여 전자전 장비와 견인식 소나를 통해 유인함의 센서 능력을 보강했다. 또한 무인헬기와 유인헬기 간의 협력 작전을 통해 무인헬기가 표적 탐지와 타격 조정을 지원하는 동안 유인헬기가 공격 기동을 수행하는 방식으로 작전 효율성을 높였다. 미 해군은 2030년대까지 350척의 유인함과 150척의 대형 무인해상정으로 구성된 하이브리드 함대 구축을 계획하고 있다. 유인함정과 무인 자산 간의 실시간 데이터 공유와 협조적 상호작용을 통해 통합 작전 능력을 극대화하는 방향으로 발전하고 있다.

무인 자율 시스템 상호작용의 핵심은 각 플랫폼 간 데이터 공유와 임무 분담이다. 드론이 실시간 정찰 영상과 표적 정보를 보내면, 지상의 무인 차량이나 후방의 미사일 플랫폼이 이를 받아 즉각 공격에 나서는 방식이다. 이러한 "센서-슈터 통합"은 도널드 노먼의 '인지적 아티팩트(Cognitive Artifact)' 개념에서 설명하는 바와 같이 기술이 인간의 기억을 지원하고, 복잡한 계산으로 추론을 향상시키며, 주의력과 지각을 확장하는 '인지적 외주(Cognitive Offloading)' 현상이다. 인간과 기계 간의 끊임없는 피드백 루프와 적응적 상호작용을 통해 시스템 전체의 지능이 개별 구성 요소의 합을 넘어서는 창발적 효과가 나타난다. 인간 병사의 개입 없이 기계 간 자동 연결을 통해 신속하게 이루어지는 것을 목표로 한다. 전장의 속도와 정밀도를 비약적으로 향상시킨다.

드론이 표적을 탐지하면, 이 정보가 지상 로봇 또는 후방 화력 시스템에 자동 전송된다. 사격 명령까지 알고리즘을 통해 자동으로 실행된다. 탐지, 식별, 사격의 루프가 자동화됨에 따라 전투 반응 시간이 단축된다. 인간은 전략적 판단과 사후 승인에 집중할 수 있다. 이는 인간의 관찰, 지향, 판단 과정을 기계가 보조하여 OODA 루프를 가속화하는 것이다. 이 과정에서 인간과 기계는 상호 학습과 적응을 통해 더욱 정교한 상호작용 패턴을 발전시켜 나간다.

다만 완전 자율화된 살상 결정은 윤리적 문제를 동반한다. 당분간 유무인 복합체계에서는 인간이 최종 승인자로 개입하는 체계를 유지할 가능성이 높다.

유무인 복합체계는 인명 손실 최소화, 작전 범위 확대, 전투 반응 속도 향상 등의 이점을 통해 기존 병력 중심의 전력 개념을 근본적으로 변화시키고 있다. 이 체계에서 기술은 뛰어난 상황 인지 능력과 데이터 기반 방책 제시 능력을 제공한다. 인간은 창의성과 윤리의식을 바탕으로 한 최종 판단을 담당하여 전장을 입체적으로 통제하는 형태가 보편화될 전망이다.

상호작용이 극대화되면, 인간과 기술이 마치 하나의 몸처럼 작동하는 경지에 도달한다. 이는 단순한 도구 사용이나 기계적 협력을 넘어서, 진정한 의미에서 확장된 인지체계가 형성되는 것이다. 인간의 의도와 기계의 능력이 자연스럽게 연결되어 별도의 인터페이스나 명령 없이도 원활하게 협력이 이루어진다. 이러한 완전한 상호작용 통합은 인간과 기계 간의 경계가 사라지고 하나의 통합된 작전 개체로 기능하는 새로운 차원의 전투 능력을 만들어낸다.

이는 작전 개념의 진화와 지휘 구조의 재편까지 요구한다. 각국 군대가 앞다투어 유무인 복합체계 개념을 전력화하려는 이유다. 인간-기계 협업이 고도화된 전장 환경에서 새로운 전투 모델로 자리 잡아 가고 있다. 이와 함께 전술적, 기술적, 윤리적 고려를 포함한 통합적 접근이 필수적인 과제로 부상하고 있다.

의사결정 체계에서 인간과 AI의 상호작용

인공지능 기반 군사 의사결정 지원 시스템은 방대한 정보를 신속히 분석하여 지휘관의 판단을 보조하는 도구로 주목받고 있다. 이 시스템은 단순히 자동화된 무기 운용을 넘어서 작전 기획, 지휘·통제 등 상위 전략 판단에까지 AI를 접목하는 형태로 진화하고 있다. AI는 패턴 인식, 상황 예측, 행동강령 추천 등에 강점을 보여준다. 정보 분석 장교나 작전참모의 작업을 보조하거나 대체하는 데 점점 더 많이 활용될 것이다.

정찰 드론과 감시위성의 대량 영상정보를 AI가 실시간 분석해 위협도를 평가하고 목표 리스트를 도출하는 시스템이 도입되면, 지휘관은 원시 데이터를 일일이 확인할 필요가 없다. AI가 추린 요약 정보에 따라 결정을 내릴 수 있다. 이러한 방식은 특히 미사일 방어나 대규모 공습과 같이 시간과 정보량의 압박이 큰 작전에 효과적이다.

미국 국방부의 프로젝트 메이븐은 대표적인 사례다. 2017년 시작된 이 프로그램은 드론이 촬영한 수백만 시간의 영상을 기계학습 알고리즘이 분석해 테러리스트나 적군을 식별하는 데 사용되었다. 이후 메이븐은 다종의 데이터를 통합 분석하는 메이븐 지능화 시스템으로 발전하였으며, 분석된 정보는 인간 지휘관이 최종 판단을 내리는 데 활용된다.

이스라엘은 2021년 가자지구 무력 충돌에서 '인공지능 전쟁'이라 불릴 정도로 AI 기반 표적 분석 시스템 가스펠(Gospel)을 운용했다. 감시센서와 신호정보를 AI가 종합 분석해 타격 우선순위를 도출하고, 예상되는 부수 피해까지 예측한 후 지휘관에게 작전 대안을 제공했다. 최종 타격 여부는 인간이 결정했지만, AI가 제공한 실시간 판단 데이터는 전투의 속도와 정확도를 크게 향상시켰다는 평가를 받았다. 그러나 이러한 AI 기반 표적 선정 시스템은 민간인 피해 위험 증가와 책임 소재 불분명 등 윤리적 논란을 불러일으켰다.

이처럼 AI는 현재 '의사결정 지원 시스템' 형태로 활용되며, AI가 명령을 내리기보다는 인간이 판단하는 데 유용한 정보를 가공하거나, 여러 대안 중 최적 해법을 추천하는 역할을 한다. 그러나 명목상으로는 인간이 의사결정 루프 내에 존재하지만, 실제로는 작전 상황에 따라 인간의 개입 수준이 달라지는 문제가 발생한다. AI 분석이 지나치게 복잡하거나 전문적이면, 지휘관은 AI의 결론을 그대로 수용하는 경향이 생긴다. 이는 인간의 개입이 유명무실해지는 상황으로 이어질 수 있다. 특히 전쟁상황에서 기계의 역할에 대한 의존도가 높아질수록, 인간과 기계의 상호작용에서 인간의 주도적 역할을 유지하기 위한 의도적 노력이 필요하다.

따라서 '신뢰할 수 있는 AI'의 구현과 함께, 인간이 의미 있는 개입을 할 수 있는 지휘통제 체계를 정립하는 것이 주요 과제로 부상하고 있다. 특히 인명살상과 관련된 결정과 전략적 주요 판단에서는 인간의 역할이 중요하게 작용해야 한다. 인간과 기계의 상호작용에서 인간이 단순한 승인자가 아닌 실질적 결정권자로 기능할 수 있도록 하는 것이 핵심이다. 유럽연합과 유엔을 비롯한 국제기구에서도 자율무기체계와는 별개로, AI 보조 결정 시스템의 투명성과 책임성을 담보하는 제도 설계에 대한 논의가 활발하다.

한편, AI는 전장의 불확실성에 대응하는 강력한 수단으로 부상하고 있다. 과거에는 지휘관의 직관과 경험에 의존해야 했던 불규칙한 작전 상황에서, AI는 빅데이터 학습을 통해 실시간으로 최적 대응 방안을 제시하거나 다양한 전개 시나리오를 시뮬레이션할 수 있다.

전투 중 AI가 적의 행동 패턴을 분석하여 다음에 취할 가능성이 높은 움직임을 예측하고, 그에 대한 대응책을 곧바로 제시한다면 지휘부는 더욱 빠르고 정교한 선제 대응이 가능해진다. 또 AI는 인간 참모들이 고려하지 못한 비정형 해법이나 은밀한 신호 패턴을 포착할 수 있다. 다만 이러한 AI 주도의 판단은 오류 발생 시 치명적인 결과를 초래할 수 있다. 인간의 검증과 승인 절차는 반드시 수반되어야 한다는 입장과 작전 속도를 위해 인간 개입을 최소화해야 한다는 입장이 팽팽히 대립한다.

기술적 관점에서 보면, '설명 가능한 AI'의 도입이 핵심이다. 이는 AI의 판단이 어떻게 도출되었는지를 인간이 추적할 수 있도록 정보를 제공하는 체계로, 군사작전처럼 고도의 책임성과 검증성이 요구되는 분야에서 필수적이다. 설명 가능한 AI는 알고리즘이 어떤 데이터를 바탕으로 어떤 경로를 거쳐 결론에 도달했는지를 구조화된 방식으로 보여준다. 이를 통해 지휘관이 AI의 불확실성을 제거하고, 판단 근거를 이해한 상태에서 신뢰할 수 있는 결정을 내릴 수 있도록 한다. 특히 인공지능이 제공하는 정보의 투명성과 추적 가능성을 확보함으로써, 인간이 기계에 전적으로 의존하지 않고 상호작용에서 주도적 역할을 유지할 수 있는 환경을 조성한다.

결국 AI와 인간 간의 역할 분담을 어떻게 최적화할 것인가가 군사의사결정 분야의 핵심 과제다. AI는 방대한 정보의 수집·처리·분석과 대안 제시를 담당한다. 인간은 상황 맥락의 해석과 윤리적 판단, 전략적 선택을 통해 최종 결정을 내리는 방식으로 상호보완적 협력이 정착되어야 한다. 이때 중요한 것은 인간이 기계의 단순한 추인자가 되는 것이 아니라, 지휘통제의 관점에서 실질적인 결정권과 통제권을 유지하는 것이다. 인간과 기계의 상호작용에서 인간의 의미 있는 참여가 이루어질 때, 비로소 효과적이고 책임감 있는 군사 의사결정이 가능해진다.

네트워크 중심전과 상호작용

네트워크 중심전은 정보의 힘을 극대화하여 전투력을 향상시키는 개념이다. 센서, 통신, 무기, 병력이 실시간 네트워크로 연결되어 상호작용을 가능하게 하는 작전 체계를 의미한다. 핵심은 통신망의 완비를 통해 부대 간 작전 정보가 실시간으로 공유되고, 이를 바탕으로 공동 상황 인식과 협동적 행동이 가능해지는 구조를 구축하는 것이다. 통신망이 확장되고 연결성이 강화될수록 부대 간 상호작용의 범위와 질이 비례적으로 확대된다.

이 개념의 실현을 위한 기반은 C4ISR 체계이다. 지휘, 통제, 통신, 컴퓨터, 정보, 감시, 정찰 체계는 공동의 상황 인식을 달성하고 신속 정확한 전술적 의사결정을 가능케 한다. 네트워크를 통해 모든 부대 지휘관이 거의 실시간의 정보를 공유함으로써 상급 지휘관의 의도를 이해하고, 작전 상황에 기민하게 대응하는 것이 목표다.

현대전에서는 정보 수집과 전파 속도가 전투 승패를 좌우한다. 2003년 이라크전 당시 미군은 강화된 정보 네트워크 환경을 구축하여 이전 걸프전보다 훨씬 높은 전장 가시성과 정보 공유 수준을 확보했다. 모든 부대가 동일한 상황 정보를 공유함으로써 합동 작전의 동기화가 높아지고, 전투 효율도 획기적으로 향상되었다.

이러한 네트워크로 긴밀히 연결된 미군은 광범위한 지역에서 동시다발적인 작전을 수행하면서도 실시간 정보를 교환하며 기동하고, 목표를 정확하게 타격할 수 있었다. 이는 네트워크 중심전의 핵심 가설을 실증한 대표 사례로 평가된다. 강력한 네트워크로 연결된 군은 정보 공유와 협동, 상황 인식의 질을 높여 임무 효과를 극대화한다는 가설이다. 특히 부대 간 실시간 연결은 단순한 정보 전달을 넘어서 유기적인 작전 연계와 전술적 상호작용을 가능하게 함으로써 작전 전개 속도와 정확도를 동시에 향상시켰다. 이는 통신망의 완비가 단순히 기술적 연결을 제공하는 것이 아니라, 부대 간 상호작용의 질적 변화를 가져온다는 점을 보여준다.

실시간 정보공유는 전술적 의사결정 최적화에 매우 중요하다. 정보를 먼저 감지하고 전달받은 부대가 OODA 루프를 적보다 빠르게 완성할 수 있기 때문이다. 관찰, 지향, 결정, 행동으로 구성된 이 루프에서 우세를 점하는 것이 핵심이다. 아군 센서망에 포착된 적 위협이 실시간으로 공유되면, 가장 적합한 전투 자산이 즉시 지휘를 받아 대응할 수 있다. 이를 통해 정보 우세를 실현하고 작전 우세를 선점할 수 있다.

이러한 목적을 위해 미국은 JADC2 전략을 추진하고 있다. 합동전영역 지휘통제 전략은 합동 전력의 센서와 사격자를 통합하여, 모든 센서 데이터를 AI와 자동화 기술로 통합 분석하고 지휘관에게 의사결정 루프를 실시간으로 제공하는 것을 목표로 한다. 감지, 이해, 행동의 의사결정 루프를 빠르게 순환시키는 것이다. 미 합참의장 마크 밀리는 이를 "복잡한 교전 환경에서 정보공유와 의사결정 속도를 극적으로 향상시켜, 모든 전력을 신속히 적시에 투사하는 것"이라고 설명한 바 있다.

NATO 또한 네트워크화와 실시간 정보공유의 가치를 인식하고 다국적 정보공유 표준을 구축해왔다. 과거 NATO 네트워크 활성화 역량 개념을 기반으로 회원국 간 상호운용성과 데이터 공유를 추진했다. 최근에는 연합 임무 네트워크로 발전하여 작전시 연동되는 통신망의 표준을 정립하였다. 2021년 NATO는 AI 전략과 디지털 변혁 전략을 채택하여, 2030년대까지 클라우드 기반의 초연결 인프라를 구축하고, 동맹국 간 실시간 데이터 분석과 AI 기반 의사결정을 구현하는 비전을 제시하였다.

이러한 흐름 속에서 NATO는 다국적 연합작전에서 각국 부대가 단일 네트워크로 연결되어 마치 하나의 통합된 군대처럼 행동하는 것을 지향한다. 이는 통신망의 표준화와 상호운용성 확보를 통해 국가 간 경계를 넘나드는 광범위한 상호작용이 가능해진다는 점에서 네트워크 중심전의 진화된 형태로 볼 수 있다. 네트워크 중심전 시대의 군대는 "정보를 지배하는 자가 전장을 지배한다"는 원칙 하에 움직인다. 효과적인 C4ISR 네트워크를 구축함으로써 상황 인식 공유, 지휘관 의도 전파, 자원 분배 최적화가 실시간으로 이루어진다. 이는 작전의 효율성과 정확도를 동시에 향상시키는 결과를 가져온다.

그러나 이러한 고도화된 네트워크 의존은 새로운 취약점도 동반한다. 네트워크가 교란되거나 마비될 경우 작전 전체가 중단될 수 있기 때문이다. 이를 보호하는 사이버 보안 및 전자전 대비 능력 또한 필수적이다. 이러한 측면에서 네트워크 중심전은 고위험 고효율 구조이며, 연결성과 방호력의 균형이 향후 전략의 핵심 쟁점이 될 것이다.

사이버전 및 전자전에서의 적대적 상호작용

정보통신기술을 활용한 전쟁은 사이버 공간을 무대로 한다. 이 새로운 전장에서는 공격과 방어가 끊임없이 상대를 자극하면서 발전하는 독특한 적대적 상호작용이 전개된다. 사이버 공간의 공격과 방어, 전자기전의 공격과 방어는 지속적으로 상대를 자극하면서 발전하고 있는데, 이는 일종의 적대적 상호작용으로 이해할 수 있다. 이러한 적대적 상호작용은 단순한 기술 경쟁을 넘어서 전쟁의 본질을 변화시키는 동력으로 작용하고 있다.

사이버전과 전자전에서의 적대적 상호작용은 특히 중요한 의미를 갖는다. 이 영역에서의 패배는 국가 기반시설 마비, 군사 지휘체계 붕괴, 핵심 정보 유출 등 돌이킬 수 없는 치명적 피해를 초래할 수 있기 때문이다. 따라서 어느 한쪽도 상대방의 공격 능력 발전을 방관할 수 없으며, 상대의 새로운 공격 기법에 대해 즉각적이고 지속적인 대응 기술 개발에 나서게 된다. 이러한 필연성이 적대적 상호작용을 더욱 역동적이고 지속적인 과정으로 만든다.

사이버전에서 나타나는 적대적 상호작용은 가장 역동적인 양상을 보여준다. 공격자가 새로운 악성코드나 해킹 기법을 개발하면, 방어자는 이에 대응하는 보안 솔루션과 대응 체계를 구축한다. 그러나 이는 일방향적 과정이 아니다. 방어자의 대응 기술이 발전하면, 공격자는 다시 이를 우회하거나 무력화할 수 있는 새로운 공격 방법을 모색한다. 이러한 순환적 적대적 상호작용을 통해 양측의 기술은 나선형으로 발전하며, 사이버전의 복잡성과 정교함이 지속적으로 증가한다. 특히 사이버 공격 성공 시 국가 전체의 통신망과 금융 시스템이 마비될 수 있다는 위험성 때문에, 방어 측은 공격 기술의 진화에 뒤처질 수 없는 절박함을 갖고 대응한다.

Stuxnet 공격 사례는 이러한 적대적 상호작용의 전형을 보여준다. 이 공격이 이란 핵시설의 제어 시스템을 무력화한 후, 전 세계 산업 제어시스템의 보안 체계가 근본적으로 재검토되었다. 물리적으로 격리된 시설도 안전하지 않다는 인식의 전환이 일어났고, 이에 대응하여 에어갭 네트워크 보안, 제로트러스트 아키텍처, 이상행위 탐지 시스템 등이 발달했다. 그러나 공격자들은 다시 이러한 방어 체계를 우회하는 새로운 기법들을 개발하고 있으며, 이는 사이버 보안 기술의 지속적 진화를 촉진하는 적대적 상호작용 과정이다. 이러한 과정에서 핵심 인프라가 공격받을 경우의 치명적 결과를 고려할 때, 방어 기술 개발은 선택이 아닌 생존의 필수 조건이 되었다.

이러한 적대적 상호작용은 국가 차원에서도 명확히 나타난다. 각국의 사이버 전담 부대들은 단순히 방어만을 담당하지 않는다. 이들은 공격 능력도 함께 개발하여 상대방의 공격에 대한 억제력을 확보하고자 한다. 사이버 공격으로 인한 피해가 국가 안보와 경제에 미치는 영향이 막대하기 때문에, 공격과 방어 능력의 균형을 통해 사이버 공간에서의 안정성을 추구하는 것이다. 이는 전통적인 군사 전략의 상호억제 논리가 사이버 영역으로 확장된 형태로, 양측 간의 지속적인 적대적 상호작용을 통해 끊임없이 새로운 평형점을 찾아가는 과정이다.

전자전 영역에서의 적대적 상호작용은 더욱 실시간적이고 직접적인 특성을 보인다. 우크라이나 전쟁에서 벌어진 GPS 교란과 안티 재밍 기술의 경쟁이 대표적인 사례다. 러시아가 GPS 신호를 교란하면, 우크라이나는 즉시 안티 재밍 기술로 대응했다. 이에 러시아는 더 강력한 재밍 신호를 사용하거나 다른 주파수 대역을 공격했고, 우크라이나는 다시 주파수 도약 기술이나 다중 위성 항법 시스템을 활용해 대응했다. 이러한 실시간 적대적 상호작용은 전장에서 즉각적으로 전술적 우위를 결정짓는 요소가 되었다. 전자전에서의 패배는 지휘통제 능력 상실과 무기체계 무력화로 이어져 전투 자체의 승패를 좌우하기 때문에, 어느 쪽도 상대의 전자전 능력 향상을 수수방관할 수 없다.

드론 운용에서도 유사한 적대적 상호작용이 전개된다. 드론의 통신 링크를 차단하려는 전자전 공격과 이를 보호하려는 방어 기술 간의 경쟁이 지속되고 있다. 공격자가 특정 주파수를 재밍하면, 방어자는 주파수 도약이나 방향성 안테나를 활용해 대응한다. 공격자는 다시 광대역 재밍이나 지능형 재밍 기법을 도입하고, 방어자는 AI 기반 적응형 통신 시스템으로 맞선다. 이러한 적대적 상호작용 과정에서 양측의 기술 수준이 급속히 발전하고 있다. 현대전에서 드론의 역할이 증대됨에 따라, 드론 통제권 상실은 즉각적인 전술적 열세로 이어지므로, 이 분야의 적대적 상호작용은 더욱 치열해지고 있다.

사이버전과 전자전의 경계가 모호해지면서, 두 영역 간의 적대적 상호작용도 새로운 차원으로 발전하고 있다. 미 육군의 사이버/전자전 활용(CEMA) 개념은 이러한 융합적 적대적 상호작용을 체계화한 접근법이다. 사이버 공격으로 적의 전자전 시스템을 무력화하고, 동시에 전자전으로 사이버 공격의 경로를 차단하는 복합적 작전이 가능해졌다. 이는 서로 다른 영역의 공격과 방어 수단들이 상호 보완하고 증폭하는 시너지 효과를 창출한다. 융합된 공격의 파괴력이 기하급수적으로 증가할 수 있다는 위험성 때문에, 방어 측도 통합적 대응 능력 개발에 더욱 박차를 가하게 된다.

인공지능의 도입은 이러한 적대적 상호작용의 속도와 복잡성을 한층 가속화하고 있다. AI 기반 사이버 공격 도구는 방어 시스템의 취약점을 자동으로 탐지하고 공격 방법을 실시간으로 조정한다. 반면 AI 방어 시스템은 공격 패턴을 학습하여 예측적 방어를 구현한다. 이는 인간의 개입 없이도 공격과 방어가 자동으로 적대적 상호작용하며 발전하는 새로운 단계를 의미한다. 전자전 영역에서도 인지 전자전 시스템이 실시간으로 전파 환경을 분석하고 최적의 대응을 자동 선택하여, 기존의 정적 방어를 동적 적대적 상호작용 기반 방어로 전환시키고 있다. AI 시스템 간의 적대적 상호작용이 인간의 대응 속도를 넘어서면서, 한 순간의 기술적 열세가 치명적 결과로 이어질 수 있다는 절박감이 더욱 커지고 있다.

그러나 이러한 자동화된 적대적 상호작용은 새로운 위험도 내포한다. AI 시스템 간의 적대적 상호작용이 예측 불가능한 결과를 낳을 수 있으며, 공격과 방어의 에스컬레이션이 인간의 통제를 벗어날 가능성이 있다. 적대적 상호작용이 통제 불능 상태로 빠질 경우의 재앙적 결과를 고려할 때, 기술적 발전과 함께 이를 통제할 수 있는 인간 중심의 지휘통제 체계가 더욱 중요해지고 있다.

양자암호 및 양자컴퓨터와 같은 차세대 기술들도 이러한 적대적 상호작용의 연장선에서 이해할 수 있다. 양자컴퓨터가 기존 암호체계를 무력화할 수 있는 기술이라면, 양자암호체계는 기존 암호화 방식의 한계를 극복하여 양자컴퓨터의 공격을 무력화할 수 있는 방어적 시도이다. 우주 기반 통신과 레이저 통신의 발전도 전파 재밍에 대응하려는 방어적 진화의 결과이지만, 동시에 이들을 공격할 새로운 수단들도 개발되고 있다. 이러한 기술들이 국가의 핵심 보안 인프라가 되면서, 그 중요성 때문에 더욱 치열한 적대적 상호작용이 전개되고 있다.

특히 중요한 것은 적대적 상호작용에서 나타나는 '패배 불허' 원칙이다. 사이버전과 전자전에서의 패배는 단순한 전술적 열세를 넘어서 국가 존립에 위협이 될 수 있는 치명적 결과를 초래한다. 금융 시스템 마비, 전력망 붕괴, 군사 지휘체계 무력화 등은 국가 기능 자체를 정지시킬 수 있다. 이러한 절대적 위험성 때문에 어느 국가도 이 분야에서 기술적 열세를 감수할 수 없으며, 상대방의 능력 향상에 대해 즉각적이고 전면적인 대응에 나서게 된다. 이것이 적대적 상호작용을 멈출 수 없는 지속적 과정으로 만드는 근본적 동력이다.

결국 사이버전과 전자전에서 나타나는 적대적 상호작용은 현대 전쟁의 핵심 동력이다. 이는 단순한 기술 경쟁이 아니라, 생존을 위한 필수 불가결한 과정으로서 상대방의 대응을 예측하고 이에 맞서는 전략적 사고의 연속적 발전을 의미한다. 패배의 치명적 결과를 고려할 때, 이러한 적대적 상호작용을 통해 정보통신 기반 군사력은 지속적으로 진화하며, 전장에서의 우위를 결정짓는 핵심 요소로 자리잡고 있다. 미래의 전쟁에서는 이러한 적대적 상호작용의 속도와 복잡성이 더욱 증가할 것이며, 이를 효과적으로 관리하고 활용할 수 있는 능력이 국가 생존과 직결되는 전략적 우위의 관건이 될 것이다.

이상에서 살펴본 바와 같이, 정보통신기술이 접목된 현대 군사력은 상호작용성을 핵심 특징으로 한다. 인간과 AI의 협업, 네트워크 기반 실시간 정보 교환, 유무인 복합 팀 구성, 지능형 결정 지원 시스템, 사이버·전자전에서의 적대적 상호작용 등이 모두 유기적으로 연계되어 있다. 이러한 다층적 상호작용 요소들이 결합될 때, 정보통신 기반 군사력은 전장의 주도권을 확보하는 실질적 작전 개념으로 자리잡을 수 있다.

특히 사이버전과 전자전에서 나타나는 적대적 상호작용은 기술 발전의 강력한 동력으로 작용하고 있다. 공격과 방어가 상호 자극하며 발전하는 이 과정에서 패배의 치명적 결과를 고려할 때, 지속적인 기술 혁신과 대응 능력 개발은 선택이 아닌 생존의 필수 조건이 되었다. 이는 다른 형태의 상호작용과 결합하여 군사력 발전의 복합적 추진체가 되고 있다.

미래 군사작전에서는 "연결되고 지능화된" 군대만이 적보다 앞서 판단하고 대응할 수 있다. 이러한 전력은 다영역 실시간 센서 융합, 자율형 협업 네트워크, 지능 기반 지휘결정 구조를 통해 구현되며, 인간과 기계 간의 끊김없는 상호작용을 기반으로 한다. 동시에 적대적 환경에서의 생존과 우위 확보를 위해서는 사이버·전자전 능력과의 통합적 운용이 필수적이다.

따라서 주요국 군대는 이러한 변화에 적응하기 위해 조직 구조, 교리, 훈련을 재정비하고 있다. 단순한 기술 도입을 넘어서 다양한 형태의 상호작용을 효과적으로 관리하고 활용할 수 있는 체계를 구축하는 것이 핵심 과제가 되었다. 초연결성, 자율성, 실시간성, 그리고 적응성으로 대표되는 정보통신 기반 군사력이 21세기 전장의 양상을 결정짓게 될 것이며, 이 모든 것의 중심에는 상호작용이라는 핵심 동력이 자리하고 있다.

8-4 통합(Integration)

메타파워(Meta Power)는 인공지능, 사이버, 우주, C4ISR 역량 등 첨단 기술과 기존 군사력을 결합하여 군의 종합적 능력을 극대화하려는 개념이다. 그 네 가지 핵심 속성 중 하나가 바로 "통합(Integration)"이다.

통합은 전장 환경의 모든 요소와 정보를 하나로 묶어 상황 인식과 대응 능력을 극대화하는 것을 의미한다. 전장 환경의 모든 요소와 정보에는 센서 데이터(영상·열감지·레이더), 통신망, 지휘통제 시스템(C2), 무기 및 병력 배치 정보, 사이버 및 우주 자산의 운용 현황이 포함된다. 이들은 모두 전술·전략 결정에 영향을 주는 핵심적인 군사 정보 자산이다.

현대 전장에서 통합의 중요성은 갈수록 커지고 있다. 정보의 융합과 네트워크화된 협동을 통해 상황 우세와 의사결정 우위를 확보하는 것이 궁극적인 목표이다. 예를 들어 센서에서 수집된 정보를 실시간으로 지휘통제 시스템에 통합하고, 이를 바탕으로 공중·지상·사이버 부대 간 협동 작전을 실행하는 형태가 대표적이다.

통합의 여러 측면을 체계적으로 이해하기 위해 네 가지 주제로 나누어 살펴본다. System of Systems와 Network of Networks 개념의 현대적 적용, 전장 데이터 통합과 다영역 작전, 데이터 융합과 지능형 의사결정, 그리고 주요 군사 강국의 통합 전략을 차례로 분석한다.

'System of Systems' 및 'Network of Networks' 개념의 현대적 적용

오늘날 군사 시스템은 개별 무기나 플랫폼을 넘어 '시스템의 집합체(System of Systems, SoS)'로 통합되어 운용된다. SoS는 독립적인 여러 시스템들이 연합하여, 단순 합 이상의 종합 능력을 창출하는 전략적 구조다. 핵심은 상호운용성과 표준화이며, 이는 공통 통신 프로토콜, 표준화된 데이터 형식, 인터페이스 호환성을 통해 실시간 데이터 공유와 공동 작전 수행을 가능하게 한다. 전통적인 시스템 공학이 개별 시스템 성능을 높이는 데 집중했다면, SoS 공학은 이기종 시스템 간 상호작용과 통합 최적화에 중점을 둔다.

SoS는 기존 무기체계와 신규 기술을 하나의 통합된 구조로 결합함으로써 전체 전투 효과를 획기적으로 증대시킨다. 미군의 퓨처 컴뱃 시스템(Future Combat Systems, FCS)은 드론, 지상 전투차량, 센서, 통신체계를 네트워크로 통합해 전장 반응 속도와 타격 정밀도를 높이고자 했으며, 그 기술은 현재 프로젝트 컨버전스(Project Convergence) 등으로 계승되고 있다. 통합 방공망은 미사일 경보 위성, 레이더, 요격체계를 하나의 탐지-분석-차단 루프로 연결하여 실시간 공동 대응 능력을 입증하였다. 전차, 항공기, 함정 등 기존 플랫폼을 센서-슈터 네트워크에 통합함으로써, 1+1이 3이 되는 전투력을 구현하는 것이 SoS의 실질적 효과다.

이와 병행해 "네트워크의 네트워크(Network of Networks, NoN)" 개념도 현대전에 핵심적으로 적용되고 있다. NoN은 단일 거대한 네트워크가 아니라, 복수의 이기종 네트워크가 유기적으로 연결되어 초연결성과 유연성을 갖춘 구조를 말한다. 대표적인 예는 메시 네트워크 구조다. 미래 전장 통신망은 중앙 허브에 의존하는 고정형이 아니라 메시 형태로 재편된다. 통신 두절이나 사이버 교란 시 자동 우회 경로를 찾아 데이터 흐름을 유지할 수 있다.

메시 네트워크는 각 노드가 통신 기능을 자율적으로 수행하여, 일부 장비 손실에도 전체 네트워크가 유지되는 강인성을 갖는다. 미 육군의 전술 네트워크 현대화는 메시 기반 구조를 채택하고 있다. 필요에 따라 전술 소규모 네트워크로 분리되었다가도 다시 통합되는 자가 복원 구조를 실현하고 있다. 이러한 적응적 네트워크 구조는 동적 위협 환경에서 생존성과 지속성을 보장하는 핵심 요소다.

고차원 통신망에서는 센서-사격통제-지휘체계가 다계층으로 실시간 연동되며, 이기종 시스템 간의 데이터 호환을 위해 데이터 표준이 통합적으로 적용된다. NATO 표준화 규약, IP 기반 네트워크 구조, 공통 전장 데이터 모델 등이 그 예다. 이러한 표준화는 연합군 및 각기 다른 플랫폼 간 실시간 정보 공유와 협조 작전을 가능케 하는 기반이 된다. 특히 멀티벤더 환경에서도 끊김없는 상호운용성을 확보할 수 있어 최적의 성능을 발휘할 수 있다.

현대적 SoS와 NoN 구현에서는 클라우드 기반 설계와 모듈형 구조가 중요한 역할을 한다. 이를 통해 각 시스템을 독립적으로 개발하고 운용할 수 있으며, 전체 시스템의 안정성과 유연성이 크게 향상된다. 또한 소프트웨어로 네트워크를 제어하는 기술을 통해 물리적 장비 변경 없이도 네트워크 구성을 자유롭게 바꿀 수 있다.

DARPA의 모자이크전(Mosaic Warfare) 개념은 이러한 기술적 발전을 전술적으로 구현한 사례다. 다수의 저비용 센서 및 무인 체계를 빠르게 네트워킹하여 전술적 탄력성을 갖춘 '상황 맞춤형 실시간 네트워크 전력(Network-on-the-fly)' 구성을 목표로 한다. 이는 전통적인 고비용 통합 시스템 대신, 신속히 구성할 수 있는 모듈형 전력을 통해 적응성과 생존성을 극대화하려는 접근이다. 작전 요구에 따라 실시간으로 네트워크 토폴로지를 재구성하고, 임무별 최적화된 시스템 조합을 동적으로 생성할 수 있다.

SoS와 NoN 개념은 모두 '네트워크 기반 군사력'을 실현하는 핵심 구조다. 전장이 데이터 중심 구조로 변모함에 따라, 다양한 무기체계와 정보 시스템을 상호연결하고, 작전 상황에 따라 유동적으로 결합·분리할 수 있는 네트워크 구조가 요구된다. 이러한 통합은 다영역 작전, 자율무기 연동, 사이버-전자전 연계 등 모든 현대 전투 개념의 기반이 되고 있다. 전술·전략 차원 모두에서 통합적 대응 능력을 결정짓는 요소로 작용하고 있다.

결국 21세기 군사력은 단일 플랫폼의 성능이 아니라, '얼마나 잘 연결되어 있는가'에 의해 좌우된다. SoS와 NoN은 이러한 연결성과 통합성을 극대화하는 전략적 설계 원리이며, 미래전의 전장 우위 확보를 위한 핵심 경쟁력이 될 것이다. 이들은 단순한 기술적 개념을 넘어서 군사 조직, 교리, 훈련 체계 전반의 혁신을 요구하는 패러다임 전환의 출발점이라 할 수 있다.

전장 데이터 통합과 다영역 작전

현대 군사작전에서 데이터 통합은 전장 가시성을 획기적으로 향상시키는 핵심 요소다. 전장 가시성이란 적군·아군의 위치, 위협 탐지 정보, 작전 지형, 기상 조건 등 다양한 데이터를 통합하여 하나의 공통 작전상황도(Common Operational Picture, COP)로 시각화하는 것을 의미한다. 지휘관은 이를 통해 실시간 전장을 종합적으로 파악할 수 있다. 다양한 센서와 부대에서 수집되는 정보를 실시간으로 결합함으로써 보다 정확하고 빠른 결심과 명령 하달이 가능해진다.

이러한 데이터 통합은 다영역 작전(Multi-Domain Operations, MDO)의 기반이 된다. MDO는 지상, 해상, 공중, 우주, 사이버 등 모든 작전 영역을 통합된 전투 공간으로 운용하는 현대 군사 전략 개념이다. NATO는 이를 "모든 작전 영역과 환경에 걸쳐 군사 활동을 조율하고, 동시에 비군사적 수단과 동기화하여 통합적 효과를 창출하는 것"으로 정의한다. 통합의 핵심은 전장 환경의 다양한 요소를 실시간으로 융합하여, 지휘관이 전장의 전반을 파악하고 신속하고 정밀한 결심을 내릴 수 있도록 하는 것이다.

미군은 이라크전 등에서 '블루포스 트래커(Blue Force Tracker, BFT)'와 같은 전장 관리 시스템을 통해 아군과 적군의 위치 데이터를 하나의 네트워크로 공유했다. 그 결과 지휘관들은 전례 없는 수준의 상황 인식을 달성했고, 의사결정 속도와 정확도가 크게 향상되었다. 실제로 미 육군 지휘관들은 "블루포스 트래커가 전투 인식을 높여 더 신속한 결정을 내리는 데 도움이 되었다"고 증언했다. 실전에서 의사결정 속도가 크게 향상되고 상황 인식 능력이 대폭 개선되었다는 평가를 받았다. 이로 인해 병력의 생존성이 실질적으로 향상되었으며, 실시간 데이터 융합이 전장 혼란을 줄이고 부대 간 협조를 원활하게 만드는 데 필수적이라는 점이 입증되었다.

우크라이나 전쟁 역시 데이터 통합의 전략적 가치를 명확히 보여주었다. 전장에서 신속하고 안전한 다국적 정보공유는 전투의 판도를 결정짓는 요인이 되었다. 미국산 HIMARS가 러시아 보급선을 정밀 타격하는 데 있어 우크라이나군이 제공한 실시간 표적 정보 공유가 결정적인 역할을 했다. 이를 통해 아군은 적보다 먼저 상황을 인지하고 빠르게 대응할 수 있었으며, 실제 전장에서도 광범위한 데이터 통합 체계의 필요성이 다시 한번 강조되었다.

이러한 교훈을 바탕으로 주요 군사 강국들은 전구 차원의 통합 C4ISR 체계를 구축하고 있다. 각국은 데이터 통합 역량 확보를 위해 대규모 투자와 기술 개발에 나서고 있으며, 특히 AI 기반 통합지휘, 실시간 센서 연동, 자동 표적 식별 시스템 구축에 집중하고 있다. 이는 미래 전장에서 데이터 우세 없이는 정보 우세와 승리를 담보할 수 없다는 인식 때문이다. 여기서 데이터 우세는 양질의 데이터를 신속하게 수집·전송·처리할 수 있는 기술 기반과 운용 능력을 의미한다. 반면 정보 우세는 이러한 데이터를 바탕으로 적보다 우월한 상황 인식을 구현하여 작전 주도권을 확보한 상태를 의미한다. 즉, 데이터 우세는 정보 우세를 실현하기 위한 기술적·운용적 전제 조건이라 할 수 있다.

MDO는 전장을 하나의 지능형 통합 네트워크로 재편하는 전략 개념이다. 작전 속도와 정밀성을 극대화함으로써 정보 우세, 전술 유연성, 전략 효과를 동시에 확보한다. 이는 현대 전장에서 무기 성능보다 더 중요한 경쟁 우위로 작용한다. 각국은 이를 위해 조직, 교리, 훈련, 시스템을 전방위적으로 개편하고 있으며, MDO는 미래전의 표준 작전 개념으로 자리매김하고 있다.

데이터 융합과 지능형 의사결정

데이터 융합(Data Fusion)은 다양한 출처의 정보를 결합해 통찰과 예측을 도출하는 기술로, 현대 군사 의사결정에서 핵심적인 요소로 부상하고 있다. 전장에서 생성되는 이기종 데이터들을 효과적으로 통합하기 위해서는 체계적인 데이터 관리와 표준화된 융합 프레임워크가 필수적이다.

현대적 데이터 융합의 기반에는 데이터 온톨로지(Data Ontology)가 자리한다. 데이터 온톨로지는 서로 다른 시스템과 센서에서 생성되는 데이터의 의미와 관계를 표준화된 형태로 정의하는 지식 체계다. 예를 들어, 드론에서 수집한 영상 정보, 지상 센서의 음향 데이터, 위성의 신호정보가 모두 '표적'이라는 동일한 개체를 지칭할 때, 온톨로지는 이들 간의 의미적 연관성을 명확히 정의한다. 이를 통해 서로 다른 형식과 구조를 가진 데이터들이 일관성 있게 해석되고 통합될 수 있다.

데이터 패브릭(Data Fabric) 기술은 이러한 온톨로지 기반의 융합을 실제로 구현하는 핵심 인프라다. 데이터 패브릭은 흩어져 있는 다양한 데이터들을 마치 하나의 통합된 저장소처럼 연결하여, 사용자가 데이터가 어디에 있는지 어떤 형태인지 신경 쓰지 않고도 필요한 정보를 쉽게 찾아 사용할 수 있도록 한다. 전장 환경에서는 전방 부대의 센서, 후방 지휘소의 데이터베이스, 클라우드상의 정보자산이 모두 하나의 통합된 데이터 공간으로 연결된다. 이는 실시간 전장 상황에서 지휘관이 필요한 모든 정보를 즉시 조회하고 분석할 수 있는 환경을 제공한다.

메타데이터 관리는 데이터 융합의 품질과 신뢰성을 보장하는 핵심 요소다. 각 데이터에 대한 출처, 생성 시간, 정확도, 신뢰도 등의 메타정보를 체계적으로 관리함으로써, AI 시스템은 데이터의 품질을 평가하고 최적의 융합 전략을 선택할 수 있다. 특히 군사 환경에서는 정보의 신뢰성이 작전 성패를 좌우하므로, 메타데이터 기반의 데이터 품질 관리가 더욱 중요하다.

AI와 머신러닝(ML)은 이러한 체계화된 데이터 융합 환경에서 방대한 전장 데이터 속에서 유의미한 정보를 빠르게 식별하는 데 활용된다. 미국 국방부의 프로젝트 메이븐(Project Maven)이 대표 사례다. 2017년 시작된 이 프로젝트는 수백만 시간 분량의 드론 및 감시 영상 데이터를 분석하여 표적 식별 과정을 크게 개선했으며, 분석 효율성을 대폭 향상시키고 자동 분석 체계를 구축하는 데 크게 기여하였다.

이 시스템은 드론 영상, 위성사진 등 감시 데이터를 AI로 자동 분석하여, 인간 분석관이 실시간으로 식별하지 못하는 위협 표적을 선제적으로 탐지할 수 있도록 돕는다. 결과적으로 아군은 위협을 조기에 파악하고 선제적으로 대응할 수 있으며, 이는 지휘결심의 적시성과 정확도를 동시에 향상시킨다.

연합학습(Federated Learning) 기술은 분산된 군사 환경에서 데이터 보안을 유지하면서도 AI 모델의 성능을 향상시키는 혁신적 접근법이다. 각 부대나 시스템이 보유한 민감한 데이터를 중앙으로 전송하지 않고도, 모델 학습 결과만을 공유하여 전체적인 AI 성능을 개선할 수 있다. 이는 작전보안(OPSEC)을 유지하면서도 집단지성의 효과를 활용할 수 있는 방법이다.

엣지 컴퓨팅(Edge Computing) 기술은 전방 지역에서 실시간 데이터 처리와 의사결정을 가능하게 한다. 모든 데이터를 후방 지휘소나 클라우드로 전송하여 처리하는 대신, 전방의 센서나 무인시스템에서 직접 데이터를 분석하고 즉각적인 판단을 내릴 수 있다. 이는 통신 지연을 최소화하고, 통신 두절 상황에서도 자율적 작전 수행을 가능하게 하는 핵심 기술이다.

디지털 트윈(Digital Twin) 기술은 물리적 전장 환경을 가상공간에 실시간으로 복제하여, 다양한 시나리오 분석과 예측을 가능하게 한다. 실제 센서 데이터를 기반으로 구축된 가상 전장에서 여러 작전 방안을 시뮬레이션하고, 최적의 의사결정을 도출할 수 있다. 이는 예측 분석(Predictive Analytics) 기법과 결합되어 과거 및 실시간 데이터를 종합 분석함으로써 잠재적 위협을 사전에 경고받는 체계를 더욱 정교하게 만든다.

빅데이터와 클라우드 컴퓨팅은 이러한 고도화된 데이터 융합을 위한 기반 기술이다. 전장에서 생성되는 방대한 데이터를 클라우드 기반 데이터 레이크(Data Lake)에 저장하고 고속 처리함으로써, 과거에는 불가능했던 실시간 다중 상관 분석이 가능해진다. 정찰 드론의 영상 정보와 통신 감청 데이터를 통합 분석하여 적의 지휘부 위치를 추론하거나, 병력 이동 경로, 기상 데이터, 탄약 소비량을 결합해 작전 지속성을 예측하는 방식이 대표적이다. 이러한 상관 분석은 전장 정보의 범위를 확장할 뿐 아니라, 복합 위협에 대한 선제적 대응을 가능하게 한다.

5G 통신과 IoT/IoBT(Internet of Battlefield Things)는 대용량 데이터 전송 지연을 최소화하고, 현장의 수많은 센서 및 장비를 고속으로 연결하는 기술이다. 5G망을 통해 UAV의 고화질 영상 스트림을 지휘소에 실시간 전송하면, 지휘관은 적의 병력 배치 변화나 새로운 위협 요소의 출현을 즉시 인지하고 화력 우선순위 조정, 병력 재배치 등 신속한 전술 결정을 내릴 수 있다. 또한 최전방 보병에게 지급된 통합 전

술 고글(IVAS)은 클라우드 기반으로 실시간 지도 및 아군/적군 위치 정보를 증강현실로 제공함으로써, 분대장급 전술 판단을 지원한다.

이처럼 실시간 데이터 공유와 융합은 전장 지휘결정의 패러다임을 변화시키고 있다. 정보 우세는 더 이르고 정확한 정보를 상대보다 많이 확보하여, 더 빠르고 정밀한 결정을 내리는 능력을 의미한다. 이는 기존의 물리적 우세보다 오히려 승패를 좌우하는 핵심 조건으로 작용하고 있다.

2013년 말리 내전 당시 프랑스군 특수부대는 야간투시경을 기반으로 한 야간 작전을 기획했으나, 반군 측도 유사한 장비를 갖추고 있었던 것으로 확인되었다. 이로 인해 프랑스군은 예상보다 큰 전술적 곤란을 겪었으며, 이는 정보 우세가 상실될 경우 작전 우세도 붕괴된다는 교훈을 제공한 사례로 회자된다.

현대전에서 의사결정 최적화를 위해서는 상시적 정보 우세 확보가 전제되어야 하며, 이를 위한 핵심 전략으로 미군은 '결심 중심 전쟁(Decision-Centric Warfare)' 개념을 채택하고 있다. 이는 통합 데이터 인프라와 AI 지원 분석을 기반으로 OODA 루프(Observe-Orient-Decide-Act)의 속도를 극한까지 단축하여, 항상 아군이 먼저 결심하고 선제적으로 행동할 수 있게 만드는 전략이다.

결심의 질과 속도에서의 우위를 정보기술로 확보함으로써, 전투 전과를 극대화하고 지휘 결정의 주도권을 확보하려는 것이 핵심이며, 이를 위한 수단으로 AI 기반 분석, 실시간 센서 융합, 클라우드 기반 지휘 시스템이 통합적으로 활용되고 있다. 데이터 온톨로지, 데이터 패브릭, 엣지 컴퓨팅, 디지털 트윈 등 현대적 데이터 기술들이 이러한 변화를 뒷받침하는 핵심 기반으로 작용하고 있다.

주요 군사 강국의 통합 전략

세계 주요 강군들은 앞다퉈 통합 전략을 수립하고 첨단 기술을 적용하여 인지적 우위를 구축하고 있다. 현대전에서는 데이터 우세 없이는 정보 우세와 승리를 담보할 수 없는 시대가 되었으며, 각국은 이를 위한 기술적·운용적 기반 구축에 주력하고 있다.

미군은 다영역 작전(Multi-Domain Operations, MDO) 개념을 선도적으로 추진해왔다. 미 육군은 2015년부터 이를 주창했고, 현재는 합참 차원의 합동 전영역 작전(Joint All-Domain Operations, JADO)으로 발전하고 있다. 이를 구현하는 기술적 기반이 바로 합동 전영역 지휘통제(Joint All-Domain Command and Control, JADC2)다. 미군은 2024년 예산에 JADC2 사업에 14억 달러를 투입하여, 분산된 센서와 데이터를 클라우드 기반 네트워크로 통합하고 있다.

JADC2는 단일 기술 또는 무기체계가 아니라, 미래 합동군의 지휘통제 능력 구축을 위한 철학적·구조적 접근이다. 2022년 미 국방부의 전략 요약에 따르면 JADC2는 "모든 수준·모든 단계의 전투에서, 모든 영역과 파트너에 걸쳐 감지하고 이해하여 행동함으로써 정보 우세를 적시에 달성하는 전투 능력"을 목표로 한다. AI 기반 통합지휘, 실시간 센서 연동, 자동 표적 식별 및 자동 대응을 구현하는 '감지-이해-행동' 통합 루프 체계를 목표로 한다.

각 군의 네트워크 체계를 발전시켜, 이를 하나의 네트워크 집합체로 상호 연동하는 것이 핵심이다. 공군의 첨단 전투 관리 시스템(Advanced Battle Management System, ABMS), 해군의 통합화력통제(Naval Integrated Fire Control-Counter Air, NIFC-CA), 해군의 프로젝트 오버매치(Project Overmatch), 육군의 프로젝트 컨버전스(Project Convergence)가 JADC2 하위 체계로 통합되고 있다. 미 특수작전사령부와 DARPA는 데이터 패브릭과 모자이크전(Mosaic Warfare)을 중심으로 전술적 민첩성을 강화하는 실험을 추진하고 있다.

미 국방부는 동맹국과의 연동을 강조하며 최근에는 JADC2를 연합 개념인 CJADC2(Combined JADC2)로 확장해 다국적 협력을 위한 기반으로 정립하고 있다. 실질적으로는 공통 통신 프로토콜, 데이터 형식, 인터페이스 표준 등을 기반으로 기존 각 군의 시스템을 상호 운용할 수 있도록 연결하고, 향후 신규 플랫폼들도 통합을 전제로 설계하는 방향이다.

대표 사례로 프로젝트 컨버전스는 육·해·공의 센서와 화력 자산을 네트워크로 연결하여 목표 탐지부터 타격까지의 시간을 획기적으로 단축시켰다. 해군의 통합화력통제는 F-35, 이지스함, SM-6 미사일을 연동시켜 영역 간 정보 공유 및 교차 타격 능력을 입증하였다. 이는 OODA 루프 전반의 속도를 높이며, 작전 주도권을 확보하는 핵심 전략으로 작용하고 있다.

영국은 '통합 운용개념 2025(Integrated Operating Concept 2025)'를 통해 전군의 모든 영역과 수단을 하나로 연결하는 다영역 통합작전을 추진하고 있다. 이와 같은 데이터 기반 통합 지휘체계는 미래 전장의 속도, 정밀성, 유연성을 확보하는 데 있어 핵심적인 역할을 한다.

NATO는 다국적 연합체의 특성상, 정보 공유와 상호운용성을 핵심 목표로 삼고 통합 전략을 추진하고 있다. 최근 수립된 디지털 혁신 전략에서는 데이터를 전략 자산으로 규정하고, 동맹국 간 실시간 정보 공유 체계 구축을 우선 과제로 설정하였다. 특히 우크라이나 전쟁 이후 NATO는 '임무형 파트너 환경(Mission Partner Environment, MPE)'의 구축에 속도를 내고 있다. 이는 동맹 및 파트너국들이 기밀 정보를 실시간으로 안전하게 공유할 수 있는 공동 네트워크 환경이다.

연합 정보 종합 센터와 다국적 데이터 허브가 가동 중이며, 정찰기·위성·레이더 등 각국 센서 및 정보기관이 수집한 데이터를 통합 처리한다. NATO의 연합 공중 감시(AGS) 및 조기경보통제기(AWACS)는 이러한 시스템의 대표적 사례다. 한 회원국이 수집한 정보를 NATO 네트워크를 통해 공유하면, 다른 국가의 전력이 이를 기반으로 즉시 작전과 교전을 수행할 수 있다. 이처럼 실시간 정보 통합은 NATO 전력을 "하나의 통합된 동맹군"처럼 작동하게 한다.

사이버 및 우주 영역에서도 통합은 강화되고 있다. 사이버 방어 분야에서는 위협 정보의 즉각 공유 및 공동 대응 체계가 마련되고 있다. 우주에서는 연합 위성 활용 및 연동을 위한 기술 표준 수립과 법적 협약 체결이 추진되고 있다. NATO는 MDO 원리를 바탕으로, 사이버 공격 대응과 우주 기반 자산 방어를 동시에 수행하는 다영역 훈련을 정례화하고 있다. 실제로 2022년 NATO 연합 연습에서는 AI 기반 공동상황 인식 시스템을 활용해 미사일 방어와 전자전 지휘를 통합 수행하는 시나리오가 적용되었다.

중국 역시 유사한 개념으로 '다영역 정밀전(Multi-domain Precision Warfare)'을 발전시키고 있다. 중국은 빅데이터와 AI가 결합된 C4ISR 네트워크를 통해 미군 체계의 취약점을 파악하고, 이를 바탕으로 합동 전력을 특정 취약 지점에 집중 투사하는 전략을 채택하고 있다. 위성 정찰, 사이버 침투, 전자전 수단 등을 활용해 미국의 지휘 통신망을 교란하고, 정찰 - 타격 루프를 단축하는 방식으로 MDO 역량을 구현하고 있다.

궁극적으로 각국의 통합 전략은 전투 효율성과 작전 동기화를 극대화하여 '완전 통합된 군사력'을 실현하는 데 있다. 각국의 플랫폼·센서·무기체계·정보망이 유기적으로 연동되고 있으며, 실전 적용과 실험을 통해 데이터 통합과 정보 기반 작전 능력이 빠르게 향상되고 있다. 데이터 우세는 양질의 데이터를 신속하게 수집·전송·처리할 수 있는 기술 기반과 운용 능력을 의미하며, 정보 우세는 이러한 데이터를 바탕으로 적보다 우월한 상황 인식을 구현하여 작전 주도권을 확보한 상태를 의미한다. 즉, 데이터 우세는 정보 우세를 실현하기 위한 기술적·운용적 전제 조건이라 할 수 있다.

"통합(Integration)"은 현대 군사력 구성에서 선택이 아닌 필수인 시대가 되었다. 센서-정보-지휘-타격이 하나로 묶인 전장에서는 정보의 흐름이 곧 전투력이다. 드론 센서가 표적을 탐지하면 즉시 지휘통제 시스템으로 전달되고, 자동 분석된 정보가 화력 자산에 연계되어 타격으로 이어지는 일련의 정보 루프가 작동한다. 이를 실현한 군은 상대적 정보 우세와 판단 우위를 통해 전투 승기를 선점할 수 있다.

앞서 살펴본 바와 같이, 전장 데이터 통합은 실시간 상황 인식과 정밀 의사결정을 가능하게 하고 있다. System of Systems 및 Network of Networks 구조는 메시 네트워크, 프로젝트 컨버전스 등 실전 기반 기술을 통해 유연하고 생존성 높은 합동전력을 실현하고 있다. 다영역 작전 개념 아래에서 이러한 통합 추세는 더욱 가속화되어, 공중에서 사이버까지 모든 영역이 연결된 통합전장이 펼쳐지고 있다.

AI와 빅데이터 기술의 접목으로 정보융합과 '결심 중심 전쟁'이 현실화되고 있다. 이는 OODA 루프를 단축해 적보다 먼저 판단하고 행동하는 전장 주도 전략이다. 정보 우세를 확보하기 위한 경합은 날로 치열해지고 있다.

미국과 NATO를 비롯한 주요국은 저마다 통합 전략을 국가안보 최우선 과제로 삼고, 조직·기술·교리를 혁신하고 있다. 이 과정에서 NATO 표준화 규약이나 이기종 플랫폼 간 통신 호환 문제 등 표준화 및 상호운용성 확보라는 도전과제가 존재한다. 하지만 동맹 및 합동 차원의 기술적·정책적 협력을 통해 해결의 실마리를 찾고 있다. 미래 군사력은 더 이상 개별 전력의 우수성만으로 좌우되지 않을 것이다.

메타파워 개념의 핵심은 개별 군사 요소들을 단순히 합치는 것이 아니라, 이들을 상위 차원에서 통합적으로 조율하는 능력에 있다. 인공지능, 사이버, 우주, C4ISR 등 각 영역의 기술과 전력을 유기적으로 연결하여 시너지를 창출하는 것이다. 이러한 메타적 통합 능력이야말로 현대 강군을 판가름하는 결정적 척도가 되고 있다. 궁극적으로 통합이 잘 이루어진 군대는 전영역에서 정보를 수집·공유·활용하여 적보다 앞선 결정과 행동을 할 수 있다. 최소한의 노력으로 최대의 효과를 거둘 수 있다.

향후 군사력 건설에서는 네트워크 중심전의 원리가 계속 확장·발전될 것이다. JADC2, NATO MPE(Mission Partner Environment) 등과 같은 연합 정보공유 및 협동 작전 체계를 통해 자군뿐 아니라 연합군까지 포함한 초국가적 통합으로 나아갈 것이다. 메타파워 시대의 승자는 통합을 가장 효율적으로 이뤄낸 집단일 것이다.

8-5 분석(Analytics)

과거 군사 정보 분석은 주로 인간 분석관이 통계 소프트웨어, 지리정보시스템, 엑셀 기반 분석 템플릿 등 제한된 도구를 활용하여 수작업으로 수행되었다. 이러한 방식은 정보량이 적고 복잡도가 낮았던 시대에는 유효했지만, 오늘날과 같이 디지털 데이터가 폭발적으로 증가하고 그 형태도 비정형적으로 다양해지는 환경에서는 명확한 한계에 직면하고 있다. 미국의 연구기관은 ISIS 추적을 위해 약 10개월 동안 2,300만 건이 넘는 트윗을 수집한 바 있다. 이렇게 대량으로 수집된 데이터를 인간 분석관이 일일이 해석하는 것은 사실상 불가능에 가깝고, 분석 정확도의 저하와 판단 지연이라는 문제가 발생할 수밖에 없다.

AI 기반 분석 기술은 머신러닝과 딥러닝을 활용하여 방대한 데이터를 자동으로 처리하고 숨겨진 패턴을 학습함으로써, 인간이 감당하기 어려운 정보량과 복잡성을 효과적으로 보완한다. 기존의 비AI 기반 의사결정 지원체계는 급변하는 전장 상황에서 고려해야 할 변수의 수가 너무 많아 유의미한 결론 도출이 어려웠다. 반면 최신 AI 기반 의사결정 지원체계는 고성능 컴퓨팅 환경에서 대규모 데이터를 통합하고 관리하며 분석하고, 스스로 학습한 규칙을 기반으로 실시간 판단 근거를 제공함으로써 이러한 한계를 실질적으로 극복하고 있다.

AI는 다양한 센서로부터 수집된 다중 데이터를 통합 분석하여 적의 이동 패턴을 식별하거나 이상 징후를 조기에 탐지할 수 있다. 또한 AI는 단순한 통계적 상관관계 분석을 넘어, 작전 지역의 지형, 기상, 병참 상황 등 비정형 데이터를 결합해 전장 상황을 예측하고, 최적의 행동강령을 제시할 수 있다.

전통적 분석 도구는 사람이 설정한 고정된 규칙에 따라 제한된 데이터를 분석하는 정적 구조에 불과했다. 반면, AI 기반 분석 기술은 방대한 데이터를 중심으로 자가 학습을 수행하며, 이전에는 감지하지 못했던 통찰과 예측 가능성을 제공한다. 이는 단순한 도구의 변화가 아니라, 정보분석 패러다임의 근본적인 전환을 의미하며, 인지적 군사력의 핵심 기반 중 하나로 부상하고 있다.

AI가 군사 작전에 미치는 영향

AI의 도입은 현대 군사 작전의 구조와 실행 방식을 근본적으로 전환시키고 있다. AI는 방대한 정보를 실시간으로 처리해 지휘관의 상황 인식부터 의사결정에 이르는 사이클을 단축시킨다. 다양한 센서에서 수집된 데이터를 통합 분석하여 전장의 상황 인지 능력을 높이고, 최적의 대응책을 신속히 제시함으로써 적보다 빠르게 행동할 수 있는 이점을 제공한다.

미 육군은 패트리어트 미사일 방어체계에서 AI 알고리즘을 적용해 공중 표적을 자동으로 식별하고 추적한 뒤, 요격 미사일 발사까지의 과정을 자동화하여 즉각적인 반응 능력을 실현하고 있다.

2017년부터 추진된 프로젝트 메이븐은 군사 영상 분석에 머신러닝을 적용한 대표 사례다. AI는 드론이 촬영한 수백만 시간의 영상 데이터를 신속히 분류·식별하여, 표적 식별 시간을 획기적으로 단축시켰다. 이로 인해 미 공군 ISR(정보·감시·정찰) 분석 인력의 부담이 크게 감소했고, 정보 획득부터 타격 명령까지의 의사결정 시간을 현저히 줄이는 데 기여했다. 작전 부대가 더 짧은 시간 내에 더 정밀한 타격을 할 수 있도록 기반을 마련한 사례로 평가된다.

AI는 인간 분석관들의 반복 업무를 줄이고, 전략적 사고와 창의적 판단 등 인간 고유의 역량에 집중할 수 있도록 지원하는 전력 증폭자 역할을 수행한다. 과거 미군 참모진이 수작업으로 처리하던 표준 작전 계획 수립이나 보고서 작성 업무 등을 AI가 대체함으로써, 참모진은 고차원의 전략 설계와 판단에 전념할 수 있는 여건이 조성되고 있다.

실전에서도 AI는 다양한 분야에 적용되고 있다. 미국 국방부는 2024년 2월 이라크·시리아 지역에서 실시한 85개 이상의 표적에 대한 공습에 AI 기반 머신러닝 알고리즘을 활용하여 표적 식별을 지원하였다. 이 AI는 드론 정찰 영상을 분석해 적 목표를 자동으로 분류하고, 공격 우선순위를 제안함으로써 공습의 정확도를 향상시키는 데 기여했다.

우크라이나 전쟁에서는 미군이 우크라이나 지원 과정에서 수집한 방대한 전투 자료와 보급 데이터를 AI로 분석해 병참 지원을 최적화하고 있다. AI는 전투 밀도, 기상 조건, 병력 소비 추세 등을 통합 분석하여 탄약 및 연료 수요를 예측하고, 공급 경로를 동적으로 조정함으로써 현장의 수요에 실시간으로 대응하고 있다. 미 육군 군수사령부는 예측분석 스위트(Predictive Analytics Suite)라는 AI 기반 예측 모델을 활용하여 보급품을 적시에 공급하고 위협 감지 및 대응까지 수행함으로써, 전장 상황에 대한 대응력과 자원 운용 효율성을 동시에 향상시켰다.

AI는 정찰, 표적 획득, 병참 분석 등 군사 작전의 여러 분야에서 인간 중심 분석의 한계를 보완하며, 전반적인 작전 수행 속도와 정확도를 획기적으로 향상시키고 있다. AI 기술의 도입은 단순한 도구 수준을 넘어, 지휘구조의 혁신, 전술·전략 수립 방식의 변화, 전장 주도권 확보 전략까지 포함한 포괄적인 전환을 이끌고 있다. AI 기반 군사 분석 기술은 전쟁 수행의 방식 자체를 '더 빠르고 더 똑똑한 전쟁'으로 바꾸고 있다.

전술적 분석과 AI의 역할

AI는 소대·중대급의 전술 현장부터 군단급 작전에 이르기까지 다층적인 수준에서 전술 분석을 지원하고 있다. 전장의 최일선 전투원들은 통합 전술 고글(IVAS)과 같은 현재 미군이 개발 중인 휴대용 AI 기반 전술 시스템을 통해 적의 위치, 지형 정보, 아군 배치 등 다양한 전술 정보를 실시간으로 제공받아 상황 인식을 높일 수 있을 것으로 기대된다.

미 육군은 프로젝트 컨버전스 2020 훈련을 통해 전장 센서망과 AI를 결합한 미래 전투 실험을 수행하였다. 이 훈련에서는 지상 레이더, 정찰 드론, 위성 등 다영역 센서로부터 수집된 데이터를 AI 기반 소프트웨어 플랫폼이 실시간으로 통합 처리하였다. 전체 과정은 네 단계로 자동화되었다. 위협 식별, 위협 우선순위 결정, 사격 플랫폼 매칭, 표적 정보 전송 및 교전 명령 하달이 그것이다. AI가 이 전 과정을 자동으로 수행함으로써, 표적 발견부터 교전 명령 하달까지 소요되던 시간이 기존 약 20분에서 20초로 단축되는 혁신적 성과를 거두었다.

AI와 자율 시스템이 연동된 센서-슈터 체계는 전장의 속도와 정밀도를 획기적으로 향상시켰다. 이는 탐지된 정보를 자동 분석하고 실시간으로 타격 플랫폼에 연계하는 데이터 순환 구조다. 과거에는 센서 데이터의 수집, 분석, 판단, 전달 과정에 각각 수 분에서 수십 분이 걸렸다. 하지만 AI의 도입으로 OODA 루프의 전체 속도가 수 초 단위로 단축되며 전술적 대응의 민첩성이 비약적으로 향상되었다.

AI 기반 분석은 각종 센서 정보의 실시간 융합과 자동화된 판단을 통해 소부대 지휘관부터 상위 지휘관에 이르기까지 보다 빠르고 정확한 결심을 내릴 수 있도록 도와주는 핵심 도구로 자리잡고 있다. 이는 AI가 전장 의사결정 구조 전반을 변화시키는 전략적 전환점임을 보여준다.

AI를 활용한 적군 식별 및 정밀타격 시스템

표적 식별과 타격 정밀도 향상은 AI 적용의 핵심 분야이며, 감시·정찰부터 전술 타격까지 다양한 작전 단계에서 AI의 기여도가 가장 높은 영역 중 하나다. 과거에는 정찰 자산이 획득한 영상을 정보 분석관이 수작업으로 분석해 표적을 식별하고 타격 여부를 판단했다. 현재는 컴퓨터 비전 기반의 AI가 이 과정을 자동화하면서 작전 속도와 정확성이 비약적으로 향상되고 있다.

2023년 말, 미 중앙군(CENTCOM)은 이라크·시리아 내 테러리스트 거점에 대한 공습 작전에 AI를 도입했다. 머신러닝 알고리즘이 드론 영상 및 감시 데이터를 분석하여 적 군사 목표를 실시간으로 식별·추천하고, 인간 지휘관은 이를 최종 승인하는 구조였다. 이 방식은 공습의 신속성과 정밀도를 높이는 데 기여하였으며, 분석 시간 단축과 오판 가능성 감소라는 이중 효과를 달성했다.

정밀 유도무기에 탑재된 AI 비전 센서는 비행 또는 잠항 중에도 실시간으로 표적을 탐지하고, 미리 정의된 교전 규칙에 따라 자동으로 추적 및 타격을 수행할 수 있다. 재밍 대응 드론, 자율 타격 순항미사일 등이 대표적인 예다. 체공형 드론 탄약의 경우, 적 레이더 신호나 차량 형상을 학습한 AI 모델을 활용해 위협 신호나 영상을 탐지하는 즉시 표적을 자율적으로 결정하고 공격하는 방식으로 설계되어 있다. 이는 지휘통제 루프의 자동화를 실현하고 있다.

AI는 안면인식, 음성인식, 패턴 인식 기술을 통해 잠재적 적대 세력을 식별하는 데에도 활용되고 있다. 우크라이나군은 미국 기술기업 Clearview AI가 제공한 안면인식 AI를 통해 침투한 적 요원이나 전사자의 신원을 신속하게 파악하였다. 이 정보를 유가족 및 지역사회에 전달함으로써 적 내부의 심리적 동요와 사기 저하를 유도하는 정보 심리전에 효과적으로 활용하였다.

AI는 전장의 '눈과 귀' 역할을 수행하며, 다양한 센서에서 수집된 정보를 실시간으로 지휘통제체계와 화력체계에 연계하는 핵심 매개체로 작동한다. 센서-슈터 구조 내에서 AI는 탐지된 표적을 자동으로 식별하고 우선순위를 정하며, 적절한 사격 플랫폼과 연동해 정밀타격을 수행하는 전체 루프를 실시간 자동화할 수 있다. 이는 인간이 인지하기 어려운 미세한 징후까지 포착하고, 분석 속도와 정확도를 획기적으로 향상시켜 전장 작전의 결정적 우위를 확보하는 데 기여하고 있다.

다영역 전투에서의 AI 분석

현대 전쟁은 지상, 해상, 공중, 우주, 사이버 영역이 실시간으로 연계되는 다영역 전투로 진화하고 있다. 인공지능은 이러한 복잡한 전장을 통합하는 중추적인 분석 도구로 자리매김하고 있다. AI는 센서에서 수집된 방대한 비정형 데이터를 실시간으로 처리하며, 표적 식별, 위협 분류, 작전 우선순위 도출 등 인간 분석관이 수행하기 어려운 복합 판단을 자동으로 수행한다. 이를 통해 군사적 의사결정의 정밀성과 속도를 획기적으로 향상시키고 있다.

미국의 JADC2 개념에서는 클라우드 네트워크에 연결된 다양한 센서 및 무기체계들이 AI를 통해 자동 연동되도록 설계되어 있다. 지상·공중·우주 영역에서 수집된 정보가 클라우드 환경으로 집결되고, AI가 이를 실시간으로 분석한 뒤 지휘통제체계를 거쳐 최적의 화력 자산에 자동으로 전달하는 방식으로 작동한다. 데이터 흐름 전반은 AI 알고리즘을 통해 통합 관리되며, 이는 전장의 실시간 대응력을 높이는 핵심 구조로 기능한다.

지상부대 센서에 포착된 표적 정보를 AI가 분석해 공군 전투기에 최적의 공격 명령을 자동으로 배정하거나, 위성에서 수집된 영상을 AI가 처리해 해군 함대의 미사일 표적으로 전환하는 등의 연동이 가능하다. NATO 또한 이러한 개념을 연합군 차원에서 CJADC2(-Combined JADC2) 체계로 발전시키고 있다. 동맹국 간 시스템의 상호 운용성을 AI를 매개로 구현함으로써 신속한 다국적 결심 및 화력 운용이 가능하도록 설계하고 있다. 실제 NATO 연합훈련에서는 AI가 각국 센서 데이터를 실시간으로 통합 분석하고, 그 분석 결과를 바탕으로 다국적 지휘관들이 공동 작전 결심을 내릴 수 있도록 지원하는 체계가 시범 운영되었다.

실제 작전 사례로는 2020년 나고르노-카라바흐 분쟁이 있다. 아제르바이잔은 드론과 지능형 표적 식별 체계를 활용해 아르메니아의 방공망과 지휘·통신망을 무력화하였다. 이스라엘제 하롭(Harop)과 터키제 바이락타르(Bayraktar) TB2 등의 드론이 표적 식별과 위치 추적에 효과적으로 활용되었고, 통신 재밍 기술과 전자전 효과를 병행해 적 방공 체계의 대응 능력을 제한했다. 이와 같은 기술 통합 작전을 통해 아제르바이잔은 공중우세 확보와 정밀타격 측면에서 전략적 우위를 점했다.

이스라엘 역시 2023-2024년 가자지구 작전에서 가스펠(Gospel), 라벤더(Lavender) 등 다양한 AI 기반 시스템을 활용해 표적 식별과 작전 효율성을 향상시켰다. 이러한 AI 도구들은 복잡한 도시 전장 환경에서 대규모 군사작전을 지원하는 데 활용된 것으로 평가된다.

사이버 영역에서도 AI는 실시간 침해 탐지, 이상 행위 분석, 자동 대응 루프 형성 등을 통해 사이버 방어 태세를 강화하는 데 활용되고 있다. AI 기반 분석은 전통적인 물리 전장과 사이버 공간의 경계를 넘나드는 통합 대응을 가능하게 한다. 다영역 전투의 정보 장벽을 허물고 각 영역의 센서 데이터를 지휘체계에 융합시킴으로써 지휘관에게 종합적이고 일관된 전황 파악을 제공하고 있다.

전략적 분석 및 지휘관 의사결정 최적화

전략 수준의 군사 의사결정에는 병력 배치, 작전 시간표, 자원 소요 등 수많은 변수와 시나리오가 복합적으로 고려된다. 인공지능은 이러한 복잡성을 해소하는 핵심 도구로 부상하고 있다. 전통적인 참모 조직이 수일 이상 소요하던 계획 수립을 수 초 이내에 시뮬레이션하고 실행 방안을 도출할 수 있다.

양자컴퓨팅의 병렬 처리 능력과 머신러닝 기반 예측 알고리즘이 결합되면 장래에는 전통적인 군사 의사결정 체계보다 빠르고 다층적인 전략 대안을 생성할 수 있을 것이다. 지휘관은 이를 통해 전례 없는 속도로 판단하고 작전 민첩성을 확보할 수 있다.

AI는 과거 인간 중심 수작업에 의존하던 전쟁 게임이나 모의연습을 실시간으로 자동화할 수 있다. 변수 입력, 시나리오 실행, 결과 분석 등 전 과정이 자동화된다. 반복 학습을 통해 최신 작전환경에 맞는 최적의 대응 방안을 도출한다. 이를 통해 작전계획의 질과 실행 속도를 동시에 향상시킨다.

미국, 중국, 이스라엘 등 주요 국가들은 지휘관 결심을 지원하기 위한 AI 기반 시스템 개발에 박차를 가하고 있다. 이들 시스템은 'AI 참모' 또는 '디지털 참모진'으로 불린다. 자연어 처리, 시각화 도구, 상관관계 분석 등을 통해 대규모 정보를 구조화하고 분석하여 지휘관에게 판단 자료와 전략적 권고안을 제공한다.

AI 참모는 지휘통제실의 디지털 지도 상에서 작전 상황을 실시간으로 보여준다. 적의 향후 기동 방향을 예측해 선제적 대응이 가능하도록 돕는다. 대화형 AI 기술은 지휘관의 질의에 실시간으로 응답한다. NATO 등 다국적 연합훈련 상황에서는 실시간 통역, 병참자원 현황 요약 등의 기능도 수행함으로써 지휘 판단을 다방면으로 보조하고 있다.

미국 합동 인공지능센터(JAIC)는 다양한 AI 결심지원 기술을 개발 중이다. 전략국제문제연구소(CSIS)의 2023년 국방 AI 보고서에 따르면 미군을 포함한 주요국 군대는 AI 결심지원 시스템을 미래 전장의 핵심 기술로 간주하고 있다. AI 의사결정지원시스템은 작전 의사결정 사이클을 단축하고 판단의 질을 강화하는 수단으로 인식되고 있다. 누가 먼저 이를 효과적으로 활용하느냐가 전장 주도권을 결정지을 것이라는 분석도 제기된다.

팔란티어사의 분석 소프트웨어는 이미 미군 및 동맹국에서 대규모 데이터를 시각화하고 적절한 대안을 도출하는 정보 분석 플랫폼으로 널리 활용되고 있다. 발전된 형태의 AI 참모 시스템으로 평가된다.

이러한 AI 기반 전략 분석은 단순한 계산 기능을 넘어선다. 인간이 놓칠 수 있는 변수 간 상관관계를 학습하고 전략적으로 반영하는 '결심 중심 전장' 구현의 기반이 되고 있다. 이는 OODA 루프 중 '결정' 단계를 단축시켜 지휘관의 빠르고 정확한 결단을 지원한다.

작전환경 변화에 따른 AI의 적응 및 자율적 분석

전략 수준의 군사 의사결정에는 병력 배치, 작전 시간표, 자원 소요 등 수많은 변수와 시나리오가 복합적으로 고려된다. 인공지능은 이러한 복잡성을 해소하는 핵심 도구로 부상하고 있다. 전통적인 참모 조직이 수일 이상 소요하던 계획 수립을 수 초 이내에 시뮬레이션하고 실행 방안을 도출할 수 있다.

AI는 과거 인간 중심 수작업에 의존하던 전쟁 게임이나 모의연습을 실시간으로 자동화할 수 있다. 변수 입력, 시나리오 실행, 결과 분석 등 전 과정이 자동화된다. 반복 학습을 통해 최신 작전환경에 맞는 최적의 대응 방안을 도출한다. 이를 통해 작전계획의 질과 실행 속도를 동시에 향상시킨다.

미국, 중국, 이스라엘 등 주요 국가들은 지휘관 결심을 지원하기 위한 AI 기반 시스템 개발에 박차를 가하고 있다. 이들 시스템은 'AI 참모' 또는 '디지털 참모진'으로 불린다. 자연어 처리, 시각화 도구, 상관관계 분석 등을 통해 대규모 정보를 구조화하고 분석하여 지휘관에게 판단 자료와 전략적 권고안을 제공한다.

AI 참모는 지휘통제실의 디지털 지도 상에서 작전 상황을 실시간으로 보여준다. 적의 향후 기동 방향을 예측해 선제적 대응이 가능하도록 돕는다. 대화형 AI 기술은 지휘관의 질의에 실시간으로 응답한다. NATO 등 다국적 연합훈련 상황에서는 실시간 통역, 병참 자원 현황 요약 등의 기능도 수행함으로써 지휘 판단을 다방면으로 보조하고 있다.

미국 합동 인공지능센터(JAIC)는 다양한 AI 결심지원 기술을 개발 중이다. 전략국제문제연구소(CSIS)의 2023년 국방 AI 보고서에 따르면 미군을 포함한 주요국 군대는 AI 결심지원 시스템을 미래 전장의 핵심 기술로 간주하고 있다. AI 의사결정지원시스템은 작전 의사결정 사이클을 단축하고 판단의 질을 강화하는 수단으로 인식되고 있다. 누가 먼저 이를 효과적으로 활용하느냐가 전장 주도권을 결정지을 것이라는 분석도 제기된다.

팔란티어사의 분석 소프트웨어는 이미 미군 및 동맹국에서 대규모 데이터를 시각화하고 적절한 대안을 도출하는 정보 분석 플랫폼으로 널리 활용되고 있다. 발전된 형태의 AI 참모 시스템으로 평가된다.

이러한 AI 기반 전략 분석은 단순한 계산 기능을 넘어선다. 인간이 놓칠 수 있는 변수 간 상관관계를 학습하고 전략적으로 반영하는 '결심 중심 전장' 구현의 기반이 되고 있다. 이는 OODA 루프 중 '결정' 단계를 단축시켜 지휘관의 빠르고 정확한 결단을 지원한다.

현대 전장은 복잡성과 유동성이 증대되고 있으며, 예상치 못한 변수들이 속출하고 있다. 이러한 환경에서 지휘관의 성공적인 의사결정을 위해서는 실시간 적응 능력이 무엇보다 중요하다. 적의 기동 방향 변화, 기상 급변, 돌발 병력 증원과 같은 상황이 발생할 경우, AI는 병력 재배치, 표적 우선순위 변경, 통신 경로 전환 등의 전술적 대응 방안을 자동으로 제시하거나 즉시 실행할 수 있어야 한다.

AI의 실시간 학습과 강화학습 기법은 작전 중 발생하는 실시간 데이터와 환경 변화에 대응하여 AI가 지속적으로 학습하고 행동 지침을 자동으로 업데이트할 수 있도록 한다. 이에 따라 AI는 정적인 판단 도구를 넘어, 변화하는 상황에 능동적으로 반응하는 지능형 지휘 보조 시스템으로 진화하고 있다.

DARPA가 2007년부터 개발한 딥 그린은 예측 계획, 적응적 실행과 같은 자율 및 적응형 개념을 도입하여, 지휘관이 다양한 미래 상황에 대비하고 신속하게 대응할 수 있도록 설계되었다. 이는 미래의 잠재적 상황을 미리 예측하고 대응 방안을 마련함으로써, 지휘관이 적의 의사결정 루프보다 앞서 나갈 수 있도록 지원하는 것을 목표로 하였다. 비록 기술적인 어려움과 자금 지원 감소로 인해 초기 목표를 완벽히 달성하지는 못했지만, 딥 그린 프로젝트는 군사 분야에서 AI 및 자율 시스템 개발의 중요한 초기 사례로 평가받고 있다.

딥 그린의 가장 큰 특징은 계획 수립과 실행 단계를 동시에 추진하면서도, 상황 변화에 따라 자동으로 대안을 생성하고 제시하는 능력이다. 이는 지휘관이 기존 계획에 얽매이지 않고, 적보다 한발 앞선 판단과 행동을 실행할 수 있도록 하며, AI가 끊임없이 연속된 워게임을 수행해 최적의 작전 방책을 도출하는 시스템 구조로 작동한다.

AI 분석 시스템은 센서와 연계되어 전장 환경의 변화를 실시간으로 모니터링하고, 사전에 학습된 모델을 기반으로 현재 상황에 최적화된 분석 결과와 권고를 도출할 수 있다. 이러한 시스템은 새로운 정보를 받아들이면서 파라미터를 자동으로 조정하거나, 예외 상황이 감지될 경우 사전 정의된 조건에 따라 알고리즘을 재훈련하여 기존 분석 틀을 개선한다.

기상 악화나 예상치 못한 지형 변화, 적의 돌발 증원 상황이 발생하면 AI는 해당 요소를 반영한 새로운 전술 시나리오를 즉각적으로 생성해낸다. 이는 지휘관이 항상 최신 정보에 기반하여 의사결정을 내릴 수 있도록 돕는 핵심 기능이다.

자율성과 적응성을 갖춘 AI는 인간이 감당하기 어려운 속도로 대량의 정보를 분석하고, 정교한 전술 판단을 지원한다. 은폐된 병력의 위치 추정, 비정형 표적의 패턴 식별, 변칙적인 적의 기동 경로 예측 등은 기존 인지 능력으로는 파악이 어려운 영역이지만, AI는 이를 실시간으로 탐지하고 대응할 수 있다.

결국, AI는 '전장의 안개(Fog of War)'를 걷어내는 역할을 하며, 지휘관이 불확실성 속에서도 신속하고 탄력적인 전략 결정을 내릴 수 있도록 지원한다. 이는 전통적인 지휘 체계의 패러다임을 전환하고, 정보 기반 작전 수행의 새로운 시대를 여는 핵심 동력으로 작용하고 있다.

AI 분석을 통한 병참 지원 최적화

병참 분야는 AI가 가져오는 혁신 효과가 특히 두드러지는 영역이다. 군수 물자의 수요 예측, 보급 경로 최적화, 정비 시기 결정 등에 AI의 예측 분석이 도입되면서 자원의 효율적 운영이 가능해지고 있다. 연구에 따르면 공급망 관리에 AI를 적용한 조직들이 상당한 효율성 향상을 달성하고 있는 것으로 나타난다. AI는 방대한 물류 데이터를 분석해 미래 추세와 자원 소요를 예측함으로써, 부대가 필요로 하는 연료, 탄약, 식량 등의 수요를 미리 산출하고, 필요한 양을 적시에 정확히 공급할 수 있다. 이는 군수품 부족이나 과잉 적재를 방지해 비용을 절감하고, 병사들이 필요한 물자를 시의적절하게 제공받도록 하여 작전 지속 능력을 높인다.

정비 분야에서는 AI가 예측 정비를 가능하게 하고 있다. 차량이나 항공기에서 발생하는 센서 데이터와 고장 이력을 학습한 AI는 부품 고장 가능성을 사전에 경고하며, 선제적인 정비가 이루어질 수 있도록 지원한다. 이로 인해 장비의 가동 중단 시간이 줄고, 갑작스러운 고장으로 인한 작전 차질이 감소하며, 결과적으로 운용 가용성이 향상된다. 미 공군은 AI 기반 예측 정비 프로그램을 통해 항공기 가동률을 높였으며, 미 해군도 태평양 함대에 AI 정비 체계를 도입하여 함정의 정시 가동률과 항해 안전성을 향상시킨 사례가 보고된 바 있다.

보급 경로 최적화에도 AI가 활용된다. AI는 다양한 변수를 고려하여 여러 경로 중 가장 빠르고 안전한 보급선을 실시간으로 추천함으로써 보급 효율성과 안전성을 동시에 제고한다. 기상, 지형, 위협도 등의 요소들이 종합적으로 분석되어 최적의 경로가 선정된다. 종합적으로, AI는 병참 분야에서 자원 공급의 정시성, 장비 유지의 안정성, 전후방 지원의 원활성을 보장하며 작전 지속 능력을 극대화하는 역할을 한다.

AI 통합 지휘통제 시스템

지휘통제 시스템은 다수의 부대와 자원을 효과적으로 운용하기 위한 군의 '두뇌'이자 '신경망'에 해당한다. 여기에 인공지능을 통합함으로써 군사 지휘의 패러다임이 급격히 변화하고 있다. 전통적인 지휘통제는 인간의 판단과 규칙 기반 시스템에 의존했으나, 현대의 네트워크 중심전 개념 아래에서는 AI가 실시간 데이터 처리와 의사 결정 보조 기능을 수행하는 방향으로 진화하고 있다.

미군은 2019년부터 JADC2 구상을 추진하며, 모든 센서와 모든 사격체계를 하나의 통합 네트워크로 연결하는 대규모 지휘통제 체계를 구상 중이다. 이 체계의 핵심에는 AI 기술이 있으며, 센서로부터 수집된 방대한 정보를 AI가 자동 분류하고, 최적의 무기체계와 연결하거나 다종의 정보시스템 간 데이터를 통합하는 역할을 수행한다. AI 에이전트는 전술망에서 인간 대신 데이터를 신속 검토하고, 교전 우선순위를 제안함으로써 지휘관의 결정을 실질적으로 보조한다.

NATO도 2022년 AI 전략을 채택한 이후, 회원국의 지휘통제 체계에 AI를 접목하는 공동 연구를 본격화했다. 2023년 미 합참이 JAD-C2를 연합 수준의 CJADC2로 확장하겠다고 발표하면서, 동맹국 간 다국적 지휘통제 시스템 통합과 AI 활용 논의가 본격화되었다. NATO 산하 연합군 전력개혁사령부는 AI, 데이터 분석, 자율체계 등을 통합한 차세대 지휘통제 실험을 수행하고 있으며, 클라우드 기반 연합지휘체계에서 AI가 자동으로 무기-표적 매칭을 수행하고 다국적 공조 타격을 가능케 하는 시나리오를 지속적으로 검증하고 있다.

AI 기반 지휘통제 시스템의 가장 큰 강점은 의사결정의 신속성과 정확성 향상이다. 인간 지휘관이 모든 정보를 수동으로 분석하지 않더라도, AI가 자동으로 중요 정보를 선별하고 최적 대응책을 제안함으로써 지휘 결심 속도가 비약적으로 증가한다. 또한 AI는 인간이 놓치기 쉬운 패턴과 이상 징후를 감지하여 보다 근거 중심의 결정을 가능하게 하며, 전투 효과를 증대하고 비전투 피해를 감소시키는 데 기여할 수 있다.

AI 지휘통제는 다종 센서 데이터를 실시간으로 통합해 상황을 가시화하고, 아군이 유리한 작전 결심을 도출할 수 있도록 돕는다. 이는 동일한 조건에서도 적보다 한발 앞선 대응을 가능하게 하는 결정적 우위를 제공한다.

AI 기반 지휘통제 시스템 도입 시 고려해야 할 요소들이 있다. 첫째, 인간 통제와 신뢰 문제다. AI 알고리즘이 '블랙박스' 구조일 경우, 판단 근거를 인간이 이해하지 못해 통제권을 상실할 위험이 있다. 특히 살상 결정과 같이 법적·윤리적 책임이 따르는 분야에서는 AI의 판단을 그대로 따르는 것이 문제를 초래할 수 있다. 따라서 군사 전문가들은 "AI는 보조 수단이며, 결정권은 인간이 갖는다"는 원칙 아래, AI는 지휘관의 결심을 지원하는 권고 역할로 활용되어야 한다고 강조한다.

둘째, 사이버 보안 강화다. AI 통합 지휘통제 시스템은 데이터 연동과 네트워크 의존도가 높기 때문에, 해킹이나 데이터 교란 공격시 오판 가능성이 크다. 적대적 사이버 공격에 대비해 AI 모델의 견고성을 확보하고, 네트워크 전반의 방어력 강화를 위한 통합 보안 체계가 필수적이다.

셋째, 교육과 교리 발전이다. AI 지휘통제 시스템이 도입되면 장병들이 이를 신뢰하고 활용할 수 있도록 체계적인 교육과 훈련이 필요하다. 운용 절차와 교리를 정비하고, 인간-AI 협업 태세를 조성해야 실질적인 전투력 향상이 가능하다.

넷째, 데이터 품질과 표준화다. AI가 다양한 센서와 플랫폼에서 수집된 데이터를 정확히 해석하려면, 데이터 포맷의 표준화와 품질 관리가 필요하다. 데이터가 일관성 없이 수집되거나 레이블링이 부정확할 경우, AI의 판단 정확도는 크게 떨어진다. 따라서 AI 통합 지휘통제의 효과적인 운용을 위해 데이터 관리 체계의 확립이 전제되어야 한다.

AI 통합 지휘통제 시스템은 작전 수행의 속도와 효율성을 획기적으로 향상시킬 수 있는 잠재력을 지니고 있다. 하지만 기술의 전면적 도입만으로는 성공을 담보할 수 없다. AI는 인간 지휘관의 통찰을 보완하는 협업 도구로 활용되어야 하며, 인간 통제 원칙, 보안성 확보, 인력 훈련, 데이터 품질 등 여러 요인을 종합적으로 고려하는 균형 잡힌 접근이 필요하다.

주요 국가의 AI 기반 지휘통제

미국은 전 세계에서 가장 적극적으로 인공지능을 군 지휘통제 체계에 통합하고 있는 국가이다. 앞서 언급한 JADC2 개념을 중심으로, 미군은 각 군이 개별적으로 운용하던 지휘통제 체계를 하나의 통합 네트워크로 결합하고 있으며, 여기에 AI 기술을 결합해 실시간 감지-이해-행동 루프를 구현하고 있다.

육군은 프로젝트 컨버전스를 통해 AI 기반 지휘결심 보조 시스템을 시험 운용하였으며, 합동전구사령부 훈련에서는 다수의 표적에 대해 인간보다 빠르게 동시다발적 교전을 지휘하는 성과를 입증하였다. 공군은 첨단 전투 관리 시스템(ABMS)을 통해 AI 기반 실시간 전장관리 기능을 확보하고 있으며, 해군은 프로젝트 오버매치를 통해 해상 플랫폼 간의 AI 네트워킹을 추진 중이다. 이들 모두는 JADC2의 구성 요소로서, 미군 전체의 다영역 통합작전 수행능력을 강화하는 핵심 인프라로 작용하고 있다.

NATO 역시 AI 통합을 적극 추진하고 있다. 2021년 NATO는 공식 AI 전략을 채택하여, 회원국 간 AI 기술의 공동 개발 및 활용에 대한 가이드라인을 수립하였다. 2022~2023년 사이에는 다국적 합동훈련을 통해 AI 기반 지휘통제 시스템의 연합 적용 가능성을 실험하였다.

NATO 주관 연습에서는 미국, 영국, 프랑스 등 여러 회원국의 지휘소를 AI 시스템으로 연결하여, 각국 감시자산에서 수집한 데이터를 실시간으로 자동 통합하고, 이를 바탕으로 가상의 공동사령부가 합동 결심을 내려보는 시연이 진행되었다. 정찰기, 위성, 레이더 등에서 얻은 정보가 자동으로 종합 분석되는 과정이 검증되었다. NATO 산하 다영역전투 실험에서도 AI를 활용한 연합군 화력 협조 및 정보공유 가속화 효과가 확인되었으며, 복수 국가 간 표적 식별과 우선순위 배정이 자동화되는 구조를 실증하였다.

미국과 NATO를 비롯한 주요국은 AI를 군 지휘통제 체계의 중심 신경망에 통합함으로써, 정보 우위와 지휘결심 우위를 동시에 확보하려는 전략을 본격적으로 추진하고 있다. 이러한 노력은 AI가 작전 수행 방식과 연합 작전 구조 전반을 바꾸는 핵심 요소로 자리잡고 있음을 시사한다.

특히 동맹국 간 시스템의 상호운용을 AI로 매개함으로써, 지리적으로 분산된 전력을 하나의 통합 네트워크로 결속시키는 CJAD-C2와 같은 개념이 부상하고 있다. 이는 단지 기술 통합을 넘어, 동맹 간 전략적 결속과 실시간 공조 작전이 가능해지는 미래 전장의 지휘통제 구조를 구체화하는 시도로 평가된다.

중국 역시 인민해방군의 '지능화' 전략을 통해 AI 기반 지휘통제 체계 구축에 박차를 가하고 있다. 중국 군사 전문가들이 '지휘 두뇌(Command Brain)'라고 부르는 AI 시스템 개발을 추진하며, 전장의 안개를 걷어내고 결정 우위를 확보하는 것을 목표로 하고 있다. 2023년 4월에는 인민해방군이 포병 표적 지정을 지원하는 AI 시스템을 테스트한 것으로 보고되었다. 또한 중국 과학자들은 실험실 환경에서 대규모 컴퓨터 전쟁 게임을 통해 AI 지휘관을 개발하여 인민해방군 전 군종을 통괄하는 최고 지휘 권한을 부여하는 실험을 진행했다. 중국은 무인 체계의 개별 통제나 군집 작전 조율, 그리고 전술 및 작전 수준에서의 계획 수립에 AI를 활용하려 하고 있다.

앞서 살펴본 바와 같이, 인공지능 기반 분석 기술은 현대 군사력과 작전 수행 방식에 혁신적인 변화를 가져오고 있다. 정보의 수집, 분석, 전파, 활용 등 전 과정에 AI가 깊숙이 통합되면서 인간의 인지와 판단 능력을 증폭시키고 있으며, 이는 결과적으로 더 빠르고 정확한 결심과 정밀 타격을 가능하게 한다.

전투 양상 또한 이에 따라 변화하고 있다. 과거의 기계적·대규모 소모전 양식에서 벗어나, 기민한 기동과 정밀작전이 새로운 표준이 되었으며, AI는 이러한 작전 방식에 필수적인 정보 처리와 결심 지원의 핵심 기반으로 작동하고 있다.

AI는 단순히 전술 현장에서의 판단 보조에 그치지 않고, 전략 기획, 전력 건설, 자원 배분 등 상위 의사결정 수준에서도 핵심 도구로 자리 잡고 있다. 예측 분석, 시나리오 시뮬레이션, 최적화 알고리즘 등을 통해 군사 조직은 미래 전쟁 준비에 있어 과학적·데이터 기반 접근을 강화하고 있으며, 이는 작전 지속 능력과 자원 활용 효율성의 획기적 향상으로 이어지고 있다.

결론적으로 AI 분석 기술은 인지적 우위의 핵심 구성 요소 중 하나로 자리매김하고 있다. 이를 효과적으로 통제하고 작전 구조 전반에 통합할 수 있는 군대가 21세기와 미래 전장에서 군사적 우위를 확보할 가능성이 높다.

각국 군대는 현재 "인공지능과 함께 싸우는 법"을 익히는 과정을 밟고 있으며, 이는 단순한 기술 수용을 넘어서 전략·조직·운용 체계 전반을 재편하는 혁신으로 연결되고 있다. 특히 분석력은 국방 메타파워의 중요한 축이며, AI를 얼마나 통합적으로 운용하느냐가 향후 국가안보의 성패를 가르는 결정적 요소가 될 것이다.

8-6 민첩성(Agility)

민첩성은 군사력의 핵심 속성 중 하나로, 급변하는 전장 상황에 신속하고 유연하게 대응할 수 있는 능력을 의미한다. 이는 단순한 속도만이 아니다. 환경 변화에 따라 작전 양상, 병력 배치, 목표 설정 등을 빠르게 전환하고 조정할 수 있는 전반적인 전투 적응력과 판단 속도를 포함한다. 민첩성은 유연성, 속도, 적응성을 통합하는 종합적 능력이다.

미국 공군의 전략가 존 보이드가 제시한 OODA 루프는 민첩성을 군사적 우위로 연결하는 개념적 틀을 제공한다. OODA 루프는 상황을 관찰하고, 방향을 설정하며, 결정을 내리고, 행동에 옮기는 일련의 반복 과정을 의미한다. 이 루프를 적보다 빠르게 수행하는 부대는 전장을 선점하고 상대를 교란함으로써 결정적 우위를 확보할 수 있다.

실제로 전투 상황에서 적보다 더 빠르게 OODA 루프를 수행하면, 적이 반응하기도 전에 아군이 선제적으로 조치할 수 있다. 이는 지휘결정의 속도와 정확성을 높여 전략적·전술적 주도권을 확보하는 데 핵심 요소로 작용한다.

과거에는 병력 규모와 화력 투사량 등 양적 우위가 작전 성패를 가르는 주요 요소였다. 현대전에서는 정보 우위와 빠른 판단, 민첩한 행동이 결정적인 역할을 한다. 네트워크 중심전은 이러한 변화의 대표적 예로, 실시간 정보 공유와 속도 우세를 통해 작전 민첩성을 극대화하는 것을 목표로 한다.

네트워크 중심전 기반 체계에서는 각 부대가 상황 정보를 실시간으로 공유한다. 지휘관이 이를 토대로 즉각적인 결심과 행동을 수행함으로써 전체 전력의 반응 속도를 비약적으로 향상시킨다. 지휘-통신망이 신속하고 안정적으로 작동할 경우, 정보의 흐름과 판단이 병목 없이 이어진다. 작전의 타이밍과 정밀도가 극대화된다.

네트워크로 연결된 부대는 작전 양상과 목표를 실시간으로 조정할 수 있다. 작전 상황에 따라 병력과 무기를 집중하거나 분산시키는 기동성을 확보할 수 있다. 이는 물리적 기동성뿐만 아니라, 정보기반 결심 기동성까지 포괄하는 개념이다. 기민한 작전 전환 능력은 느린 지휘체계나 경직된 조직에 비해 명백한 전략적 이점을 제공한다.

정보기술, 인공지능, 자율 시스템 등이 접목된 현대 군사 체계는 "속도 + 정확성 + 융통성"이라는 민첩성의 3대 축을 기술적으로 실현할 수 있게 한다. 이 조합은 상대의 OODA 루프 내부로 침투해 판단과 행동을 교란시키는 효과를 발휘한다. 이는 곧 전장의 주도권을 확보하는 결정적 요인이 된다.

현대 작전환경에서 민첩성은 단순히 빠르게 움직이는 것이 아니다. 올바른 타이밍에 정확한 결정을 내리고 이를 행동으로 연결하는 능력이다. 이는 전력 운용의 효율성과 부대 생존성 향상에 직결된다. 전술적 기동성과 전략적 유연성을 동시에 요구한다.

민첩성은 전술적 능력이자 전략적 사고의 실행력이다. 정보 기반 전장에서 생존하고 승리하기 위해 군이 반드시 확보해야 할 핵심 역량이다.

사이버전에서의 민첩성

사이버 공간에서 민첩성은 승리를 위한 필수 요소다. 사이버 공격은 예고 없이 순식간에 발생한다. 따라서 위협을 신속히 탐지하고 대응하는 능력이 핵심이다. 이러한 사이버 민첩성은 빠르게 진화하는 적의 공격 기법에 맞춰 방어 전략을 신속하게 조정하는 능력을 말한다. 여기에는 접근 제어 정책 수정, 취약점 패치 배포, 이상 트래픽 차단 등이 포함된다.

사이버 분야에서는 공격자가 선제권을 갖는다. 방어자는 지속적으로 혁신하며 재빠르게 움직여야만 한다. 새로운 유형의 악성코드나 해킹 기법이 등장하면, 대응 조직은 그 위협을 즉각 감지하고 대응책을 적용해야 피해를 최소화할 수 있다. 기민한 사이버 방어가 이루어지지 않으면 공격자의 변칙 전술에 뒤처져 치명적인 공격을 허용할 수밖에 없다.

신속 대응 능력을 높이기 위해 AI 기술이 사이버전에 적극 도입되고 있다. AI 기반 사이버 방어시스템은 대량의 보안 로그와 네트워크 트래픽 데이터를 실시간으로 분석한다. 이를 통해 인간 분석관이 놓칠 수 있는 이상 징후를 빠르게 포착한다. 비정상 포트 스캔, 급격한 데이터 유출 시도, 불규칙한 로그인 패턴 등이 그 예다. 머신러닝 기법을 활용하면 수천 건의 경보 중에서 실제 위협만을 우선 순위화할 수 있다. 맥락 정보를 결합함으로써 대응 속도를 단축할 수 있다.

자율 대응 시스템은 알려진 공격에 대해 사람 개입 없이도 자동 차단 조치를 한다. 과거 유사한 행위 패턴을 학습하고 비교 분석함으로써 새로운 유형의 위협에도 신속하게 대응할 수 있도록 설계된다. 한편 AI는 사이버 공격 측면에서도 활용된다. 자동화된 취약점 탐색이나 적대적 AI 기법으로 수비 체계를 교란하는 등 공격의 민첩성도 높아지고 있다. 이에 대응하기 위해 방어자는 지능형 대응 체계를 통해 공격자의 변화에 민첩하게 대응해야 한다. AI 기술의 도입은 사이버 민첩성의 중추적 요소가 되고 있다.

사이버 심리전 분야에서도 민첩성은 중요하다. 이는 여론 조작, 허위 정보 확산, 디지털 심리적 혼란 유도 등을 통해 상대방의 판단과 행동에 영향을 주는 비가시적 작전 영역이다. 딥페이크 영상이나 조직적인 가짜 뉴스 유포와 같은 정보전 위협에 대해서는 사실과 허위를 신속히 식별해야 한다. 잘못된 정보를 즉각적으로 반박하는 대응이 필요하다.

2022년 3월 러시아의 우크라이나 침공 당시 젤렌스키 우크라이나 대통령이 항복을 권고하는 딥페이크 가짜 영상이 유포되었다. 이는 곧바로 소셜미디어 플랫폼들과 우크라이나 당국에 의해 조작된 영상으로 판명되며 신속히 삭제되었다. 이 사례에서 보듯, 적의 심리전 공격에 대해 아군이 정보의 진위를 재빠르게 가려내고 공유함으로써 부대와 국민들의 혼란을 최소화할 수 있었다.

미군은 이러한 가짜 정보 식별 능력을 강화하기 위해 소셜 미디어

상의 허위 정보를 자동 탐지하는 AI 도구들을 테스트하고 있다. 대표적으로 데이터로봇(Data Robot)과 아르구스(Argus) 같은 프로그램들이 소셜 미디어 데이터를 분석하여 딥페이크와 허위 정보를 탐지하고, 신속한 정보 분석 보고서를 생성한다. 이를 통해 지휘관에게 적시의 올바른 정보를 제공하여 잘못된 정보에 기반한 의사결정을 방지하고 있다.

이처럼 사이버 심리전에의 기민한 대응은 AI 기술과 정보분석 역량을 결합해 실시간 검증과 대응 메시지 전파로 구현된다. 이는 현대 사이버전에서 아군의 심리적 회복력(Resilience)을 높이는 중요한 수단이 되고 있다.

다영역 작전에서의 민첩성

현대 전장은 지상, 해상, 공중, 우주, 사이버 등 다양한 영역이 통합된 다영역 작전 개념으로 진화하고 있다. 다영역 작전에서는 각 군종과 전장 영역의 경계가 허물어진다. 모든 도메인의 전력이 하나의 통합된 체계로 작동한다. 이러한 복잡한 작전 환경에서 민첩성은 다영역 작전 수행의 핵심적 요건으로 자리 잡고 있다. 미 육군은 다영역 작전의 세 가지 핵심 원칙인 조정된 병력 배치, 다영역 편성, 융합을 효과적으로 구현하는 데 있어 민첩성을 작전 기획의 중심에 두고 있다.

다영역 작전에서의 민첩성은 다양한 센서, 정보, 무기체계를 고속으로 연계하는 능력을 의미한다. 결정적인 순간에 집중된 효과를 발휘할 수 있는 능력이다. 즉, 필요한 정보와 전력을 필요한 시간과 장소에 신속하게 배치하고 운용할 수 있는 역량이다. 이러한 민첩성을 확보하기 위해 미군은 교리, 조직, 훈련, 장비, 리더십과 교육, 인력, 시설, 정책 등 군사력 구성요소 전반에 걸쳐 구조적 개편을 진행하고 있다.

민첩성은 신속한 정보 수집, 융합, 분석 능력에 기반한다. 예를 들어, 한반도 유사시 우주 위성에서 수집된 정찰 정보, 사이버 영역의 신호 정보, 공중 드론 영상, 지상 부대 접촉 상황 등 각 영역의 정보를 실시간으로 통합 분석해야 한다. 이를 통해 종합 전황 인식을 확보해야 한다. 이를 위해서는 고속 데이터 링크와 AI 기반 분석 플랫폼이 필요하다. 방대한 센서 데이터를 실시간으로 선별·연계·해석하는 체계가 갖춰져야 한다. 이러한 정보처리 민첩성이 확보되면 지휘관은 정확한 시점에 결심을 내릴 수 있다. 부대는 작전을 신속히 전환하여 효율성과 전투력을 극대화할 수 있다.

다영역 작전의 민첩성을 실현하려면, 정보통신체계의 탄력성과 신뢰성이 함께 확보되어야 한다. 각 군종과 플랫폼이 상호운용성을 바탕으로 실시간 연결되어야 한다. 이를 위해 미군은 클라우드 기반의 전술 데이터망, 다영역 공통 데이터 링크, JADC2와 같은 통합지휘체계 구축을 추진하고 있다. 이들 네트워크는 육·해·공군의 센서와 사격체계를 통합 연결한다. 상황 인식부터 타격까지의 작전 루프를 끊김 없이 구현하는 데 기여한다.

민첩성은 융합의 순간을 포착하고 활용하는 데 필수적이다. 융합이란 다영역 전력이 동시에 결합해 효과를 극대화할 수 있는 기회창을 의미한다. 미 육군 미래사령부에 따르면, 다영역 통합이 구현된 부대는 이러한 기회창을 효과적으로 활용할 수 있어야 한다. 이를 위해서는 고도의 기동성, 정보처리 속도, 결심속도가 전제되어야 한다.

결국 다영역 작전 환경에서의 민첩성이란, 네트워크로 연결된 다양한 전력들이 언제든 신속히 재구성되어 작전에 투입될 수 있는 모듈형 유연성과 속도 기반 결심 능력을 의미한다. 이러한 민첩성이 확보될 때, 아군은 복잡하고 예측 불가능한 전장에서도 적보다 한 박자 빠르게 주도권을 확보할 수 있다. 이는 곧 정보 우세와 작전 우세의 결정적 기반이 된다.

전장 AI와 민첩성

첨단 AI와 자율 시스템의 도입은 군사 민첩성에 새로운 차원의 변화를 가져오고 있다. AI는 방대한 데이터를 인간보다 훨씬 빠른 속도로 처리하고 학습한다. 이를 통해 전장의 인지 – 결정 – 행동 사이클을 혁신적으로 단축할 수 있다. 일부에서는 AI가 인간의 인지 한계를 넘어서는 '슈퍼 OODA 루프'를 구현할 것이라고 전망한다. 사실상 실시간에 가까운 자동 의사결정을 가능하게 할 것이라는 것이다. 이러한 AI 기반 의사결정 체계는 초단위로 변화하는 전황에 기민하게 대응한다. 인간이 따라가기 어려운 정밀도와 속도로 전투를 전개할 수 있는 여건을 제공한다.

예를 들어, 여러 표적이 동시에 등장하는 방공망 상황에서 AI 알고리즘은 수 초 내에 요격 우선순위를 결정한다. 요격 미사일을 자동 발사함으로써, 전례 없는 속도와 정확성으로 수십 개의 표적에 동시 대응할 수 있다. 이와 같은 AI 주도의 의사결정 가속화는 미래전에서 아군에게 결정 속도 우위를 제공한다. 적의 기도와 작전 리듬을 무력화하고 전투 주도권을 확보하는 데 핵심적인 역할을 한다.

AI는 의사결정 지원 시스템으로서 군 지휘관의 민첩성을 획기적으로 향상시키고 있다. AI 기반 전술 의사결정 지원시스템은 다양한 센서와 정보원으로부터 입력되는 데이터를 자동으로 통합·분석한다. 상황 인식을 제고하고, 최적의 대응 방안을 제안하거나 결과를 예측함으로써 지휘관의 결심을 지원한다.

예컨대 AI 의사결정 지원시스템은 실시간 전장 상황을 지도 기반 시각화 화면으로 제공한다. 아군·적군의 위치와 전력 정보를 종합 분석해 각 행동 옵션에 따른 결과를 시뮬레이션 형태로 제시한다. 이를 통해 지휘관은 더 빠르고 정밀한 판단을 내릴 수 있다. 복잡한 전황에서도 AI의 지원을 통해 놓치기 쉬운 패턴이나 위협을 조기에 탐지할 수 있다.

미 공군의 연구에 따르면, 감시정찰 데이터 스트림과 전투 피해 평가 정보를 AI가 실시간 처리할 경우, 지휘관의 판단 루프를 극도로 압축할 수 있다. 이러한 시스템은 전술 수준에서도 부대의 자율적 응전을 가능하게 한다. AI 기반 자율 무인 체계는 인간의 개입이 제한되거나 지연되는 상황에서도 상황에 맞는 대응 행동을 즉시 수행한다. 전투의 민첩성을 크게 향상시킨다. 미사일 방어 등 초고속 대응이 요구되는 영역에서는 AI가 자동화된 절차를 통해 요격 여부를 수 초 내 결정·실행한다. 인간이 실시간 대응하기 어려운 전투 민첩성을 구현하고 있다.

빅데이터와 AI 기술은 데이터 기반의 전술 기획과 실시간 전략 수정 능력을 함께 향상시키고 있다. 과거에는 작전계획 수립 이후 상황 변화에 따른 계획 수정이 많은 시간을 필요로 했다. 오늘날에는

AI가 누적된 전장 데이터를 기반으로 전술 효과를 시뮬레이션한다. 새로운 전략 방안을 제시함으로써 '계획 – 실행 – 재계획'의 루프를 실시간으로 수행할 수 있다.

예를 들어 연합군의 공세작전 중 예상치 못한 적의 증원이 발생할 경우, AI는 전황 데이터를 신속히 재분석한다. 병력 재배치나 공격 축선 변경 등의 대안 시나리오를 도출한다. 지휘관은 AI가 제시한 대안을 토대로 작전 명령을 실시간으로 수정할 수 있다. 이는 적의 기동에 보다 기민하게 대응할 수 있는 실행력을 제공한다. 이와 같은 구조는 미래 전투공간에서 민첩성의 극대화로 이어진다. 전술 유연성과 전략적 탄력성을 동시에 보장한다.

전장 AI의 발전은 '계획 – 실행 – 재계획'의 전투 루프를 인간의 한계를 넘어 항상 최적화된 상태로 유지하도록 지원한다. 이는 곧 미래 전장에서의 민첩성 극대화로 이어진다. 다만 AI 의존도가 높아질수록 윤리적 판단의 자동화, 오작동에 따른 위험성, 통제권의 상실 등 새로운 과제도 함께 대두되고 있다. 따라서 AI 기반 민첩성의 운용은 '인간의 통제를 전제로 한 자동화'라는 원칙 하에 이뤄져야 한다. 균형 잡힌 설계와 교리 개발이 병행되어야 한다.

결론적으로, AI는 지휘구조의 혁신과 전투 양식의 근본적 전환을 촉진하는 결정적 요소이다. 군사 민첩성을 지탱하는 핵심 동력으로 작동할 것이다.

주요 국가들의 군사 민첩성 강화 전략

세계 주요 군사 강국들은 군사 민첩성을 증진시키기 위한 다양한 전략과 혁신을 추진하고 있다. 미국은 JADC2 개념을 통해 합동 전영역 작전의 지휘통제를 혁신하며 민첩성 극대화를 꾀하고 있다.

미 국방부는 JADC2를 "현대전의 방대한 데이터를 실시간으로 감지하고 해석하여 빠르게 결심하고 행동에 옮기기 위한 필수 전투요소"로 정의한다. AI와 자동화, 예측 분석 기술을 활용하여 센서-지휘-사격체계 간 실시간 연결을 구현하고 있다. 이를 통해 전장 의사결정 주기를 획기적으로 단축하고, 작전 속도에서의 우위를 확보하는 것이 목표이다.

2022년 미 국방부 JADC2 전략문서에 따르면, JADC2는 "전장에서 관련 정보를 신속히 감지, 이해, 결정 및 행동"하여 적을 "실효성 있는 속도"로 제압하는 것을 지향한다. 당시 미 합참의장 마크 밀리 장군은 "정보 공유와 의사결정 속도를 극적으로 높여 모든 전력을 신속히 결집함으로써 위협에 대응할 수 있는 능력을 갖추는 것"이라고 강조하였다.

이를 실제로 구현한 사례로, 미군은 프로젝트 컨버전스 훈련에서 AI 기반 센서 융합-자동 표적 식별-다영역 사격 자산 연동 과정을 수분 이내에 완료하는 성과를 입증하였다. 특히 프로젝트 컨버전스 2020에서는 센서-사격체계 간 표적 공격 시간을 기존 20분에서 20초로 단축하는 성과를 달성했다. 이는 미래 전장에서 미군이 기민하게 전력을 운용하여 결정적 작전 우위를 확보할 수 있도록 지원하는 기반이 되고 있다. 군사 지휘구조의 패러다임을 변화시키는 전략으로 평가받고 있다.

NATO와 주요 동맹국들도 네트워크 중심전 개념을 바탕으로 연합작전의 민첩성을 강화하고 있다. 1990년대 후반 미군의 네트워크 중심전 개념에 영향을 받은 NATO는 네트워크 지원 능력(Network Enabled Capability, NEC) 개념을 발전시켰다. 각국의 정보 시스템을 표준화하고 상호 연결함으로써 다국적 연합작전에서 정보 공유 및 지휘 속도 향상을 목표로 삼았다.

그 결과 NATO는 통합 공중감시체계와 연합 정보공유망을 운영한다. 다양한 작전 환경에서 실시간 상황 공유와 신속한 결심이 가능한 다국적 지휘 환경을 구축하였다. 예컨대 아프가니스탄 및 이라크 작전에서 미군, 영국군, 기타 동맹국들은 전술데이터 링크를 활용하여 항공지원 및 정찰정보를 실시간으로 교환하며 민첩한 합동작전을 수행하였다.

최근에는 사이버 방위 및 우주 영역에서도 민첩성과 상호 연결성을 강화하고 있다. 2023년 코펜하겐에서 개최된 NATO 다영역작전 회의에서는 첨단 위협, 특히 사이버 공격에 대응하기 위해 NATO가 기술적으로 진보되고 작전 운용 면에서도 민첩한 전력을 구축해야 한다는 점이 재확인되었다. 이처럼 NATO와 동맹국들은 군사 민첩성을 현대 군사력의 핵심 덕목으로 인식한다. 정보 공유 메커니즘의 고도화, 다국적 합동훈련 강화 등을 통해 더욱 적응력 있고 민첩한 연합 전력을 구축하고 있다.

중국 역시 군사 민첩성 강화를 위해 인공지능 기반 군사혁신을 적극 추진하고 있다. 중국 인민해방군은 '지능화 전쟁'을 미래 전쟁의 핵심 개념으로 설정하고, AI를 활용한 무인 지능 전투시스템 개발, 전장 상황 인식 및 의사결정 강화, 다영역 작전 수행 능력 구축에 집중하고 있다. 특히 중국은 '체계파괴전'과 '다영역 정밀전' 개념을 통해 AI와 빅데이터 분석을 정밀타격과 통합하여 적의 취약점을 식별하고 표적화하는 능력을 발전시키고 있다.

　중국 군사전략가들은 AI가 전투지휘, 프로그램 추론, 의사결정에서 엄청난 잠재력을 보여준다고 평가하며, 미래 지능화 전쟁에서는 AI 시스템이 "인체의 두뇌와 같은" 역할을 할 것이라고 전망하고 있다. 또한 인민해방군은 무인 항공기, 수상 및 수중 플랫폼의 자율성을 높여 유무인 복합편대, 떼공격, 최적화된 후방지원, 분산형 정보수집정찰 등의 능력을 구현하고자 한다.

군사적 민첩성은 단순한 전술 차원의 개념을 넘어, 전략적 우위 확보와 전력 운용 효율성의 핵심 축으로 부상하고 있다. 변화무쌍한 전장 환경과 복합적인 위협 속에서, 속도와 적응력을 동시에 갖춘 군대만이 미래 안보 질서에서 우위를 점할 수 있다는 인식이 확산되고 있다. 이에 따라 각국은 실시간 위협 감지 및 대응 시스템의 도입, 탄력적인 부대 편성, 자동화된 지휘결심 체계 등 민첩성을 증진하는 구조적 개혁을 가속화하고 있다. AI와 정보통신기술을 기반으로 한 민첩한 군대를 국방 혁신의 중요한 방향으로 설정하고 있다.

　민첩성은 관찰-지향-판단-행동의 순환을 빠르게 수행하는 OODA 루프의 가속화, 사이버전·정보전에서의 실시간 자동 대응, 다영역 전투에서의 통합적 전력 운용, AI 기반 예측 시스템을 통한 의사결정 최적화 등 다양한 작전 요소에서 구현되고 있다. 이러한 전략적 변화는 단지 기술혁신에 그치지 않고, 조직과 교리, 리더십, 훈련 방식 전반의 전환을 요구한다.

　AI 기반 결심지원 시스템, 자율 무기체계의 실시간 작동, 자동화된 지휘통제 인프라로 구성된 "빠르고 유연한 자율적 전투체계"는 향후 군사 민첩성의 이상적 구현 형태로 평가받고 있다. 이는 복잡성과 불확실성이 증대되는 현대전 환경에서 작전 우세와 생존성을 확보하는 핵심 조건으로 자리잡고 있다.

국방 메타파워의 구성 요소로서 민첩성에 주목하는 것은 곧 미래 전쟁에서의 승리 공식을 준비하는 전략적 행위라 할 수 있다. 미국의 JADC2, NATO의 다국적 연합훈련, 이스라엘의 AI 기반 작전 플랫폼 등 각국의 실증 사례와 첨단 기술 동향은, 민첩성이 현대 군사력의 핵심 덕목이며, 이를 극대화하는 것이 21세기 국방 전략의 중요한 과제임을 명확히 보여주고 있다.

8-7 인지적 우위(Cognitive Superiority) 확보

인지적 군사력(Cognitive Military Power)은 현대와 미래 전장에서 전투의 승패를 결정짓는 핵심 개념이다. 단순한 물리적 힘을 넘어 정보와 데이터 중심으로 신속하고 정확한 판단과 행동을 가능하게 하는 역량이다. 인지적 군사력은 상호작용(Interaction), 통합(Integration), 분석(Analytics), 민첩성(Agility)의 네 가지 핵심 속성을 갖는다.

'상호작용'은 부대 간, 인간과 기계 간의 원활한 정보 공유와 협업을 의미한다. 이는 실시간 데이터 교환과 의사소통을 통해 전투력의 시너지를 창출한다. 지리적으로 분산된 부대들이 마치 하나의 유기체처럼 작동할 수 있게 한다. '통합'은 다양한 정보원과 무기체계를 하나의 통합된 네트워크로 결합하는 능력이다. 센서, 지휘통제체계, 타격체계가 원활하게 연결되어 전장 정보의 실시간 융합과 유기적 대응을 가능하게 한다.

'분석'은 방대한 데이터에서 의미 있는 패턴과 통찰을 도출하는 역량이다. 인공지능과 빅데이터 기술을 활용하여 복잡한 전장 상황을 이해한다. 적의 의도를 파악하고 최적의 대응 방안을 도출한다. '민첩성'은 급변하는 전장 상황에 신속하게 적응하고 대응하는 능력을 뜻한다. 유연한 조직 구조와 신속한 의사결정 체계를 통해 예측 불가능한 위협에 효과적으로 대처하고 기회를 포착한다.

이러한 네 가지 속성을 종합적으로 반영하여 미래 군사력은 인지적 우위(Cognitive Superiority)를 달성해야 한다. 인지적 우위는 정보 우위(Information Superiority), 판단 우위(Decision Superiority), 실행 우위(Execution Superiority)의 세 가지 구성요소로 정의된다. 이는 21세기 기술 환경에서 재해석된 OODA 루프(Observe-Orient-Decide-Act)의 가속화를 통해 구현된다.

정보 우위: AI 관찰(Observe)의 혁명

정보 우위는 전장에서 발생하는 다양한 데이터를 신속히 수집하고 분석하여 적보다 빠르게 상황을 정확히 이해하는 능력을 의미한다. 현대전에서 OODA 루프의 '관찰' 단계는 AI와 센서 융합 기술, 그리고 5G(장래 6G) 초고속 통신망을 통해 실시간에 가깝게 단축되고 있다. 컴퓨터 비전과 다중 스펙트럼 센서는 인간의 가시광선 한계를 넘어 다양한 파장대에서 표적을 탐지하고 식별할 수 있다. 초고속 통신망은 이러한 대용량 센서 데이터를 실시간으로 전송하여 즉각적인 상황 인식을 가능하게 한다.

미군이 추진 중인 합동 전영역 지휘통제(JADC2)는 육·해·공·우주·사이버 도메인에 걸친 다양한 센서와 플랫폼을 네트워크로 연결한다. 이를 통해 통합된 전장 인식 능력을 구축하는 것을 목표로 한다. 5G의 빠른 반응속도와 넓은 대역폭은 분산된 센서들의 데이터를 효과적으로 통합한다. 보다 일체화된 작전 수행을 가능하게 한다. 지휘관들은 보다 신속하고 정확한 전장 상황 파악이 가능해진다.

이는 '상호작용'과 '통합' 속성이 결합된 결과다. 우크라이나 전쟁에서 팔란티어(Palantir)의 AI 시스템이 위성 이미지, 드론 영상, 소셜미디어를 융합하여 표적 식별과 지정을 지원한 것이 대표적 사례다. 이러한 통합은 전통적인 정보 수집 및 분석 시간을 크게 단축시켰다.

판단 우위: 가속화된 지향(Orient)과 결심(Decide)

판단 우위는 수집된 정보를 기반으로 신속하고 정확한 의사결정을 내릴 수 있는 능력이다. 보이드(Boyd)가 가장 중요하게 여긴 '지향' 단계는 AI의 딥러닝과 예측 모델링을 통해 크게 발전했다. 보이드는 이 단계가 문화적 전통, 유전적 유산, 새로운 정보, 이전 경험 등이 융합되어 상황을 이해하고 의미를 부여하는 핵심 과정이라고 보았다.

기계학습 알고리즘은 대규모 데이터에서 인간이 인식하기 어려운 패턴을 발견한다. 과거 데이터를 기반으로 적의 행동 양상을 예측하며, 다양한 시나리오에 대한 시뮬레이션을 수행할 수 있다. 이는 '분석' 속성의 고도화된 형태다.

현대 AI 시스템은 OODA 루프의 '결심' 단계를 크게 가속화한다.

그러나 효과적인 의사결정을 위해서는 단순한 속도가 아닌 적절한 타이밍과 인간-기계의 협업이 필수적이다. AI는 빠른 데이터 처리와 패턴 분석을 제공한다. 인간은 맥락적 이해, 창의성, 윤리적 판단을 담당한다. 이러한 상호보완적 '통합'이 이루어져야 한다.

중요한 것은 가장 빠른 결정이 아니라 가장 적절한 순간의 결정이다. 이는 보이드가 강조한 "템포의 변화"를 현대적으로 구현한 것이다. 클라우드 기반 분산 처리는 중앙의 슈퍼컴퓨터 수준의 연산을 전술적 엣지에서도 가능하게 한다. 전장 어디서나 즉각적인 의사결정을 지원한다.

실행 우위: 초연결 네트워크가 구현하는 즉각적 행동(Act)

실행 우위는 결정된 사항을 신속하고 정확하게 행동으로 전환할 수 있는 능력이다. 5G(장래 6G) 초고속 통신망은 기존 통신 체계 대비 매우 빠른 반응속도를 제공한다. 의사결정과 실행 간의 시간차를 크게 단축시킨다. 자율 무기 시스템과 자동화된 지휘통제 체계는 의사결정과 실행 사이의 시간차를 최소화한다. 상황에 따른 최적의 타이밍을 선택할 수 있으며, 이는 '민첩성' 속성의 핵심이다.

미군의 프로젝트 컨버전스(Project Convergence)는 센서에서 사수까지의 시간을 획기적으로 단축하는 것을 목표로 한다. 최신 시스템은 표적 탐지에서 타격까지의 과정을 크게 가속화하고 있다. 네트워크 기반의 분산 작전에서는 각 전투 단위가 자체적인 OODA 사이클을 운용한다. 동시에 정보 공유를 통해 전체 작전의 동기화를 달성한다.

이를 활용한 스웜 전술은 수백, 수천 대의 드론이 중앙 통제 없이도 집단 지능을 발휘한다. 자율적으로 임무를 수행하는데, 이는 '상호작용' 속성이 고도로 발전한 형태다. 저궤도(LEO) 위성군은 기존 정지궤도 위성 대비 훨씬 빠른 반응속도로 글로벌 통신을 가능하게 한다. 원거리 무기체계의 지휘통제 능력을 크게 향상시킨다.

인지적 우위의 구현

인지적 우위는 인지적 군사력의 네 가지 속성이 OODA 루프의 각 단계와 유기적으로 결합되어 실현된다. 정보 우위는 '상호작용'과 '통합' 속성을 통해 관찰 단계를 혁신한다. 판단 우위는 '분석'과 '통합' 속성을 통해 지향과 결심 단계를 가속화한다. 실행 우위는 '민첩성'과 '상호작용' 속성을 통해 행동 단계를 최적화한다.

이러한 인지적 우위의 핵심은 단순한 속도 경쟁이 아니라 상황에 적합한 템포의 구현이다. 보이드가 강조했듯이, 적의 OODA 루프를 교란하고 주도권을 장악하는 것은 무조건적인 가속이 아니다. 전략적 타이밍과 예측 불가능성에서 나온다.

현대 기술은 이러한 개념을 새로운 차원으로 확장시킨다. AI와 기계학습은 인간이 인식하지 못하는 패턴을 발견한다. 초고속 통신망은 지리적 제약을 초월한 실시간 동기화를 가능하게 한다. 자율 시스템은 인간의 인지적 한계를 보완한다.

21세기 전장은 AI와 자율 시스템의 확산으로 인해 의사결정 속도가 급격히 가속화되고 있다. AI 시스템 간의 상호작용이 전장의 복잡성을 더욱 증가시킬 것이다. 그러나 이 모든 기술의 주요 목적은 인간 지휘관의 판단력을 향상시키고 전투원의 생존성을 높이는 것이다.

인지적 우위는 기술과 인간, 속도와 정확성, 자율성과 통제 사이의 적절한 균형점을 찾는 것이다. 이는 고정된 상태가 아니라 지속적으로 진화하는 동적 평형이다. 결국 인지적 우위는 인지적 군사력의 네 가지 속성이 기술적으로 강화된 OODA 루프를 통해 정보 수집부터 분석, 신속한 결정과 정확한 실행의 전 과정을 대폭 단축하는 종합적인 군사 역량이다.

미래 전장에서 승리는 단순히 더 빠른 OODA 루프가 아니다. 복잡성을 이해하고 불확실성을 활용하며 인간과 기계의 협력을 통해 창발적 지능을 구현하는 군대에게 돌아갈 것이다. 군은 AI 기술, 양자컴퓨팅, 5G/6G 통신, 뇌-컴퓨터 인터페이스 등 차세대 기술을 적극적으로 개발하고 적용해야 한다. 지속적인 인지적 우위를 확보해야 한다.

동시에 OODA 루프의 효과성을 지속적으로 평가하고 개선하는 학습 체계를 구축해야 한다. 급변하는 기술 환경에서도 지속 가능한 우위를 유지해야 한다. 이러한 인지적 우위의 확보는 미래 전장에서 국가 안보를 보장하는 필수 불가결한 요소가 될 것이다.

제3부

인공지능과 데이터 중심 국방력

제9장

인공지능과 인지적 군사력

9-1 인공지능: 인지적 전쟁의 시대

현대 전쟁에서는 인지적 군사력(Cognitive Military Power), 즉 정보를 효과적으로 인지하고 활용하는 능력이 승패를 좌우하는 핵심 요소로 부상하고 있다. 과거에는 탱크, 전투기, 병력과 같은 물리적 군사력, 즉 직접적인 전투력을 강조했다. 그러나 이제는 데이터를 활용하여 적의 움직임을 예측하거나 인공지능을 통해 표적을 정확히 식별하는 등 비물리적 우위가 더욱 중요해지고 있다.

다시 말해, 미래 전쟁에서는 누가 더 신속하고 정확하게 정보를 인지하고 판단하느냐가 군사력의 핵심이 된다. 기술은 전장의 일부이자 인간 인지 능력의 확장으로 작용한다. 이러한 변화 속에서 AI 기술은 인지적 군사력 구현의 중심축으로 자리 잡고 있다.

AI 패권 경쟁의 가속화

국제적으로 AI의 군사적 가치는 이미 명확하게 드러나고 있다. 러시아의 푸틴(Putin) 대통령은 2017년 "인공지능 분야에서 선도적 위치에 서는 자가 세계를 지배할 것"이라고 언급하며 AI를 국가적 패권과 연결 지었다. 실제로 러시아는 AI 기반의 자율 무인기와 정찰 시스템을 적극 개발하고 있다. 시리아 내전 등에서 자율 무인기와 로봇을 전장에 배치하여 작전 수행 능력을 실험하며 AI 군사 응용을 확장하고 있다.

중국 역시 시진핑(Xi Jinping) 주석의 지휘 하에 군 현대화의 최종 단계로 "지능화(智能化)" 전쟁을 추진하고 있다. 지능화는 AI와 빅데이터 같은 첨단 기술을 활용해 군의 정찰, 지휘통제, 병력 운용, 무기 체계를 자동화하고 스마트화하는 것을 목표로 한다. 중국은 이를 위해 자율주행 드론과 로봇 병사, AI 기반의 지능형 전장 관리 시스템을 개발하고 있다. 인민해방군(PLA)을 2035년까지 현대화하고, 세기 중반까지 세계 일류 군대로 변모시키겠다는 목표를 추진하고 있다.

미국은 2018년 국방부 산하에 합동 인공지능센터(JAIC: Joint Artificial Intelligence Center)를 설립했다. 2023년 11월에는 "데이터·분석·인공지능 도입 전략(Data, Analytics, and Artificial Intelligence Adoption Strategy)"을 발표하여 AI를 군사력 강화의 핵심으로 삼고 있다. 미 국방부는 매년 18억 달러 이상을 AI와 기계학습에 투자하고 있다. "미래 분쟁에서 승리하려면 결정적인 디지털 우세가 필요하며, AI가 그 열쇠"라는 인식을 바탕으로 군 조직과 작전에 AI를 적극 통합하고 있다.

구체적인 성과로는 AI 기반의 자율 무인기 운용, 실시간 전투 데이터 분석 시스템, 의사결정 지원 플랫폼 등이 있다. 이러한 기술들은 미군의 작전 효율성과 신속성을 크게 높이고 있다.

기술 혁명의 속도전

최근 몇 년간 인공지능 기술은 놀라운 속도로 발전하면서 군사 분야에서도 그 중요성이 급속히 증가하고 있다. 오픈AI(OpenAI)의 GPT 모델은 자연어 처리 분야에서 인간의 수준과 거의 차이를 느낄 수 없을 정도로 발전했다. 테슬라(Tesla)와 알파벳(Alphabet)의 웨이모(Waymo)의 자율주행 기술은 복잡한 도심 환경에서 완전 자율 운행을 현실화하고 있다. 특히, 2016년 바둑 AI 알파고(AlphaGo)가 인간 챔피언을 이긴 사건은 군사 전략가들에게 AI의 잠재력을 강력하게 인식시키는 계기가 되었다.

딥러닝 기술은 영상 인식, 자연어 처리, 자율주행 등 다양한 영역에서 인간 수준을 넘는 성과를 지속적으로 내고 있다. 대규모 연산 능력과 방대한 데이터를 기반으로 한 AI 기술의 발전은 매우 빠르게 진행되고 있다. 오늘의 첨단 기술이 내일이면 보편화되는 현상을 보이고 있다. 이러한 기술 발전은 군사 영역에서 기술 격차가 곧 전투력 격차로 직결된다는 위기감을 더욱 심화시키고 있다.

미국 국방부는 AI를 미래 전장의 핵심 기술로 인식하고 있다. 부장관 캐슬린 힉스(Kathleen Hicks)는 "AI는 혁신적 국방력의 핵심 부분"이라고 강조한 바 있다(2023년 11월). 미군은 합동 인공지능 센터를 통해 AI 기반의 예측 정비 시스템과 실시간 전장 데이터 분석 플랫폼 등 다양한 프로젝트를 추진하고 있다. 민간 부문의 AI 혁신을 군사 부문에 신속하게 통합하고 있다.

중국은 국가적 차원에서 막대한 AI 연구개발 투자와 인재 양성을 추진하고 있다. 특히 민간과 군사 기술을 결합하는 군민융합 정책을 통해 민간의 우수한 AI 기술을 군사 분야로 적극적으로 이전하고 있다. 중국군은 무인 시스템, 지능형 유도무기, 정보 감시 체계 등에 AI를 적극 도입하고 있다. 지휘통제 체계에 "지휘 두뇌(Command brain)"라는 AI 시스템을 구축하여 실시간 전장 데이터를 신속히 분석하고 최적의 작전 방안을 지휘관에게 제시한다. 이를 통해 전장의 불확실성을 최소화하고 있다.

AI 기술의 발전과 영향력 확대는 전 세계 군대의 전략적 우선순위가 되고 있다. 각국은 AI 기술 개발 및 도입을 경쟁적으로 가속화하고 있다. 특히 미국은 2023년 국방 AI 전략을 통해 AI 기술 도입의 속도와 학습 능력 향상을 강조하고 있다. 육군·해군·공군 각 군에서도 AI 전담 조직을 설립하여 수천 건의 실험 프로젝트를 진행 중이다.

결론적으로, AI 기술의 발전 속도와 군사적 활용의 확산은 미래 전쟁의 양상과 전략을 근본적으로 바꾸고 있다. 이러한 변화에서 뒤처지지 않기 위해 각국은 지속적인 기술 혁신과 군사 응용 개발에 박차를 가하고 있다. AI는 각국 군사전략의 필수 기술로 확고히 자리 잡았으며, 데이터를 활용하는 메타파워의 핵심 수단으로 부상하였다.

9-2 AI 진화의 비밀: 계산기에서 전장의 두뇌로

오늘날 인공지능은 인간의 사고를 단순히 보조하는 수준을 넘어서고 있다. 인간이 수행해온 고차원적 지적 활동, 특히 직관과 창의의 영역까지 점차 진입하고 있다. 이러한 능력은 어느 날 갑자기 출현한 것이 아니다. 인공지능 이론과 기술의 구조적 진화, 데이터의 형태 변화, 그리고 인간 지능에 대한 새로운 이해가 복합적으로 작용한 결과이다.

 인공지능의 이 같은 진화를 올바르게 이해하기 위해서는 '기호주의(Symbolism)'와 '연결주의(Connectionism)'라는 두 가지 핵심적 접근법을 살펴보아야 한다. 또한 정형 데이터(Structured Data)와 비정형 데이터(Unstructured Data) 간의 차이, 그리고 인공지능이 이 데이터를 어떻게 다루며 인간 지능과 어떤 관계를 맺어왔는지를 고찰할 필요가 있다.

기호주의: 논리와 규칙의 세계

기호주의는 인간의 사고를 '기호의 조작'으로 설명하는 전통에서 출발한다. 이 접근은 사고를 명시적 규칙과 논리 연산의 결과로 간주한다. 인간의 지능 역시 논리 기반의 계산 과정으로 구현될 수 있다고 본다.

 이러한 사고방식은 초기 인공지능 개발에도 그대로 적용되었다. 마치 요리 레시피처럼 "만약 A라면 B를 하라"는 명확한 규칙들을 컴퓨터에 입력하는 방식이었다. 대표적인 예가 1964-1966년 개발된 엘리자(ELIZA)다. 이 프로그램은 정신과 상담사를 흉내 냈는데, "나는 우울해요"라고 입력하면 "왜 우울하다고 느끼시나요?"라고 대답하도록 미리 프로그래밍되어 있었다.

또 다른 예인 마이신(MYCIN)은 1972년부터 스탠포드 대학에서 개발된 의료 진단 시스템이었다. "만약 환자의 체온이 38도 이상이고, 백혈구 수치가 높으면, 세균 감염일 확률이 높다"는 식의 규칙을 500개 이상 입력해두었다. 의사들의 진단 과정을 규칙으로 만든 것이다.

하지만 이런 방식에는 치명적인 약점이 있었다. 현실은 규칙대로 움직이지 않는다는 점이다. 예를 들어, "날씨가 좋으면 소풍을 간다"는 규칙을 만들었는데, 날씨는 좋지만 교통 체증이 심하거나 갑자기 몸이 아프면 어떻게 할까? 모든 예외 상황을 규칙으로 만들어야 했다. 결국 규칙이 수천, 수만 개로 늘어나도 현실의 복잡함을 따라잡을 수 없었다.

게다가 새로운 상황이 생길 때마다 사람이 일일이 규칙을 추가해야 했다. 마치 백과사전을 손으로 써내려가는 것처럼 비효율적이었다. 이것이 기호주의 방식의 한계였다. 논리적이고 체계적이지만, 변화무쌍한 현실 세계에는 적합하지 않았던 것이다.

연결주의: 학습과 패턴의 혁명

연결주의는 우리 뇌가 작동하는 방식을 흉내 낸 접근법이다. 우리 뇌에는 약 869억 개의 뉴런(신경세포)이 서로 연결되어 있다. 이들은 무려 100조 개의 연결(시냅스)을 만들어낸다. 마치 거대한 거미줄처럼 얽혀 있는데, 이 연결을 통해 정보가 전달되고 처리된다. 연결주의는 바로 이 구조를 컴퓨터로 만들어보자는 아이디어다.

예를 들어, 아이가 개를 알아보는 과정을 생각해보자. 부모가 "이게 개야"라는 규칙을 알려주는 게 아니다. 아이는 수많은 개를 보면서 자연스럽게 패턴을 익힌다. 큰 개, 작은 개, 긴 털 개, 짧은 털 개를 보면서 "네 발로 걷고, 꼬리가 있고, 짖는 동물"이라는 공통점을 스스로 발견한다. 연결주의 AI도 마찬가지다. 수천, 수만 장의 개 사진을 보면서 스스로 특징을 찾아낸다.

딥러닝(Deep Learning)은 이런 연결주의를 여러 층으로 쌓은 것이다. 마치 양파처럼 겹겹이 쌓인 구조다. 첫 번째 층은 단순한 선과 점을 인식한다. 두 번째 층은 이를 조합해 눈, 코, 귀 같은 부분을 파악한다. 세 번째 층은 이들을 종합해 "이것은 개다"라고 판단한다. 각 층이 점점 더 복잡한 개념을 이해하게 되는 것이다.

이 방식의 놀라운 점은 규칙을 가르쳐주지 않아도 스스로 배운다는 것이다. 마치 할머니가 요리책 없이도 맛있는 음식을 만드는 것처럼, 경험을 통해 "감"을 익힌다. 덕분에 손글씨, 음성, 사진처럼 정해진 형태가 없는 복잡한 데이터도 처리할 수 있게 되었다.

결국 연결주의는 "규칙을 외우는" 기호주의와 달리 "경험으로 배우는" 방식이다. 이를 통해 AI는 예상치 못한 상황에도 유연하게 대처할 수 있게 되었다. 마치 인간처럼 말이다.

데이터 혁명: 정형에서 비정형으로

기호주의 컴퓨터가 좋아하는 데이터는 마치 엑셀 표처럼 깔끔하게 정리된 것들이다. 예를 들어, "나이: 25세, 키: 175cm, 직업: 의사"처럼 항목과 값이 명확한 데이터다. 이런 정형 데이터는 컴퓨터가 다루기 쉽다. 마치 서류 정리함에 라벨을 붙여 분류하는 것처럼 간단하다.

하지만 우리가 사는 세상은 그렇게 깔끔하지 않다. 친구와 나누는 대화, 휴대폰으로 찍은 사진, 좋아하는 노래, 유튜브 동영상 같은 것들은 정해진 형식이 없다. 이런 비정형 데이터는 컴퓨터에게는 악몽이었다. 예를 들어, "오늘 날씨 참 좋네"라는 말에는 단순한 날씨 정보뿐 아니라 화자의 기분, 상황, 의도가 모두 담겨 있다. 컴퓨터가 이걸 어떻게 이해할까?

과거에는 불가능했다. 컴퓨터는 사진 속 고양이와 강아지도 구분 못했고, 사람 목소리도 제대로 알아듣지 못했다. "안녕하세요"와 "안녕하셔요"가 같은 뜻인지도 몰랐다.

그런데 딥러닝이 등장하면서 판도가 완전히 바뀌었다. 이제 AI는 수백만 장의 사진을 보고 스스로 고양이의 특징을 찾아낸다. 귀가 뾰족하고, 수염이 있고, 동공이 세로로 길다는 것을 알아차린다. 음성 인식도 마찬가지다. 수많은 사람의 목소리를 들으면서 억양, 발음, 속도가 달라도 같은 단어임을 파악한다.

더 놀라운 건 AI가 이제 시를 쓰고, 그림을 그리고, 작곡까지 한다는 것이다. 정해진 규칙 없이도 인간처럼 창의적인 작업을 해낸다. 마치 요리책 없이도 맛있는 음식을 만드는 할머니처럼, AI도 경험을 통해 세상을 이해하게 된 것이다. 이것이 바로 AI가 진짜 "똑똑해진" 순간이다.

AI가 인간 지능에 도전하다

AI가 비정형 데이터를 다룰 수 있게 되면서 놀라운 일이 벌어졌다. 인간만의 영역이라고 여겨졌던 '직관'의 문을 두드리기 시작한 것이다. 직관이란 뭘까? 축구선수가 0.1초 만에 패스할 위치를 결정하거나, 의사가 환자를 보자마자 "뭔가 이상하다"고 느끼는 그 능력이다. 설명하기는 어렵지만 경험에서 나오는 번뜩이는 통찰력 말이다.

예전에는 이런 직관이 오직 인간만 가진 특별한 능력이라고 믿었다. 컴퓨터는 계산만 잘하는 기계일 뿐이라고 생각했다. 그런데 AI가 수백만 개의 사례를 학습하면서 상황이 달라졌다. 마치 수십 년 경력의 전문가처럼 패턴을 파악하고 예측하기 시작한 것이다.

가장 유명한 사례가 바로 알파고다. 2016년 3월, 알파고가 이세돌 9단과의 제2국에서 둔 37수는 프로 기사들도 "이게 뭐야?"라고 당황했을 정도로 파격적이었다. 하지만 나중에 보니 신의 한 수였다. 수천 년 동안 인간이 쌓아온 바둑의 정석을 AI가 뛰어넘은 순간이었다.

이제 AI는 시도 쓰고 그림도 그린다. "가을 단풍을 보며 느끼는 그리움"이라는 주제로 시를 써달라고 하면, 정말 그럴듯한 시를 써낸다. 의사가 몇 시간 동안 고민할 진단을 AI는 몇 초 만에 해낸다. X레이 사진을 보고 "이 부분에 종양이 있을 확률이 95%입니다"라고 말한다.

더 흥미로운 건 AI가 디자이너처럼 로고를 만들고, 작곡가처럼 음악을 만든다는 것이다. 인간이 10년 동안 배워야 할 기술을 데이터 학습으로 익힌다. 물론 AI가 진짜로 '느끼고' '생각하는' 건 아니다.

하지만 결과물만 보면 인간이 만든 것과 구별하기 어렵다.

이제 AI는 단순한 계산기가 아니다. 마치 경험 많은 조수처럼 인간을 돕고, 때로는 인간보다 더 나은 해답을 제시한다. 인간의 직관과 창의성이라는 성역에 AI가 발을 들여놓은 것이다. 이것이 바로 AI 혁명의 진짜 의미다.

군사 영역에서의 AI 진화

전쟁터야말로 AI가 인간을 넘어서는 능력을 가장 극적으로 보여주는 곳이다. 현대 전장은 정보의 홍수다. 드론이 찍은 영상, 위성사진, 무전 내용, 센서 데이터, 심지어 적군이 올린 SNS까지. 이 모든 정보를 사람이 일일이 확인하고 분석하기엔 너무 많고 너무 빠르다.

예전에는 경험 많은 지휘관의 "감"에 의존했다. 베테랑 장교가 지도를 보며 "적은 아마 이쪽으로 움직일 거야"라고 예측하는 식이었다. 하지만 이제는 다르다. AI가 수천 개의 정보를 동시에 분석한다. 마치 퍼즐 조각을 맞추듯 흩어진 정보들을 연결해서 적의 의도를 파악한다.

예를 들어보자. 적군의 트럭 10대가 북쪽으로 이동했다. 동시에 무전 통신량이 증가했다. 그리고 보급품 이동이 포착됐다. 사람이라면 이 정보들을 하나씩 검토해야 한다. 하지만 AI는 0.1초 만에 "적이 3시간 내에 북쪽에서 공격할 확률 87%"라고 분석해낸다.

더 놀라운 건 AI가 사람이 놓치는 패턴을 찾아낸다는 것이다. 우크라이나 전쟁에서 AI는 소셜미디어 사진 속 그림자 각도를 분석해 촬영 시간과 장소를 파악했다. 러시아군이 어디에 있는지 알아낸

것이다. 인간이라면 절대 생각 못할 방법이다.

AI는 이제 단순한 도구가 아니다. 마치 수백 명의 정보 분석관이 24시간 일하는 것과 같다. 아니, 그 이상이다. 사람은 피곤하면 실수하지만 AI는 지치지 않는다. 사람은 감정에 흔들리지만 AI는 냉정하다.

물론 AI가 전쟁의 모든 것을 해결해주는 건 아니다. 최종 결정은 여전히 인간의 몫이다. 하지만 이제 지휘관은 AI라는 최고의 참모를 곁에 둔 셈이다. "이 작전의 성공 확률은 몇 퍼센트입니다. 대안은 이것입니다"라고 조언하는 참모 말이다.

앞서 본 것처럼, AI가 이렇게 똑똑해진 비결은 "규칙을 외우는" 방식에서 "경험으로 배우는" 방식으로 바뀌었기 때문이다. 엑셀 표 같은 깔끔한 데이터만 다루던 AI가 이제는 사진, 영상, 대화 같은 복잡한 데이터도 이해하게 된 것이다.

결국 AI는 계산기에서 시작해 이제는 전장의 두뇌가 되었다. 미래 전쟁에서는 AI를 얼마나 잘 활용하느냐가 승패를 가를 것이다. 총과 탱크만큼이나, 아니 그보다 더 중요한 무기가 된 것이다.

9-3 AI의 학습 원리와 군사적 적용

인공지능이 어떻게 학습하는지 이해하는 것은 미래 전장에서 AI를 효과적으로 활용하기 위한 출발점이다. 머신러닝이라 불리는 AI의 학습 방식은 크게 세 가지로 나뉜다. 지도학습(Supervised Learning), 비지도학습(Unsupervised Learning), 그리고 강화학습(Reinforcement Learning)

이다. 각각은 인간이 지식을 습득하는 서로 다른 방법과 닮아 있다.

지도학습: 정답을 가르치는 AI 교육

첫 번째는 지도학습이다. 이는 마치 학교에서 선생님이 학생에게 하나하나 가르치는 것과 같은 방식이다. 미군이 2017년부터 시작한 프로젝트 메이븐이 대표적인 예다. 이 프로젝트에서는 1,000명이 넘는 분석가들이 드론 영상을 보며 화면 속 물체들을 일일이 표시했다. "이것은 탱크", "저것은 민간 차량", "여기는 건물"이라고 수백만 개의 태그를 달았다. 마치 아이에게 그림책을 보여주며 "이건 강아지야"라고 가르치는 것과 같은 원리다.

이렇게 학습한 AI는 놀라운 성과를 보였다. 이라크와 시리아 상공을 비행하는 드론이 보내온 실시간 영상에서 AI는 즉각적으로 군사 목표물을 식별해냈다. 인간 분석가가 몇 시간 동안 영상을 돌려봐야 찾을 수 있는 것을 AI는 몇 초 만에 해낸 것이다. 더 인상적인 것은 모래폭풍이나 야간처럼 시야가 제한된 상황에서도 AI의 정확도가 떨어지지 않았다는 점이다.

한국군도 비무장지대 경계 작전에 지도학습을 적용해 큰 효과를 보고 있다. 2024년부터 시범 운용된 DMZ 경계 AI 감시 시스템은 열화상 카메라로 촬영한 영상을 실시간으로 분석한다. 과거에는 짙은 안개나 야간에 열화상 카메라에 무언가 포착되면 그것이 사람인지 동물인지 구분하기 어려워 병사들이 매번 긴장해야 했다. 하지만 AI는 열화상 영상 속 대상의 움직임 패턴을 정확히 분석하여 사람과 멧돼지, 사슴 등의 야생동물을 구분해낸다. 이를 통해 오경보를 크게 줄이고 경계 효율을 높이는 성과를 거두고 있다.

사이버 보안 분야에서도 지도학습은 필수적이다. 과거의 정상적인 네트워크 트래픽과 악성 코드가 포함된 트래픽 데이터를 AI가 학습하면, 현재의 네트워크 흐름이 정상적인지 공격인지 빠르게 판단할 수 있게 된다. 예를 들어, 대규모 데이터 유출이나 랜섬웨어 공격의 징후를 조기에 탐지하여 피해를 최소화할 수 있다.

그러나 지도학습에는 분명한 한계가 있다. 가장 큰 문제는 정확한 학습을 위해 사람이 데이터에 일일이 라벨을 붙여야 한다는 점이다. 이러한 라벨링 작업은 막대한 시간과 비용을 요구한다. 예를 들어 드론 영상 하나하나에 탱크, 차량, 건물 등을 표시하는 작업은 전문 인력이 장시간 집중해야 하는 노동집약적인 과정이다.

시간과 비용보다 더 심각한 문제는 예상치 못한 새로운 상황에 대처하기 어렵다는 것이다. 예를 들어, AI가 러시아제 T-72 탱크는 완벽하게 인식하도록 학습했다고 하자. 그런데 전장에 중국제 99식 탱크가 처음 등장하면 어떻게 될까? AI는 이를 탱크로 인식하지 못하고 그냥 지나칠 수 있다. 학습 데이터에 없었기 때문이다. 또한 적이 탱크 위에 나뭇가지로 위장을 하거나, 열반사 필름으로 열화상 신호를 교란시키면 AI는 혼란에 빠진다. 이처럼 지도학습은 '가르친 것만 아는' 우등생 같아서, 교과서에 없는 문제가 나오면 당황하는 한계를 보인다.

비지도학습: 스스로 패턴을 찾는 AI

이런 한계를 극복하기 위해 등장한 것이 비지도학습이다. 이 방식은

AI가 스스로 데이터 속에서 패턴을 찾아내도록 한다. 부모가 일일이 가르쳐주지 않아도 아이가 장난감을 색깔별로, 크기별로 분류하는 것처럼 말이다.

비지도학습은 군사 분야에서 주로 이상 징후 탐지나 정보의 군집화에 활용된다. 예를 들어, 레이더 신호 데이터를 AI가 분석하면 유사한 전자신호들을 자동으로 그룹화할 수 있다. 이를 통해 신형 레이더나 적의 전자전 공격 같은 이상 징후를 조기에 발견할 수 있다. 평소와 다른 패턴의 신호가 감지되면 AI는 즉시 "기존 데이터베이스에 없는 새로운 유형의 신호입니다"라고 경고한다. 이는 적이 새로운 장비를 도입했거나 전술을 변경했을 가능성을 시사하는 중요한 정보가 된다.

중국군도 비지도학습을 적극 활용한다. 위성사진을 AI가 비지도학습으로 분석하면, 스스로 "이 지역의 건물 배치가 바뀌었다", "새로운 도로가 생겼다"는 변화를 찾아낸다. 사람이 일일이 비교하지 않아도 적의 움직임을 포착할 수 있는 것이다. 이러한 자동 변화 탐지 능력은 광범위한 지역을 지속적으로 감시해야 하는 현대 정보전에서 매우 중요한 역할을 한다.

사이버 보안에서도 비지도학습 기반의 이상 탐지 시스템이 효과적으로 활용된다. AI는 평소의 네트워크 로그 데이터를 학습한 후, 새로운 공격 패턴이나 이상 행위를 발견하면 즉각 경고할 수 있다. 예를 들어, AI가 네트워크의 일상적인 패턴을 스스로 학습한 결과, "새벽 3시에 특정 서버에서 평소의 수백 배에 달하는 데이터가 외부로 전송되고 있다"는 이상 징후를 포착할 수 있다. 이는 제로데이 공격처럼 알려지지 않은 새로운 해킹 기법도 탐지할 수 있음을 의미한다.

비지도학습의 진정한 강점은 '모르는 것을 모른다는 것을 아는' 능력이다. 2019년 이란이 사우디 석유시설을 공격할 때 사용한 드론은 기존에 알려지지 않은 새로운 모델이었다. 하지만 비지도학습 AI는 "이 비행 패턴과 레이더 신호는 데이터베이스에 없는 새로운 것"이라고 즉시 경고했다.

강화학습: 실전적 훈련을 통해 진화하는 AI

세 번째 학습 방식인 강화학습은 가장 혁신적인 결과를 만들어낸다. AI가 직접 시행착오를 겪으며 최적의 방법을 찾아가는 이 방식은 인간이 자전거 타기를 배우는 과정과 닮았다.

2020년 미국 국방고등연구계획국(DARPA)이 주최한 알파 도그파이트(Alpha-Dogfight) 챌린지는 강화학습의 잠재력을 극적으로 보여줬다. 헤론 시스템즈(Heron Systems)가 개발한 AI 조종사는 가상공간에서 수백만 번의 공중전을 통해 자율적으로 학습했다. 매번 실패에서 배우며 점차 고도의 전술을 구사하게 되었다. 최종 대회에서 이 AI는 F-16 전투기를 조종하는 베테랑 조종사와의 대결에서 5전 전승을 기록했다. 결과는 충격적이었다. 인간 조종사가 단 한 번도 이기지 못한 것이다.

더 놀라운 것은 AI가 창의적이고 과감한 기동으로 적기를 효과적으로 공격하고 회피하는 전술을 스스로 개발했다는 점이다. 이는 강화학습이 인간이 생각하지 못한 혁신적인 해법을 찾아낼 수 있음을 보여준다.

드론 편대 비행도 강화학습으로 해결한다. 100대의 드론이 서로 부딪치지 않고 목표물을 공격하는 법을 어떻게 가르칠까? 시뮬레이션에서 수만 번 연습시킨다. 충돌하면 벌점, 성공하면 보상. 이렇게 학습한 드론들은 마치 새떼처럼 완벽한 편대 비행을 한다.

중국 공군 또한 AI를 활용한 전장 시뮬레이션을 적극 도입하고 있다. 인간 조종사가 AI에 패배한 경험을 바탕으로 AI의 전술적 통찰력을 군사 훈련에 적극적으로 적용하고 있다. 이는 강화학습이 실제 전투 환경에서도 효과적으로 활용될 수 있음을 보여주는 또 다른 사례다.

세 가지 학습법의 통합 운용

실제 전장에서는 이 세 가지 학습 방식이 조화롭게 결합되어 사용된다. 예를 들어, 최신 자율 전투 드론의 작동 방식을 보자. 먼저 지도학습으로 적 전차, 장갑차, 트럭 등을 정확히 구분하는 능력을 갖춘다. 다음으로 비지도학습을 통해 평소와 다른 적의 배치나 위장 시도를 감지한다. 마지막으로 강화학습으로 지형과 날씨, 적의 대공방어를 고려한 최적의 침투 경로와 공격 각도를 스스로 결정한다.

자율무인기가 이러한 통합 학습의 좋은 예다. 표적 식별은 사람이 라벨링한 데이터를 통해 지도학습으로 정확히 목표를 인식할 수 있으며, 장애물 회피는 실제 또는 가상의 환경에서 반복적으로 시도하며 최적의 회피 전략을 스스로 배우는 강화학습으로 이루어진다. 또한 무인기가 임무 수행 중 수집한 방대한 데이터의 숨겨진 패턴을 비지도학습을 통해 군집화하여, 예상치 못한 위협이나 이상 징후를 조기에 발견할 수 있도록 시스템을 구축할 수 있다.

AI 학습의 미래와 주의점

미래 전장에서는 이러한 복합적 학습 능력을 갖춘 AI가 더욱 중요해질 것이다. 적이 새로운 무기를 개발하면 비지도학습으로 즉시 감지하고, 그 특성을 지도학습으로 빠르게 파악하며, 강화학습으로 대응 전술을 개발하는 식이다. 이는 전통적인 군사 교리 개발에 수년이 걸리던 것을 며칠, 심지어 몇 시간으로 단축시킨다.

그러나 이러한 AI 학습 방식에는 여전히 주의해야 할 점들이 있다. 지도학습은 편향된 데이터로 인한 오판 가능성이 있고, 비지도학습은 때로 무의미한 패턴을 중요하게 해석할 수 있으며, 강화학습은 시뮬레이션과 실제 상황의 차이로 인한 예측 불가능한 행동을 할 수 있다.

따라서 AI의 학습 원리를 정확히 이해하고, 각 방식의 장단점을 파악하여 적절히 활용하는 것이 중요하다. AI는 인간을 대체하는 것이 아니라 인간의 능력을 증강시키는 도구다. 미래 전장에서 승리하는 것은 AI를 가장 잘 이해하고 활용하는 쪽이 될 것이다.

9-4 전장 상황 인지와 멀티모달 정보 분석

현대 전장은 정보의 바다다. 드론이 실시간으로 전송하는 영상, 위성이 촬영한 고해상도 사진, 전장에서 오가는 무전 통신, 레이더가 포착한 신호, 각종 센서가 감지한 데이터까지. 매 순간 쏟아지는 이 방대한 정보를 인간이 모두 처리하기란 불가능하다.

예를 들어, 한 개 사단이 운용하는 정찰 자산만 해도 수십 대의 드론, 수백 개의 센서, 다양한 통신 장비가 있을 수 있다. 이들이 생산하는 데이터는 하루에 수 테라바이트에 달할 것으로 추정된다. 과거에는 다수의 분석관이 이 정보를 나눠서 분석했지만, 그래도 중요한 신호를 놓치는 경우가 있었을 것이다.

여기서 AI가 등장한다. AI는 이 모든 데이터를 실시간으로 분석하고, 중요한 정보만을 골라내어 지휘관에게 전달한다. 마치 다수의 분석관이 24시간 일하는 것과 같은 효과를 낸다. 더 중요한 것은 AI가 서로 다른 형태의 데이터를 종합적으로 분석할 수 있다는 점이다. 다음에서는 영상, 음성, 텍스트, 센서 신호 등 각 데이터 유형별로 AI가 어떻게 분석하고 통합하는지 살펴본다.

영상 정보 분석 AI: 전장의 눈

영상 정보는 현대 전장에서 가장 중요한 정보원 중 하나다. 드론 영상, 위성사진, 감시카메라 영상 등 다양한 시각 데이터가 쏟아진다. 이를 효과적으로 분석하기 위해 합성곱 신경망(CNN, Convolutional Neural Network)이라는 딥러닝 기술이 사용된다.

CNN은 이미지를 여러 층으로 나누어 분석한다. 첫 번째 층은 선과 모서리 같은 단순한 특징을 찾고, 다음 층은 이를 조합해 바퀴나 포신 같은 부분을 인식하며, 마지막 층은 이 모든 정보를 종합해 "이것은 T-72 탱크다"라고 판단한다. 인간의 시각 체계가 작동하는 방식과 유사하다.

미국 국방부의 프로젝트 메이븐(Project Maven)은 이러한 기술의 대표적인 적용 사례다. 구글의 텐서플로우 기반 CNN을 활용하여 드론 영상 속 관심 대상을 자동으로 탐지한다. 이 시스템은 영상 속에서 사람, 차량, 건물 등을 실시간으로 식별하여 분석관에게 표시해 준다. 과거에는 분석관이 영상을 일일이 확인해야 했지만, 이제는 AI가 중요한 장면만 골라내 준다.

한국군의 DMZ 경계 AI 시스템도 비슷한 원리로 작동한다. 2024년부터 시범 운용된 이 시스템은 열화상 카메라의 영상을 실시간으로 분석한다. 짙은 안개나 야간에도 AI는 영상 속 대상의 움직임을 탐지하고, 사람과 멧돼지나 사슴 등을 구분한다. 이를 통해 오경보를 줄이고 경계 효율을 높이고 있다.

음성과 신호 정보 분석 AI: 전장의 귀

전장에서는 수많은 음성과 전자신호가 오간다. 무전 교신, 레이더 전파, 소나 음향 등 시간에 따라 변화하는 이러한 신호들을 분석하기 위해 순환신경망(RNN, Recurrent Neural Network)과 트랜스포머(Transformer) 모델이 사용된다.

RNN은 이전 정보를 기억하면서 연속적인 데이터를 처리하는 데 특화되어 있다. 예를 들어, "적군이... 북쪽으로... 이동 중"이라는 무전을 들을 때, RNN은 각 단어를 순서대로 처리하면서 전체 문맥을 이해한다. 하지만 RNN은 긴 문장을 처리하는 데 한계가 있어, 최근에는 트랜스포머 모델이 더 많이 사용된다.

실제로 미군은 중동 지역 작전에서 이러한 기술을 활용하고 있다. RNN과 트랜스포머 기반 자연어 처리 기술로 적의 무전 통신을 자동으로 받아쓰고 번역한다. 아랍어로 된 무전 내용도 실시간으로 영어로 번역되어 지휘관에게 전달된다.

전자전 분야에서는 인지 전자전(Cognitive EW)이라는 개념이 등장했다. AI가 실시간으로 전자 스펙트럼을 분석하여 적의 레이더 신호, 아군의 통신 신호, 환경적 잡음을 구분하고 적절한 대응책을 제안한다. 미군은 딥러닝 기반 시스템을 실전에 배치하여 적의 레이더와 통신 패턴을 자동으로 학습하고 교란하며, 빠르게 변하는 전자 환경에 즉각적으로 대응하고 있다.

소리 신호 역시 현대 전장에서 중요한 정보원이 되고 있다. AI 시스템은 총성, 폭발음, 드론의 비행 소음 등 다양한 오디오 데이터를 학습하여 즉각 탐지하고 식별할 수 있다. 한국군은 특히 드론 탐지 분야에서 AI 기술을 적용하여, 레이더 및 청각 센서를 결합한 시스템을 개발하고 있다. 이 시스템은 드론 프로펠러 소리를 특이적으로 인지하며 초기 테스트에서 높은 탐지 정확도를 나타냈다.

텍스트와 문서 정보 분석 AI: 전장의 두뇌

군사 정보의 상당 부분은 문서 형태로 존재한다. 작전 보고서, 첩보 전문, 소셜 미디어 게시물 등 방대한 텍스트 데이터를 신속하게 분석하는 것이 중요하다. 이를 위해 자연어 처리(NLP) 기술이 활용된다.

초기에는 LSTM(Long Short-Term Memory)이나 GRU(Gated Recurrent

Unit) 같은 모델이 사용되었지만, 최근에는 트랜스포머 기반 모델이 주류가 되었다. 트랜스포머는 문장 전체를 동시에 분석하고, 단어 간의 관계를 파악하는 어텐션 메커니즘을 사용한다. 이를 통해 번역과 요약의 정확성이 크게 향상되었다.

실제 활용 사례로, AI 기반 실시간 번역기가 다국적 작전에서 활용된다. 하루 수백 건의 첩보 보고서를 AI가 빠르게 읽고 핵심 상황 변화를 요약하여 지휘관에게 전달한다. 미국 정보기관은 공개출처 정보(OSINT)를 BERT(Bidirectional Encoder Representations from Transformers)와 같은 언어모델로 분석하여 테러 위협 징후를 조기에 탐지한 성공 사례가 있다.

한국군 또한 AI를 활용하여 북한의 선전 문구나 정찰 자료를 분석해 특이동향을 빠르게 파악하고 있다. 예를 들어, 북한의 미사일 발사 준비 정황을 소셜 미디어와 다양한 매체에서 AI로 실시간 탐지하여 대응 시간을 크게 단축시키는 성과를 거두었다. 특히 GPT-4와 같은 최신 대규모 언어 모델(LLM)은 단순 키워드 검색에서 나아가 문맥과 미묘한 의미 차이를 심층적으로 이해하고, 복잡한 질문에도 사람과 유사한 방식으로 자연스럽게 답변하는 기능을 제공한다.

화학·생물 위협 탐지 AI: 전장의 코

전장에서는 화학물질 누출이나 생물학전 에이전트 같은 보이지 않는 위협도 존재한다. 각종 센서가 수집하는 스펙트럼 데이터나 화학 신호를 AI가 분석하면, 인간이 감지하지 못하는 미세한 변화를 포착할 수 있다.

AI는 여러 센서에서 수집된 화학물질의 농도 변화 패턴을 학습하고 분류한다. 평상시와 다른 특이 패턴이 감지되면 즉시 유독가스의 존재를 경보한다. 미 육군 연구소에서는 독가스 탐지를 위해 여러 센서의 출력 패턴을 비지도 학습으로 클러스터링하여 이상치를 탐지하는 실험을 진행했다. 이 실험에서 AI 시스템은 독가스 탐지 정확도를 높이고, 탐지 반응 시간은 기존 방법 대비 단축한 성과를 보였다. 그 결과 AI가 복잡한 배경 환경에서도 신경독소의 특이한 신호 패턴을 찾아내는 능력을 보여주었다.

멀티모달 AI: 모든 정보를 하나로

진정한 혁신은 이 모든 데이터를 통합 분석하는 멀티모달 AI에서 나온다. 멀티모달 AI는 텍스트, 이미지, 음성, 센서 신호 등 다양한 형태의 데이터를 동시에 처리한다. 마치 인간이 눈으로 보고, 귀로 들으며, 문서를 읽어 종합적으로 상황을 판단하는 것과 같다.

실제 전투 상황을 예로 들어보자. 정찰 드론이 적 탱크를 촬영하고, 신호정보 부대가 해당 지역의 무선 통신을 감지하며, 인공위성이 레이더 영상을 제공한다. 과거에는 각 정보를 따로 분석했지만, 멀티모달 AI는 이 모든 데이터를 통합하여 분석한다.

AI는 드론 영상에서 탱크의 위치와 규모를 파악하고, 무전 신호로 적 부대의 통신 특성을 분석하며, 레이더 영상에서 기상과 지형 정보를 추출한다. 이를 종합하여 "적 기갑부대 1개 대대가 2시간 내에 북동쪽으로 이동할 가능성 85%"라는 구체적인 분석을 제공할 수 있다.

멀티모달 AI는 인간과 기계의 협업을 더욱 자연스럽게 만든다. 병사가 음성으로 "주변 500미터 내 위협 요소를 확인해"라고 명령하면, AI는 드론을 운용하여 영상을 촬영하고, 음향 센서로 소리를 분석하며, 전자 신호를 탐지한다. 그리고 이 모든 정보를 종합하여 "북쪽 300미터 건물 2층에 저격수 의심 대상 1명, 동쪽 도로에 급조폭발물(IED, Improvised Explosive Device) 설치 가능성"이라고 보고할 수 있다.

전투기 조종사의 헬멧에도 멀티모달 AI가 적용된다. 헬멧의 카메라와 마이크로 조종사의 시야와 음성을 분석하고, 중요한 표적을 시각적으로 강조하거나 음성으로 경고한다. 조종사가 놓칠 수 있는 위협을 AI가 포착하여 알려주는 것이다.

방산 전자 기업 머큐리 시스템즈(Mercury Systems)는 AI를 활용하여 레이더, 적외선(IR), 전자광학(EO), 음향, 신호정보(SIGINT) 데이터를 융합해 종합적인 전장 그림을 제공하는 기술을 개발하고 있다. 분산된 센서 네트워크에서 각 플랫폼(드론, 차량 등)이 독립적인 AI 분석을 수행하고, 중앙 융합 AI가 이를 실시간으로 통합하여 전체 전장 상황을 파악하는 계층적 구조를 활용한다. 이러한 시스템은 스텔스 항공기나 잠수함의 탐지뿐 아니라, 이상 징후를 조기에 발견하여 적의 사이버 공격이나 교란 시도까지 신속히 식별한다.

미래 전장의 통합 상황 인식

멀티모달 AI가 제공하는 통합 상황 인식은 미래 전장의 핵심이 될 것이다. 지휘관은 하나의 화면에서 모든 정보를 종합적으로 볼 수 있고, AI는 중요한 변화나 위협을 즉시 알려준다. 이는 의사결정 속도를 크게 높이고 실수를 줄인다.

병사 개인 수준에서도 변화가 일어난다. 증강현실 고글을 착용한 병사는 AI가 분석한 정보를 실시간으로 확인한다. 건물 너머의 적군 위치, 지뢰 매설 가능 지역, 아군의 위치 등이 시야에 표시된다. 마치 비디오 게임처럼 보이지만, 이것이 실제 전장 정보다.

결국 AI를 활용한 전장 상황 인식은 정보의 안개를 걷어내고 명확한 전장 그림을 제공한다. 수천 개의 퍼즐 조각 같은 정보들이 AI에 의해 하나의 완성된 그림이 되는 것이다. 이는 전쟁의 불확실성을 줄이고, 더 빠르고 정확한 결정을 가능하게 한다. 미래 전장에서 승리는 더 많은 정보를 가진 쪽이 아니라, 정보를 더 잘 이해하고 활용하는 쪽에게 돌아갈 것이다.

9-5 AI 기반 전술 도출과 작전 지원

현대 전장은 수없이 많은 변수가 얽혀 있는 복잡한 방정식과 같다. 적의 위치와 전력, 지형과 날씨, 아군의 상태와 보급 상황, 민간인 보호 필요성까지. 이 모든 요소를 고려하여 최적의 전술을 도출하는 것은 아무리 경험 많은 지휘관이라도 쉽지 않은 일이다.

과거에는 지휘관의 직관과 경험, 그리고 참모들의 분석에 의존했다. 하지만 이제 AI가 수천 가지 시나리오를 순식간에 분석하고, 각각의 성공 확률과 예상 피해를 계산하여 최적의 대안을 제시한다. 마치 체스에서 딥블루가 카스파로프를 이긴 것처럼, AI는 인간이 놓칠 수 있는 전술적 기회를 포착한다.

강화학습: 가상 전장에서 배우는 AI

강화학습(Reinforcement Learning)은 AI가 시뮬레이션 환경에서 수많은 시행착오를 겪으며 최적의 전술을 스스로 터득하는 방식이다. 마치 어린아이가 자전거를 배울 때 넘어지고 일어서기를 반복하며 균형 감각을 익히는 것과 같다.

미국 국방고등연구계획국(DARPA)의 알파 도그파이트 챌린지는 이러한 강화학습의 위력을 극적으로 보여주었다. 혜론 시스템즈의 AI 조종사는 가상 환경에서 수백만 번의 공중전을 수행했다. 처음에는 기본적인 비행 기동조차 제대로 하지 못했지만, 실패할 때마다 "이런 상황에서 이렇게 하면 격추당한다"는 교훈을 얻었다.

시뮬레이션의 장점은 실제로는 불가능한 위험한 기동도 마음껏 시도할 수 있다는 것이다. AI는 인간 조종사라면 절대 시도하지 않을 극단적인 기동을 실험했고, 그중 일부가 놀라운 효과를 보였다. 2020년 최종 대결에서 AI는 베테랑 F-16 조종사를 5대 0으로 완파했다. AI는 창의적이고 과감한 기동으로 적기를 효과적으로 공격하고 회피하는 전술을 스스로 개발한 것이다.

지상전과 해상전에서의 AI 전술

강화학습은 공중전뿐만 아니라 다양한 전장 환경에서 활용된다. 지상전에서는 도시 전투 시뮬레이션을 통해 건물 사이를 이동하며 적을 제압하는 최적의 경로를 학습한다. AI는 수만 번의 가상 전투를 통해 "이 골목으로 들어가면 매복 당할 확률이 높다", "건물 옥상을 먼저 확보하면 전술적 우위를 점할 수 있다"는 패턴을 스스로 발견한다.

해상전에서도 마찬가지다. 미국 해군은 진화 알고리즘의 일종인 유전 알고리즘(Genetic Algorithm)을 사용하여 함대의 항로 계획을 최적화했다. 이 알고리즘은 수천 가지 항로를 만들어내고, 각각의 위험도와 연료 효율성을 평가한다. 그중 가장 우수한 항로들을 선택하여 결합하고 변형하면서 점차 최적의 항로를 찾아간다. 마치 자연선택의 과정처럼, 좋은 특성은 살아남고 나쁜 특성은 도태되는 것이다.

실시간 의사결정 지원

전투 중에는 1초가 생사를 가른다. AI는 이러한 긴박한 상황에서 지휘관의 의사결정을 실시간으로 지원한다. 예를 들어, 적의 포격이 시작되었을 때 AI는 즉시 다음과 같은 분석을 제공한다:

"적 포병 위치: 북동쪽 7km 지점

예상 다음 타격 지점: 현 위치 기준 동쪽 200m

권장 행동: 서쪽 계곡으로 즉시 이동

이동 시 생존 확률: 92%

현 위치 유지 시 생존 확률: 31%"

이러한 분석은 단순한 계산이 아니다. AI는 지형 데이터, 적의 과거 공격 패턴, 아군의 이동 능력, 날씨 조건 등 수많은 변수를 종합적으로 고려한다. 과거라면 참모들이 지도를 펴놓고 논의해야 했을 일을 AI는 수 초 내에 해낸다.

실시간 상황 분석뿐만 아니라, AI의 또 다른 강점은 다양한 시나리오를 빠르게 시뮬레이션할 수 있다는 것이다. "만약 우리가 A 지점을 공격한다면?" "적이 예비대를 투입한다면?" "날씨가 악화된다면?" 이런 가정들에 대해 AI는 수천 번의 시뮬레이션을 돌려 각각의 결과를 예측한다.

미군은 AI 기반 워게임 시스템을 통해 작전 계획을 검증한다. 과거에는 대규모 인원이 며칠에 걸쳐 수행하던 워게임을 이제는 AI가 몇 시간 만에 완료한다. 더구나 AI는 인간이 생각하지 못한 시나리오까지 테스트한다. "적이 민간 시설을 방패로 사용한다면?" "동시에 사이버 공격을 감행한다면?" 같은 복잡한 상황까지 고려한다.

그러나 실제 전장은 끊임없이 변한다. 적도 우리의 전술을 학습하고 대응책을 마련한다. 여기서 중요한 것은 적응 능력이다. AI는 실시간으로 전장 데이터를 분석하여 전술을 수정한다.

예를 들어, 적이 우리의 드론 공격 패턴을 파악하고 대공 방어를 강화했다고 하자. AI는 즉시 이를 감지하고 새로운 침투 경로와 공격 방법을 개발한다. 낮은 고도로 지형을 따라 비행하거나, 전자전으로 레이더를 교란한 후 침투하는 식이다.

중국 공군 또한 AI를 활용한 전장 시뮬레이션을 통해 인간 조종사가 AI에 패배한 경험을 바탕으로 AI의 전술적 통찰력을 군사 훈련에 적극적으로 적용하고 있다.

다영역 작전의 통합 조정

현대전은 육·해·공뿐만 아니라 우주와 사이버 영역까지 포함하는 다영역 작전이다. 이 모든 영역을 동시에 고려하여 작전을 계획하고 조정하는 것은 인간의 인지 능력을 넘어선다.

AI는 이러한 복잡성을 관리하는 데 탁월하다. 예를 들어, 지상군이 진격할 때 AI는 다음을 동시에 조정한다:

- 공군의 근접항공지원 시간과 경로
- 해군의 함포 사격 지원
- 우주 자산을 통한 통신 중계
- 사이버 부대의 적 통신망 교란
- 전자전 부대의 레이더 제압

이 모든 요소가 초 단위로 정확하게 맞물려야 작전이 성공한다. AI는 각 부대의 능력과 위치, 이동 시간을 계산하여 최적의 동기화 계획을 수립한다.

인간 지휘관과 AI의 협업

AI가 아무리 뛰어나도 최종 결정은 인간의 몫이다. AI는 옵션을 제시하고 각각의 장단점을 분석하지만, 생명이 걸린 결정을 내리는 것은 인간 지휘관이다. 이는 단순히 법적, 윤리적 이유 때문만이 아니다. 인간은 AI가 고려하지 못하는 정치적, 인도적 요소까지 판단할 수 있기 때문이다.

이상적인 관계는 AI가 뛰어난 참모 역할을 하는 것이다. AI는 방대한 데이터를 분석하여 "작전 A의 성공 확률은 78%, 예상 아군 피해는 15명, 민간인 피해 위험은 낮음"과 같은 정보를 제공한다. 지휘관은 이를 참고하여 부대의 사기, 정치적 상황, 인도주의적 고려 등을 종합하여 최종 결정을 내린다.

미래 전술 개발의 방향

AI 기반 전술 개발은 계속 진화하고 있다. 양자컴퓨팅이 도입되면 현재보다 수천 배 빠른 시뮬레이션이 가능해진다. 더 많은 변수를 고려하고 더 정확한 예측을 할 수 있게 되는 것이다.

또한 설명 가능한 AI(Explainable AI) 기술이 발전하면서, AI가 특정 전술을 추천하는 이유를 인간이 이해할 수 있게 된다. "이 경로를 추천하는 이유는 적의 관측 사각지대이면서 동시에 퇴로 확보가 용이하기 때문입니다"와 같은 설명을 제공하는 것이다.

미래 전장에서는 AI가 전술 개발의 핵심 도구가 될 것이다. 하지만 이는 인간을 대체하는 것이 아니라 인간의 능력을 극대화하는 것이다. AI의 분석력과 인간의 판단력이 결합할 때, 우리는 더 현명하고 효과적인 군사 작전을 수행할 수 있다. 전쟁의 안개를 걷어내고 승리로 가는 길을 밝히는 것, 그것이 AI 기반 전술 도출의 궁극적인 목표다.

9-6 거대 언어 모델(LLM)의 군사적 활용

최근 AI 분야에서 가장 주목받는 기술 중 하나는 거대 언어 모델 (LLM, Large Language Model)이다. LLM은 인터넷 등 방대한 텍스트 데이터를 학습한 신경망 기반 언어 모델로, 사람처럼 자연스러운 언어를 이해하고 생성할 수 있다. OpenAI의 GPT-4, Google의 Gemini, Anthropic의 Claude 3, Meta의 LLaMA3 등이 대표적인 예다. 이들은 수천억 개 이상의 매개변수를 기반으로 복잡한 질문에 대해 종합적이고 창의적인 답변을 생성할 수 있다. 이러한 기술은 단순한 번역기나 챗봇을 넘어 지식 응용, 전략 분석, 교육, 전장 지원 등 다양한 군사적 응용 가능성을 지닌다.

정보 분석과 상황 인식의 혁신

현대 군 작전은 방대한 양의 정보와 첩보를 실시간으로 분석하고 해석해야 하는 환경 속에서 진행된다. LLM은 수많은 문서를 신속히 요약하고, 질의응답 기반으로 정보를 재구성할 수 있는 능력을 갖추고 있다. 방첩 기관은 다국적 정보기관에서 수집한 수천 건의 텍스트 데이터를 LLM에 통합한 뒤 "최근 북방 지역에서의 위협 징후를 요약하라" 또는 "X지역에서의 테러조직 활동의 패턴을 분석하라"와 같은 요청을 수행할 수 있다.

군사 분야에서 LLM의 잠재적 활용 가능성이 주목받고 있다. 작전 보고서 요약, 첩보 분석, 브리핑 자동화 등이 유망한 응용 분야로 거론되며, 일부 국방 연구기관과 민간 방산업체들이 개념 검증 단계의 연구를 진행하고 있다. 이러한 기술이 실현될 경우 정보 처리 속도 향상과 의사결정 지원 강화가 기대되지만, 보안과 신뢰성 측면에서 추가적인 검증이 필요한 상황이다.

군사 작전 지원을 위한 LLM 활용

LLM은 과거 작전 사례, 지형 정보, 교리 문서 등을 바탕으로 새로운 작전 시나리오에 대한 조언을 제공할 수 있는 잠재력을 가지고 있다. 지휘관이 "산악 지형에서 기습에 대비한 경로를 도출하라"는 지시를 내리면, LLM은 유사 사례와 지리 분석을 바탕으로 복수의 경로를 제시하고 각 경로의 위험도를 분석할 수 있다.

미 해병대 대학은 2023년부터 거대 언어 모델을 군사 작전 계획 수립에 활용하는 실험을 진행하고 있다. 이 연구를 이끄는 케빈 윌리엄슨은 AI가 만든 공중 폭격 계획과 숙련된 참모들이 만든 계획을 비교하여 어느 쪽이 더 효율적인지 분석하고 있다. 마치 바둑에서 AI와 인간이 대결하듯, 군사 작전 계획에서도 AI와 인간의 능력을 비교하는 것이다.

또한 AI를 활용해 가상의 전투 상황을 만들어 작전 계획을 미리 점검하는 연구도 진행 중이다. 이는 실제 전투가 일어나기 전에 컴퓨터 게임처럼 여러 시나리오를 실험해보는 것과 같다. 2025년 5월에는 첨단 워게임 센터가 완공되어 이러한 AI 실험이 더욱 확대될 예정이다.

실제 부대에서도 AI 기술 도입이 점진적으로 이루어지고 있다. 미육군은 사이퍼(Cypher)사의 '배틀마인드' AI를 일부 부대에 통합하여 전장 정보와 임무 매개변수를 분석하는 데 활용하고 있다. 또한

JUDI 프로젝트를 통해 병사와 자율 시스템 간의 양방향 대화 기술을 연구 중이다. 웨어러블 기술 분야에서는 토마호크 로보틱스(Tomahawk Robotics)의 KxM Edge라는 웨어러블 컴퓨터가 AI를 활용해 의료 문서를 자동으로 작성하는 용도로 사용되고 있다. 이스라엘군의 경우, 8200부대가 거대 언어 모델을 활용해 대량의 통신 데이터를 분석하는 도구를 개발했다. 현재 군사 AI는 주로 정보 분석과 특정 업무 자동화에 집중되어 있다.

교육 훈련 및 다국어 소통 지원

교육 분야에서 LLM의 활용 가능성이 논의되고 있다. 이론적으로 LLM은 군사 역사나 전술에 관한 질문에 답변하여 학습을 보조할 수 있으며, 시뮬레이션 훈련에서 다양한 상황을 재현하는 데 활용될 잠재력을 가지고 있다. 일부 민간 교육 분야에서는 이미 AI 튜터가 활용되고 있어, 향후 군사 교육에도 유사한 기술이 도입될 가능성이 있다. 특히 문화적 이해가 필요한 해외 파병 훈련이나 민사 작전 교육에서 LLM의 다양한 관점 제시 능력이 유용할 수 있다는 평가가 나오고 있다.

이러한 교육적 활용과 더불어, LLM은 다국어 번역 및 문화 맥락 해석에서도 뛰어난 능력을 보인다. 전통적인 기계 번역보다 자연스럽고 정확한 소통을 지원하여 연합작전이나 파병 작전에서 명령서 번역, 회의 통역, 현지 주민과의 대화 등에 활용될 수 있다. 정보 심리전 영역에서는 SNS 상의 여론을 모니터링하고 자동 해석하여 정서 기반의 상황 인식을 강화하거나, 문화별로 최적화된 메시지를 생성하는 데 활용될 수 있다.

기술적 한계와 대응 방안

그러나 LLM의 군사적 활용에는 여러 제약이 존재한다. 사실관계 오류 발생, 보안 민감 데이터의 학습·운영 문제, 출력의 검증 불가능성과 책임소재 문제, 정치적 편향과 사회적 민감성 정보 노출 등이 주요 위험 요소다. 특히 허위 정보 생성 가능성은 검증 체계와 제어 장치 마련을 필수적으로 요구한다.

이러한 문제 해결을 위해 미 국방부는 '신뢰할 수 있는 AI' 지침을 수립하고, 다양한 실험과 검증을 통해 LLM 적용 가능성을 다각적으로 평가하고 있다. 설명 가능한 인공지능, 검색 기반 생성(Retrieval-Augmented Generation, RAG), 인공 데이터 정제 기술 등 다양한 보완 기술이 개발되고 있다. 이러한 기술들은 LLM의 사실 왜곡, 불안정한 출력, 맥락 단절 등의 문제를 완화하는 데 실질적인 효과를 보이고 있다.

미래 전망과 전략적 함의

LLM은 방대한 군사 정보를 자동 분석하고, 작전 계획을 지원하며, 실시간 전장 보조와 교육 훈련, 다국어 번역, 심리전 등 다양한 분야에 걸쳐 활용되고 있다. 이러한 기능은 기존 인간 중심의 군사 의사결정을 보조하고 확장하는 '인지적 동반자'로서의 역할을 수행한다. 의사결정의 속도와 정확성, 작전 수행의 통합적 일관성을 크게 높일 수 있다.

향후 신뢰성과 보안성이 더욱 강화될 경우, 국방의 전영역에서 LLM을 전략적으로 통합·운용하는 체계가 본격화될 것으로 예상된다. 이는 미래 전장 환경에서 인지적 우위를 확보하는 결정적 요소로 작용할 것이다.

9-7 온톨로지와 데이터 기반 의사결정 체계

오늘날 국방 환경은 작전, 정보, 군수, 감시정찰 등 수많은 체계에서 방대한 데이터를 생성한다. 문제는 각 체계가 서로 다른 용어와 형식을 사용해 소통하지 못한다는 점이다. 같은 항공기를 육군은 'Aircraft ID', 해군은 'ACFT_NO', 공군은 'PlatformID'로 각각 다르게 저장하고, 적 차량도 '적성 차량', '적대 차량' 등으로 제각각 부른다면 문제가 발생한다.

이러한 용어 불일치는 심각한 문제를 일으킨다. 긴급 상황에서 육군이 "적 항공기 출현"을 보고해도 해군 시스템은 이를 인식하지 못해 대응이 늦어질 수 있다. 또한 통합 작전 시 같은 표적을 다른 이름으로 부르다가 중복 타격하거나, 반대로 아무도 대응하지 않는 공백이 생길 수도 있다.

이러한 데이터 사일로(Silo)를 허무는 열쇠가 바로 온톨로지다. 온톨로지는 '군사 용어 통일 사전'으로, 서로 다른 표현을 하나로 통일하고 개념 간의 관계를 정의한다. 예를 들어 "적 차량은 무기를 탑재한 이동 수단이며, 탱크와 장갑차를 포함한다"처럼 명확히 규정하는 것이다. 마치 가족 모임에서 '막내 삼촌', '작은아버지', '숙부'가 모두 같은 사람임을 가계도로 정리하듯, 컴퓨터가 이해할 수 있게 관계를 명시한다.

이렇게 만든 온톨로지는 이제 설명할 데이터 패브릭과 데이터 메시가 작동하는 데 꼭 필요한 토대가 된다. 도서관에서 책을 찾든(데이터 패브릭), 친구에게 책을 빌리든(데이터 메시), 모두가 같은 책 제목과 분류 체계를 사용해야 원하는 책을 찾을 수 있는 것처럼, 군사 데이터도 온톨로지라는 공통 언어가 있어야 서로 주고받을 수 있다.

데이터 패브릭과 데이터 메시를 통한 통합 관리

현대 군사 데이터 환경에서는 온톨로지와 함께 데이터 패브릭(Data Fabric)과 데이터 메시(Data Mesh)라는 두 가지 현대적인 접근법이 주목받고 있다.

데이터 패브릭은 마치 거대한 도서관의 통합 검색 시스템과 같다. 1층에는 육군 자료실, 2층에는 해군 자료실, 3층에는 공군 자료실이 각각 따로 있지만, 중앙 검색대에서 "잠수함"을 검색하면 모든 층의 관련 자료를 한 번에 찾아준다.

군사 데이터도 마찬가지다. 각 군이 자체 시스템에 데이터를 보관하지만, 데이터 패브릭이 이들을 연결해준다. 지휘관이 "적 잠수함의 최근 활동이 어떻게 되나?"라고 물으면, 시스템이 알아서 여러 곳을 뒤진다. 해군의 음파 탐지 기록, 인공위성의 바다 사진, 정보부가 입수한 첩보를 모두 찾아내 한눈에 볼 수 있게 정리해준다. 마치 유능한 비서가 여러 부서를 돌아다니며 필요한 자료를 모아오는 것처럼 작동하는 것이다.

반면 데이터 메시는 각 군과 부대가 자신의 데이터를 직접 관리하되, 표준화된 방식으로 다른 부대와 공유하는 분산형 접근법이다. 이는 마치 각 부대가 자체 식당을 운영하면서도 레시피와 재료 정보를 표준 양식으로 공유하는 것과 같다.

예를 들어 해병대가 상륙작전을 준비할 때, 해군에게 "○○해역의 조류 데이터가 필요합니다"라고 요청하면, 해군은 자체 관리하는 해양 데이터베이스에서 표준 형식으로 즉시 제공한다. 공군도 "같은 지역의 기상 데이터"를 표준 형식으로 제공하고, 육군은 "해안지형 정보"를 제공한다. 각 군이 자신의 전문 분야 데이터를 책임지고 관리하지만, 필요할 때는 언제든 표준화된 방식으로 서로 공유할 수 있는 것이다.

특수전사령부가 야간 침투 작전을 계획한다면, 정보사의 '적 경계 패턴 데이터', 기상청의 '달의 밝기와 구름 예보', 지형정보대의 '3D 지형 데이터'를 각각의 관리 부서로부터 표준 API를 통해 실시간으로 받아 통합 분석할 수 있다.

결국 데이터 패브릭과 데이터 메시의 핵심 차이는 '통제 방식'에 있다. 데이터 패브릭은 중앙의 똑똑한 시스템이 모든 데이터를 알아서 찾아주는 '중앙집중식' 방식이다. 반면 데이터 메시는 각 부대가 자기 데이터를 직접 관리하면서 필요할 때만 서로 주고받는 '분산형' 방식이다. 도서관 사서가 모든 자료를 찾아주는 것과 각 부서가 자료실을 운영하면서 서로 대여해주는 것의 차이라고 할 수 있다. 두 방식 모두 장단점이 있어, 군은 상황에 따라 적절히 선택하거나 혼합하여 사용할 수 있다.

지식 그래프와 자동 추론의 힘

온톨로지의 진정한 가치는 단순히 용어를 통일하는 것을 넘어 지식 그래프를 통한 자동 추론에 있다. 지식 그래프란 정보들을 점과 선으로 연결한 거대한 지도다. 점은 '부대', '지역', '적' 같은 개념이고, 선은 '위치한다', '발견되었다' 같은 관계를 나타낸다.

이를 좀 더 쉽게 설명하면, 마치 가족 관계도와 같다. '철수'와 '영희'라는 점을 '남매'라는 선으로 연결하면, 컴퓨터는 "철수의 부모는 영희의 부모와 같다"는 것을 자동으로 알아낸다.

군사 상황도 마찬가지다. "A 부대 → (위치) → B 지역"과 "적 → (발견) → B 지역"이라는 두 관계가 지식 그래프에 입력되면, 컴퓨터는 "같은 지역에 아군과 적이 있으니 A 부대가 위험하다"고 추론한다. 사람이라면 당연히 알 수 있지만, 컴퓨터도 이런 관계를 통해 스스로 판단할 수 있게 되는 것이다.

이러한 추론 능력은 데이터 패브릭 환경에서 더욱 강력해진다. 센서가 "미사일 발사대에 연료 주입 중"이라는 정보를 포착하고, 다른 센서가 "발사대 주변 병력 증강"을 감지했을 때, 데이터 패브릭은 이 정보들을 즉시 연결하고 온톨로지 기반 추론을 통해 "24시간 내 미사일 발사 가능성 높음"이라는 경고를 생성한다. 사람이 여러 정보를 종합해 판단하는 과정을 컴퓨터가 순식간에 처리하는 것이다.

규칙 기반 의사결정의 자동화

온톨로지에는 군사 교리와 전문가의 경험을 규칙으로 담을 수 있다. "적 전투기 4대 이상이 국경 50km 이내 접근 시 전투기 긴급 발진"과 같은 규칙을 시스템에 입력해두면, 상황 발생 시 자동으로 권고안을 제시한다. 이를 통해 신참 지휘관도 베테랑의 판단력을 활용할 수 있게 해준다.

미국 팔란티어(Palantir)의 고담(Gotham) 시스템은 이러한 원리를 활용한 대표적 사례다. 데이터 패브릭 아키텍처 위에 온톨로지를 구축하여 첩보, 통신, 금융 데이터를 연결하고, 테러 조직의 숨은 네트워크를 실시간으로 찾아낸다. 한 테러리스트의 통화 기록, 송금 내역, 이동 경로를 종합하면 조직 전체의 활동 패턴이 드러나는 것이다.

상호운용성 확보와 미래 전망

온톨로지의 가장 중요한 역할은 서로 다른 시스템 간의 상호운용성 확보다. 육·해·공군뿐 아니라 동맹국 시스템도 서로 다른 언어와 규칙을 사용하지만, 온톨로지가 중간에서 통역사 역할을 한다. 데이터 메시 아키텍처에서는 각 군이 자체 데이터 제품을 만들되, 공통 온톨로지를 통해 의미를 표준화한다.

미군은 C4ISR 시스템 통합을 위해 온톨로지 기반 표준화를 추진하고 있다. 이러한 노력의 목표는 센서, 지휘통제, 타격 체계 간의 원활한 데이터 공유다. 온톨로지가 제대로 구축되면, 드론이 탐지한 표적 정보가 자동으로 포병 사격 시스템에 전달되고, 타격 결과가 다시 지휘부에 보고되는 완전한 정보 순환이 가능해진다. 여러 방산업체들이 이러한 통합 시스템 구축에 참여하고 있다.

앞으로 온톨로지는 AI, 데이터 패브릭, 데이터 메시와 결합하여 더욱 발전할 전망이다. AI가 새로운 패턴을 발견하면 이를 온톨로지에 반영하고, 데이터 패브릭을 통해 전체 시스템에 공유하며, 데이터 메시로 각 부대가 최신 정보를 활용할 수 있는 체계를 목표로 하고 있다. 이러한 통합 체계가 실현되면 군사 의사결정 시스템은 지속적으로 진화할 수 있을 것이다. 데이터가 곧 전투력인 시대를 맞아, 온톨로지와 현대적 데이터 아키텍처의 결합은 데이터를 실질적인 전투력으로 전환하는 핵심 기술로 자리잡을 것으로 기대된다.

9-8 AI 기반 미래 군사력의 전망

인간-AI 협업 전투의 일상화

미래 전장의 핵심은 인간과 AI가 협력하는 하이브리드 전투 체계다. 병사와 지휘관은 더 이상 단독으로 행동하지 않는다. AI, 센서, 통신 네트워크와 연결된 '확장된 인간'으로 전장에 나선다.

증강현실 기반 전투 헬멧이 좋은 예다. AI가 실시간으로 위협 요소를 분석해 병사의 시야에 표시하고, 생체신호를 감지하여 건강 상태를 진단하며, 주변 환경과 적의 움직임을 예측해 전술을 안내한다. 마치 아이언맨의 자비스처럼 병사 개개인에게 AI 비서가 배치되는 것이다.

지휘관의 역할도 진화한다. AI 참모의 지원을 받아 수천 건의 정보를 순식간에 파악하고 의사결정을 내린다. 과거에는 참모들이 지도를 펴놓고 몇 시간씩 토론했지만, 이제는 AI가 수십 가지 시나리오를 분석해 "A안 성공률 78%, B안 성공률 62%"처럼 구체적인 수치와 함께 제시한다. 지휘관은 이를 바탕으로 인간적 판단을 더해 최종 결정을 내린다.

자율 및 반자율 전투체계의 확산

AI 기술은 무인 전력의 자율성을 빠르게 향상시키고 있다. 드론 군집, 자율 전투차량, 무인 함정 등이 인간의 직접적인 통제 없이도 임무를 수행할 수 있게 되었다.

특히 드론 스웜(군집) 기술이 주목받고 있다. 수백 대의 소형 드론이 마치 벌떼처럼 움직이며 정찰, 교란, 공격 임무를 수행한다. 각 드론은 독립적으로 판단하면서도 전체적으로는 하나의 유기체처럼 행동한다. 적의 방공망을 교란하거나, 넓은 지역을 신속히 수색하거나, 다각도에서 동시 공격을 가하는 등 기존 전술 개념을 뛰어넘는 작전이 가능하다.

이러한 환경에서 인간의 역할은 '조종사'에서 '감독자'로 바뀐다. 세부적인 비행 경로나 공격 각도는 AI가 결정하고, 인간은 "이 지역을 정찰하라", "적 전차를 무력화하라"는 임무 목표만 제시한다. 물론 최종 공격 명령처럼 생명과 관련된 중대한 결정은 여전히 인간이 내린다. 이는 윤리적 책임과 국제법 준수를 위해서도 필수적이다.

지휘통제 체계의 혁신적 재편

AI의 도입으로 군사 지휘통제 체계는 근본적인 변화를 맞고 있다.

과거의 수직적이고 계층적인 구조에서 네트워크 기반의 유연한 구조로 전환되고 있으며, 이는 단순한 기술 도입을 넘어 전쟁 수행 방식 자체의 패러다임 전환을 의미한다.

미래 전장은 초연결 네트워크로 모든 전투 요소가 실시간으로 연결되는 거대한 신경망이 된다. AI는 이 네트워크의 두뇌 역할을 하며, 데이터 수집부터 정보 융합, 상황 인식, 결심 지원, 자산 최적 분배, 지시 전파, 효과 분석에 이르는 전체 지휘 사이클을 통합 관리한다.

최전방 병사가 적을 발견하는 순간, AI는 이 정보를 즉시 분석하여 위협 수준을 평가하고 관련 부대에 자동으로 전파한다. 포병은 사격 제원을 계산하고, 항공 지원은 최적 진입 경로를 설정하며, 인접 부대는 지원 또는 차단 기동을 준비한다. 이 모든 과정이 수 초 내에 동시다발적으로 진행되며, AI는 각 부대의 가용 자산과 임무 우선순위를 고려해 최적의 대응 방안을 실시간으로 조율한다.

특히 주목할 것은 AI가 제공하는 고도화된 의사결정 지원 기능이다. 현대 전장의 복잡성과 정보의 폭발적 증가로 인해 지휘관들은 방대한 데이터 속에서 핵심을 파악하기 어려워졌다. AI는 이러한 정보의 홍수를 효과적으로 관리하며, 각 지휘 계층에 맞춤형 정보를 제공한다. 사단장에게는 전체 작전 상황과 전략적 옵션을, 중대장에게는 즉각적인 전술 상황과 대응 방안을 실시간으로 제시한다.

미래의 AI는 단순한 정보 처리를 넘어 진정한 전술적 통찰력을 제공할 것이다. 수백만 건의 전투 데이터와 실시간 센서 정보를 종합하여 "적 주력부대가 3시간 내 우회 기동 예상, 제17고지 선점 필수" 또는 "72% 확률로 적이 새벽 공격 준비 중, 선제 타격 권고"와 같은 예측적 분석을 제공할 것이다. 차세대 AI 워게임 시스템은 수백만 가지 시나리오를 실시간으로 시뮬레이션하며, 작전 계획을 몇 분 내에 수립하고 지속적으로 업데이트할 수 있을 것이다.

향후 등장할 차세대 AI 조종사 시스템은 단순한 센서 운용을 넘어 완전한 전술적 파트너로 진화할 전망이다. 이들은 모든 항공기 시스템을 통합 관리하며, 위협을 예측하고, 최적의 회피 기동을 자율적으로 수행할 것이다. 더 나아가 편대 내 다른 AI 시스템과 실시간으로 협업하여 분산된 전술 행동을 조율하고, 인간 조종사는 임무의 전략적 목표와 윤리적 판단에만 집중하게 될 것이다. 이는 공중전의 패러다임을 완전히 바꿀 혁명적 변화가 될 것이다.

인간-기계 연합 지휘체계는 물리적 전장뿐 아니라 사이버전, 전자전, 우주전, 인지전 같은 다영역 작전을 통합 관리한다. 적의 사이버 공격이 탐지되면 AI는 즉시 방어 조치를 취하는 동시에, 이것이 물리적 공격의 전조일 가능성을 분석하여 부대 배치를 선제적으로 조정한다. 전자전 신호를 포착하면 통신 주파수를 자동 변경하고, 동시에 해당 지역의 드론 정찰을 강화한다.

의사결정 권한의 분산화는 이 체계의 핵심이다. AI가 전 계층의 지휘관에게 전체 상황 인식을 제공함으로써, 하급 지휘관도 상급 지휘관의 의도를 명확히 이해하고 현장에서 신속한 결정을 내릴 수 있다. 이는 OODA 루프(관측-지향-결정-행동)의 속도를 극적으로 단축시켜, 적보다 빠른 템포로 작전을 수행할 수 있게 한다.

AI 기술의 진화와 신군사 능력 창출

앞으로 양자컴퓨팅이 도입되면 AI의 계산 능력은 지금과는 비교할 수 없을 정도로 향상될 것이다. 수만 가지 변수를 고려한 작전 시뮬레이션을 실시간으로 수행하고, 적의 행동을 높은 정확도로 예측할 수 있게 된다. 더 나아가 전례 없는 계산 속도로 복잡한 전략을 자동으로 생성하는 능력까지 갖추게 될 것이다.

에지 컴퓨팅과 고성능 AI 반도체는 전방의 개별 장비에서도 고도의 AI 처리를 가능하게 한다. 네트워크가 끊겨도 각 전투 단위가 독립적으로 AI 지원을 받을 수 있으며, 전방 단말기에서도 고속 의사결정이 가능해진다. 이는 통신이 차단된 상황에서도 개별 병사와 장비가 스마트하게 대응할 수 있음을 의미한다.

생성형 AI는 훈련과 작전 계획에 혁신을 가져올 것이다. 실제와 구분하기 어려운 가상 전투 환경을 만들어 병사들을 훈련시키고, 적의 가능한 모든 대응을 시뮬레이션하여 작전을 검증한다. 뿐만 아니라 사이버 심리전 콘텐츠를 설계하고, 기만 작전 시나리오를 자동으로 구성하는 등 정보전 영역에서도 핵심 역할을 수행할 것이다. 적의 심리전 메시지를 분석하고 대응 메시지를 자동 생성하는 것은 물론, 적을 혼란시키는 창의적인 기만 전술도 만들어낼 수 있다.

더욱 흥미로운 것은 생체 기반 웨어러블 장비와 AI의 결합이다. 스마트 소재로 만든 전투복은 병사의 심박수, 체온, 스트레스 수준을 실시간으로 모니터링하고, AI가 이를 분석해 피로도와 부상 가능성을 예측한다. 각 병사의 신체 상태에 맞춘 개인별 전술을 제안하고, 심지어 주변 환경에 맞춰 자동으로 위장 패턴을 바꾸는 적응형 전투복도 가능해질 것이다.

장기적으로는 일반 인공지능(AGI)의 등장 가능성도 배제할 수 없다. 만약 인간 수준의 종합적 사고 능력을 가진 AGI가 실현된다면, 전략 수립부터 전술 실행, 심지어 적과의 협상까지 수행하는 AI 지휘체계가 등장할 수도 있다. 물론 이는 먼 미래의 이야기이며, 그때까지는 인간이 최종 통제권을 유지해야 할 것이다.

인지력의 경쟁, 메타파워의 시대

하지만 이 모든 기술의 중심에는 여전히 인간이 있다. AI는 인간의 능력을 확장하는 도구이지 대체물이 아니다. 전쟁의 목적과 한계를 정하고, 윤리적 판단을 내리며, 평화를 추구하는 것은 오직 인간만이 할 수 있는 일이다.

그러나 분명한 것은 인공지능이 이제 군사력 건설의 선택이 아닌 필수 요소가 되었다는 점이다. 미래 전쟁은 단순한 무력 충돌이 아닌, 정보 수집과 처리, 판단 속도, 전략 실행의 정확성에서 인지적 우위를 확보하는 싸움이 될 것이다. 이러한 인지적 군사력, 즉 메타파워는 AI와 인간의 협력을 통해서 극대화될 수 있다.

따라서 미래 군사력의 진정한 강점은 AI 기술 자체가 아니라, 그것을 현명하게 활용하는 인간의 지혜에서 나온다. AI의 작동 원리를 깊이 이해하고 창의적으로 활용할 수 있는 능력이 새로운 군사 우위의 기준이 될 것이다. AI를 단순한 도구가 아닌 전략적 동반자로 수용한 군대는 복잡하고 불확실한 전장 환경에서도 기민하고 정확하게 대응할 수 있다.

이는 전통적인 '승리의 방정식' 자체를 다시 쓰게 만들 것이다. 인지적 우위를 확보한 군대가 미래 전장을 주도할 것이며, 그 핵심은 인간과 AI의 조화로운 협력에 있다. 지금 이 순간에도 인공지능은 빠르게 진화하고 있다. 군사력의 미래는 이미 시작되었으며, 우리는 그 새로운 전장을 설계하고 주도할 준비를 지금 당장 시작해야 한다.

9-9 AI 군사 활용의 윤리와 신뢰성

국제 규범과 인간 통제의 원칙

AI가 군사 분야에서 급속히 발전하면서 중요한 질문이 제기되고 있다. "기계가 인간의 생사를 결정해도 되는가?" 이는 단순한 기술 문제가 아닌 인류의 근본적인 가치와 관련된 문제다.

국제사회는 이미 이 문제를 심각하게 받아들이고 있다. 유엔은 특정재래식무기금지협약(CCW) 틀 안에서 2018년부터 자율무기체계에 대한 11개 지침 원칙을 채택했다. 주요 내용은 다음과 같다. 국제인도법이 완전히 적용되어야 하고, 인간이 무기체계 사용에 대한 책임을 유지해야 하며, 위험 평가와 완화 조치가 필요하다는 것이다. 2019년 회의에서는 이러한 원칙들을 재확인하고 구체적인 이행 방안을 논의했다.

특히 중요한 것은 '인간의 통제'다. 이는 두 가지 방식으로 구현된다. 'Human-in-the-loop'는 AI가 공격하기 전에 반드시 인간의 승인을 받는 방식이다. 마치 미사일 발사 버튼을 누르기 전에 지휘관의 최종 확인을 받는 것과 같다. 'Human-on-the-loop'는 AI가 자율적으로 작동하되, 인간이 언제든 개입하여 중단시킬 수 있는 방식이다. 자동 운전 중에도 운전자가 핸들을 잡으면 즉시 수동 모드로 전환되는 것과 비슷하다.

2023년 2월 네덜란드 헤이그에서 60개국 이상이 참여한 REAIM(책임 있는 군사 AI) 회의가 열렸다. 참가국들은 'Call to Action'을 통해 AI의 군사적 활용에서 책임성, 신뢰성, 지속 가능성을 강조했다. 특히 AI 무기 개발과 배치 과정에서 투명성을 높이고 인간의 적절한 통제를 유지해야 한다는 원칙을 확인했다. 다만 완전 자율무기에 대한 법적 지위와 규제 방안에 대해서는 국가 간 입장 차이로 구체적인 합의에는 이르지 못했으며, 지속적인 논의가 필요한 상황이다.

신뢰성 확보를 위한 기술적 과제

자동화된 무기 시스템의 가장 큰 위험은 오작동이다. 2003년 이라크전에서 패트리어트 미사일 방공 시스템이 영국과 미국의 아군 전투기를 적기로 오인해 격추한 사례는 자동화 시스템의 치명적 위험성을 보여준다. 당시 시스템은 현재의 AI만큼 복잡하지 않았음에도 이런 비극이 발생했다. AI가 더 복잡하고 자율적으로 발전할수록 예측하지 못한 오작동의 위험은 더욱 커질 수 있다.

이를 방지하기 위해서는 철저한 테스트가 필수다. 개발 단계에서 수만 가지 시나리오를 반복 실험해야 한다. "만약 민간인이 군복을 입고 있다면?" "적군이 항복 신호를 보낸다면?" "아군과 적군이 뒤섞여 있다면?" 같은 복잡한 상황을 모두 테스트해야 한다.

운용 중에도 안전장치가 필요하다. 긴급 중단 기능인 '킬스위치'는 필수다. AI가 이상 행동을 보이면 즉시 작동을 멈출 수 있어야 한다. 또한 중요한 시스템은 이중화해야 한다. 하나의 AI가 오판해도 다른 AI가 이를 검증하는 방식이다.

데이터의 편향성도 심각한 문제다. AI가 학습한 데이터가 특정 인종이나 지역에 편향되어 있다면, 잘못된 판단을 내릴 수 있다. 예를 들어 중동 지역 데이터만으로 학습한 AI는 아시아나 아프리카에서 제대로 작동하지 않을 수 있다. 따라서 다양하고 균형 잡힌 데이터로 AI를 훈련시켜야 한다.

책임 소재도 명확히 해야 한다. AI가 오판으로 민간인을 공격했다면 누가 책임질 것인가? 개발자인가, 운용자인가, 지휘관인가? 기존 법체계는 이런 상황을 상정하지 않았다. '책임의 공백'이 생기지 않도록 법적 기준을 새로 만들어야 한다.

제도화된 검증과 국제 협력

군사 AI의 안전성을 보장하기 위해서는 체계적인 검증 절차가 필요하다. NATO와 일부 선진국은 독립적인 AI 시험센터를 만들고 있다. 자동차가 안전 테스트를 거쳐야 도로에 나갈 수 있듯이, AI 무기도 엄격한 인증을 받아야 한다.

검증 기준도 표준화되고 있다. AI의 판단 과정을 설명할 수 있는가? 예상치 못한 상황에서 어떻게 반응하는가? 인간의 명령을 제대로 이해하고 수행하는가? 이런 항목들을 하나하나 점검한다. 더 중요한 것은 지속적인 재검증이다. AI는 계속 학습하고 변화하기 때문에 정기적으로 다시 테스트해야 한다.

국제 협력도 필수적이다. 각국이 제각각 AI 무기를 개발하면 통제가 불가능해진다. 따라서 공통된 윤리 기준과 기술 표준을 만들어야 한다. 이미 여러 나라가 AI 운용 사례를 공유하고, 합동 훈련을 통해 문제점을 찾아내고 있다. 민간 기업과 연구기관도 참여하여 윤리적 AI 개발 가이드라인을 만들고 있다.

특히 주목할 것은 '설명 가능한 AI' 기술이다. AI가 왜 그런 결정을 내렸는지 인간이 이해할 수 있어야 한다. "적으로 판단한 이유는 무기를 소지하고 있고, 위협적인 행동을 보였기 때문입니다"처럼 명확한 설명이 가능해야 한다. 이는 AI의 신뢰성을 높이고 오판을 줄이는 데 필수적이다.

책임 있는 AI 군사 활용의 미래

AI의 군사적 활용은 피할 수 없는 현실이다. 중요한 것은 이를 어떻게 통제하고 관리하느냐다. AI는 전투의 효율성을 높이고 아군의 피해를 줄일 수 있다. 하지만 잘못 사용하면 인류에게 재앙이 될 수도 있다.

따라서 우리는 세 가지 원칙을 지켜야 한다. 첫째, 인간의 존엄성과 생명을 최우선으로 한다. 둘째, 국제법과 윤리 규범을 철저히 준수한다. 셋째, 투명성과 책임성을 보장한다.

미래의 전장에서 AI는 점점 더 중요한 역할을 하게 될 것이다. 하지만 전쟁의 시작과 종결, 생명에 관한 결정은 반드시 인간이 내려야 한다. AI는 인간의 판단을 돕는 도구일 뿐, 결코 인간을 대체할 수 없다.

각국은 AI 기술 개발과 함께 윤리적 기준도 함께 발전시켜야 한다. 기술의 발전 속도만큼 빠르게 규범과 통제 체계를 만들어야 한다. 그래야만 AI가 인류의 안전과 평화에 기여하는 도구가 될 수 있다.

결국 AI 시대의 군사력은 기술의 우수성뿐 아니라 윤리적 책임을 다하는 국가가 진정한 강국이 될 것이다. 힘을 가진 자가 그 힘을 현명하고 책임감 있게 사용할 때, 비로소 지속 가능한 안보와 평화를 달성할 수 있다.

제10장

국방부 조직의 복잡성과 조직 이론

10-1 국방조직은 복잡계

국방부와 군사조직은 기능과 구조 측면에서 전형적인 복잡계 시스템이다. 단순히 전투 임무만 수행하는 것이 아니다. 군사 작전, 교육 훈련, 인력관리, 군사 법무, 시설 건설과 유지, 군 의료, 연구개발, 군수 조달 등 다양한 내적 기능들이 서로 긴밀하게 연결되어 있다. 동시에 평화유지, 인도적 지원, 첨단기술 개발 등 외부를 향한 전략적 임무도 수행한다.

이러한 복합적 기능들은 서로 의존한다. 하나의 결정이 조직 전체에 예측하기 어려운 파급 효과를 일으킬 수 있다. 예를 들어 작전지침의 사소한 변경이 병력 운용, 군수 보급, 훈련, 법무 대응, 의료 태세 등 다양한 부문에 동시다발적으로 영향을 미친다. 그 경로는 선형적으로 예측되기 어렵다. 이러한 연쇄 반응과 민감성은 국방조직이 동적인 유기적 조직임을 보여준다.

그림-4. 국방부 역할 및 복잡계 특성

복잡계는 비선형성, 창발성, 자기조직화, 피드백 루프 등의 특성을 통해 작동한다. 국방조직은 이 모든 특성을 실제로 보여준다.

비선형성(Nonlinearity)

비선형성은 원인과 결과가 일대일로 대응하지 않는 현상이다. 작은 변화가 예상 밖의 큰 결과를 가져오거나, 반대로 큰 변화가 미미한 결과에 그치기도 한다.

국방조직에서 비선형성의 대표적 사례는 1993년 소말리아에서 발생한 미군의 '블랙호크 다운' 사건이다. 단순한 체포 작전이 18명 사망, 84명 부상의 참사로 이어졌다. 이는 미국의 전체 아프리카 정책을 바꾸는 계기가 되었다.

2003년 이라크 전쟁은 또 다른 비선형성을 보여준다. 미군은 16만 명의 병력과 최첨단 무기를 투입해 단 3주 만에 바그다드를 함락시켰다. 그러나 전쟁은 단기간에 끝나지 않았다. 이라크군 해체라는 단 하나의 행정명령이 8년간의 비정규전으로 이어졌다. 그 결과 4,400명 이상의 미군이 사망하고 2조 달러가 넘는 전쟁 비용이 발생했다.

이러한 사례는 전쟁의 전개 방향이 근본적으로 예측 불가능하다는 것을 보여준다. 한 병사의 사망이라는 국지적 사건이 군 전체의 안전 체계 재검토, 보고 체계 개선, 조직 문화 변화로까지 이어질 수 있다. 이는 복잡계 조직의 구조적 연쇄성과 비선형성을 잘 보여준다. 최강의 군사력도 복잡한 사회 시스템의 반응을 통제할 수 없다. 작은 정책 결정 하나가 장기적 실패의 원인이 될 수 있다.

창발성(Emergence)

창발성은 시스템을 구성하는 개별 요소들이 상호작용하면서 새로운 현상이 나타나는 것이다. 개별 요소의 속성만으로는 설명할 수 없는 새로운 질서나 행동 양식이 만들어진다.

국방조직은 육군, 해군, 공군, 해병대로 나뉘어 각기 고유한 기능과 체계를 갖추고 있다. 그러나 실제 작전에서는 이들이 협력하여 합동작전을 수행한다. 해군의 해상 통제, 공군의 제공권 확보, 육군의 지상 기동이 통합되면 단일 군이 수행할 수 없는 복합적 전투력이 만들어진다.

대표적인 사례는 인천상륙작전이다. 해군의 조수 간만 차 분석, 해병대의 상륙 전술, 해군 항공대의 폭격 지원, 육군의 후속 작전이 결합되어 "극도로 위험한 도박적 작전"을 성공시켰다.

현대전에서는 사이버전, 우주전, 전자전이 전통적 군사력과 융합되어 새로운 차원의 전투력을 창출한다. GPS 교란, 드론 공격, 특수부대 침투가 동시에 일어나면 개별 공격의 단순 합을 넘어선 복합위협이 형성된다. AI는 이러한 연동을 자동화하여 최적의 자원 배분과 작전 동기화를 가능하게 한다.

자기조직화(Self-organization)

자기조직화는 구성 요소들이 중앙의 직접적인 명령 없이 자발적으로 상호작용하여 질서를 형성하는 현상이다.

2022년 러시아의 우크라이나 침공 초기 사례가 이를 잘 보여준다. 키이우로 향하는 주요 도로들에서 우크라이나 소부대들은 중앙 지휘 없이도 자발적으로 방어 거점을 구축했다. 인근 부대와 협조하여 효과적인 방어선을 형성했다.

또 다른 사례는 2001년 아프가니스탄 전쟁 초기다. 미 특수부대와 CIA 요원들이 북부동맹과 협력하여 현장 상황에 따라 자율적으로 작전을 설계하고 수행했다. 중앙 명령이 아닌 현지의 전략적 필요와 동맹과의 협력관계를 기반으로 유연하게 작전을 수행했다.

이를 뒷받침하기 위해서는 세 가지 기반이 중요하다. 첫째, 미 육군 교리에서 강조하는 '신뢰 구축' 원칙과 일치하는 구성원 간 상호 신뢰와 책임을 강조하는 조직문화다. 둘째, 지휘관의 의도를 이해하고 자율적으로 임무를 수행할 수 있도록 하는 임무형 지휘 교육이다. 셋째, 분산된 부대가 동일한 상황 인식을 가질 수 있도록 지원하는 정보 인프라 구축이다. 이는 네트워크 중심전의 핵심 구성요소이기도 하다.

피드백 루프(Feedback loop)

피드백 루프는 시스템의 행동 결과가 다시 입력으로 작용하여 시스템을 조정하거나 진화시키는 순환 구조다.

국방조직은 전통적으로 사후 분석을 통해 교훈을 도출했다. 그러나 AI 시대에는 실시간 피드백 시스템으로 진화하고 있다. AI는 방대한 데이터를 분석하여 패턴을 도출하고 정책이나 작전 계획에 즉시 반영한다.

AI는 실제 전장에서 발생한 방대한 사례 데이터를 수집하고 학습한다. 이를 통해 단순한 직관이나 경험이 아닌 축적된 전장 경험을 기반으로 의사결정을 지원한다. 대규모 데이터를 기반으로 훈련된 알고리즘은 과거 작전의 성공과 실패 요인을 분석한다. 그 결과를 정책 수립, 전술 선택, 교육 훈련 계획에 반영함으로써 전장의 경험을 조직의 자산으로 내재화한다.

데이터 중심 전쟁과 복잡계 조직의 진화

현대 전쟁은 직관이나 경험 중심에서 벗어나고 있다. 정량적 데이터와 알고리즘 기반 분석 중심으로 전환되고 있다. AI 시스템 하나의 도입만으로도 지휘결심 체계, 정보분석, 교육훈련, 인사관리 전반에 걸쳐 근본적인 구조적 변화를 유발한다. 이는 기존의 위계적 체계와 네트워크 기반 요구 사이에서 복잡한 적응 과정을 야기한다. 우크라이나 전쟁에서는 민간 위성 이미지, 소셜미디어 정보, 드론 영상 등이 통합 분석되어 실시간 작전에 활용되었다.

이러한 변화 속에서 국방조직은 단편적 조정이나 일시적 구조 개편만으로는 적응할 수 없다. 데이터의 수집, 공유, 분석, 활용의 전 과정을 체계화해야 한다. 실시간 학습이 가능한 적응형 시스템으로 전환되어야 한다. 이는 단순한 기술 도입이 아니다. 데이터 중심 조직문화의 정착과 리더십의 인식 전환을 포함하는 포괄적 변화다.

결과적으로 국방조직은 유연성, 학습성, 자율성과 협동성을 핵심 가치로 삼아야 한다. 복잡계 이론과 데이터 중심 전략을 통합적으로 작동시킬 수 있는 기반을 갖추어야 한다. 이를 통해 예측 불가능성과 불확실성이 지배하는 현대 전장 환경에 능동적으로 대응할 수 있다. 실시간으로 진화하는 지능형 국방조직으로 도약할 수 있을 것이다.

10-2 복잡적응형 조직 이론과 국방 적용

복잡적응계(CAS: Complex Adaptive System)는 복잡계를 이루는 구성 요소들이 학습과 진화를 통해 환경 변화에 능동적으로 적응하는 동적 시스템을 의미한다. 인체의 면역체계, 생태계, 인간 사회 등이 대표적인 예다. 현대 군사조직도 이러한 방향으로 발전하고 있다.

AI와 데이터 기반 기술의 발전은 적응형 조직 이론을 실질적으로 현실화할 가능성을 빠르게 높이고 있다. 이는 단순한 이론적 모델을 넘어 실제 전장 운영에서 적용 가능한 전략으로 진화하고 있다. 복잡계의 특성은 앞 절에서 설명한 바 있으므로, 본 절에서는 국방조직이 어떻게 적응성과 학습 능력을 갖춘 실질적인 '살아있는 조직'으로 진화할 수 있는지를 사례 중심으로 다룬다.

학습 능력: 전장의 경험을 조직의 지능으로

국방조직은 단순한 개인의 역량에 의존하지 않고 조직 전체가 지속적으로 학습하고 진화할 수 있어야 한다. 기존에도 훈련 후 사후검토(AAR: After Action Review)를 통해 교훈을 도출하고 전파하는 문화는 존재해왔다. 그러나 최근에는 인공지능과 시뮬레이션 기술을 통해 방대한 전장 데이터를 학습하고 실시간 작전 분석에 적용하는 체계가 발전하고 있다.

대표적 사례로 미 국방부는 'Project Maven'을 통해 드론 영상 수십만 건을 AI에 학습시켜 표적 식별 정확도를 높였다. 이를 기반으로 지휘관이 더 빠르고 정확한 결정을 내릴 수 있도록 지원하고 있다. 우크라이나 전쟁에서도 민간 위성 영상, 열영상, 드론 데이터 등을 통합 분석하여 포병 타격 위치를 실시간 추천하는 시스템이 운영되었다. 이는 AI 기반 전장 학습의 실제 적용 사례로 평가된다.

유연성: 조직 재구성과 명령 체계 전환

급변하는 전장 환경에서는 고정된 조직 구조보다 임무에 따라 가변적으로 재편성되는 유연한 체계가 필요하다. 미국은 이라크 및 아프가니스탄 전쟁에서 '합동 특수작전태스크포스(JSOTF)'를 구성하여 상황에 맞는 임무 중심 편성을 실현하였다. 이들은 정보기관, 특수부대, 정규군이 혼합된 구조였다. 복잡한 반란 진압 및 도시 전투에 효과적으로 대응하였다.

NATO는 전장 상황에 맞춰 지휘통제방식을 기존의 계층형에서

'임무형 지휘(Mission Command)' 방식으로 전환하였다. 이는 상급자의 의도와 목표만 전달하고 방법은 하급 부대가 현장에서 자율적으로 결정하는 방식이다. 전형적인 유연한 지휘 체계라고 할 수 있다.

분산 지능: 의사결정의 현장 분산

현대전에서는 실시간 정보가 쏟아지고 전장이 복잡다층적으로 구성되어 있다. 중앙에서 일일이 통제하는 것은 비효율적이다. 이에 따라 '분산 지능'이 강조되고 있다. 이는 기술 기반의 자율 체계를 활용하여 각 전술 단위가 실시간 정보를 기반으로 독립적인 결정을 내릴 수 있는 환경을 의미한다. 분산 지능은 드론, 센서, AI 기반 의사결정 시스템 등과 결합된다. 하위 부대가 스스로 판단하고 행동할 수 있도록 함으로써 작전의 민첩성과 생존성을 동시에 높인다.

이스라엘의 Iron Dome 미사일 방어체계는 인간이 일일이 개입하지 않는다. 로컬 배치된 각 발사대가 실시간 데이터를 기반으로 요격 결정을 자율적으로 내리는 구조로 설계되어 있다. 이는 군사적 시스템에서 분산 지능이 작동하는 대표적인 예다.

미 육군은 전투 분대가 전장 상황에 따라 드론, 센서, 위성통신 데이터를 실시간으로 분석할 수 있도록 했다. 독립적으로 결정을 내릴 수 있는 Tactical Edge AI 시스템을 도입하고 있다. 이러한 구조는 중앙의 명령 없이도 생존성과 작전 능력을 극대화할 수 있는 환경을 조성한다.

국방조직이 복잡적응계로서 효과적으로 기능하기 위해서는 세 가지 조건이 충족되어야 한다.

첫째, 전장의 경험이 단절되지 않고 지속적으로 축적되어 데이터로 저장되어야 한다. 이 데이터를 인공지능이나 시뮬레이션을 통해 반복적으로 분석·활용함으로써 조직 전체의 학습 역량이 향상되어야 한다.

둘째, 변화하는 전장 환경에 따라 조직의 구조나 지휘 체계를 유연하게 재편할 수 있는 구조적 적응성이 확보되어야 한다.

마지막으로, 드론, 센서, AI 기반 시스템 등을 활용한 분산된 정보 접근성과 자율적 판단 구조가 필요하다. 각 전술 단위가 중앙의 지시 없이도 독립적으로 판단하고 행동할 수 있는 권한과 능력을 가져야 한다.

이러한 조건이 충족될 때 국방조직은 고정된 계층 구조를 넘어선 유기적이고 진화 가능한 지능형 조직으로 발전할 수 있다. 불확실성과 복잡성이 지배하는 현대 전장 환경에 능동적으로 대응할 수 있을 것이다.

10-3 데이터 기반 적응형 국방조직론

본 절에서는 앞서 논의한 복잡계·복잡적응계 이론을 실제 국방 운영에 적용하기 위한 청사진을 제시한다. '데이터 기반 적응형 국방조직(D3E: Data-Driven Defense Enterprise)'이 그것이다. D3E는 국방조직이 급변하는 미래 전장 환경에서 생존하고 우위를 점하기 위한 핵심 전략이다.

D3E의 핵심은 전장의 모든 센서, 플랫폼, 인력, 심지어 정책 결정 과정에서 생성되는 방대한 정보를 하나의 유기적인 데이터 파이프라인으로 통합하는 것이다. 이 흐름 위에서 지속적인 학습을 반복함으로써 지식 생성-결정-행동의 전 과정을 실시간으로 연결한다. 이는 단순한 정보 취합을 넘어선다. 데이터를 국방의 핵심 자산으로 인식하고, 작전 효율성과 의사결정의 질을 극대화하려는 미 국방부의 데이터 전략과 맥을 같이 한다.

궁극적으로는 전장이 예측 불가능하게 변동하더라도 1분 안에 상황을 인식하고, 10분 안에 최적안을 권고하며, 1시간 안에 실제 조치를 가동할 수 있는 기민한 국방조직을 구현하려는 목표다. 이는 인지적 우위에서 달성하고자 하는 목표와 직결된다.

D3E 구현을 위한 다섯 가지 핵심 축

이를 구체화하기 위한 구현 축은 다섯 가지로 요약된다. 각 축은 상호 유기적으로 연동되어 시너지를 창출한다.

첫째, 통합성(Integration)이다. 작전·군수·인사·정보 등으로 파편화되어 온 체계를 '단일 데이터 패브릭' 또는 '데이터 메시' 아키텍처로 통합한다. 이를 통해 최고 지휘관부터 일선 전투원까지 각자의 역할에 맞는 전장 상황도를 실시간으로 공유한다. 미 육군 '밴티지(Vantage)' 플랫폼이 수백 개의 시스템을 하나의 대시보드로 통합한 사례가 있다. 미 국방부의 '애드바나(Advana)'는 전반적인 데이터 통합 및 분석 플랫폼으로 자리매김했다. 이는 대한민국 국방부의 국방아키텍처프레임워크(MND-AF)가 지향하는 상호운용성 확보의 핵심이기도 하다.

둘째, 실시간성(Real-time)이다. 센서에서 수집된 정보가 전술 5G와 저궤도 위성망을 거쳐 클라우드와 엣지 단말로 수초 단위로 전파되어야 한다. 이는 군사 사물인터넷(IoMT) 기술의 광범위한 적용을 전제로 한다. 우크라이나군이 운용하는 GIS Arta 네트워크는 위성·드론 영상으로부터 포병 사격 지령까지 기존 20분에서 30~45초 안에 처리한 사례가 보고되었다.

셋째, 시각화(Visualization)다. 복잡한 데이터는 3차원 공통작전상황도(COP)나 증강현실 헤드셋, 전술용 홀로그램 테이블로 변환된다. 지휘관은 전장 상황을 입체적으로 파악하고 데이터 이면의 패턴을 신속하게 간파할 수 있다. 디지털 트윈 기술을 활용하여 현실과 동일한 가상 전장을 구축하고 다양한 시나리오를 시뮬레이션할 수도 있다. 이스라엘군이 운용하는 '정보 공작소(Factory of Information)'는 방대한 데이터를 통합 분석하고 시각화하여 지휘관에게 제공하는 시스템의 예시다.

넷째, 학습성(Learning)이다. 사후검토(AAR), 작전 로그, 시뮬레이션 결과가 자동으로 AI 학습을 촉발한다. 국방조직은 경험으로부터 끊임없이 배우고 전술 모델을 주기적으로 고도화한다. 미 공군은 실제 비행 로그로 공중 전투 AI를 반복 학습시키는 실증을 진행 중이다. 미 국방부의 'Project Maven'은 드론 영상 수십만 건을 AI에 학습시켜 표적 식별 정확도를 높인 대표적 사례다.

다섯째, 분산지능성(Distributed Intelligence)이다. 엣지 AI가 탑재된 자율무기체계와 로봇이 현장에서 독립적으로 판단하고 대응한다. 중앙은 '작전 의도'와 교전 규칙만 제공한다. 이스라엘의 '아이언돔'이나 미 육군의 전술 엣지 AI 키트가 이러한 추세를 보여준다. 단절·간헐·제한적(DIL) 환경에서도 임무 수행이 가능한 미 육군 엔드포인트 보안 솔루션의 데이터 메시 아키텍처도 주목할 만하다. 중국 역시 '지능화 전쟁' 개념 하에 AI 기반 자율 시스템 개발에 박차를 가하고 있다.

데이터 파이프라인의 여섯 단계

이러한 구현 축을 작동시키기 위해선 여섯 단계로 구성된 견고한 데이터 파이프라인이 필수적이다. 데이터 파이프라인은 원시 데이터가 실질적인 작전 정보로 변환되는 전체 과정을 체계화한 것으로, 각 단계가 유기적으로 연결되어 데이터의 수집부터 활용까지 자동화된 흐름을 만들어낸다. 이는 인지적 군사력 구조에서 제시된 데이터 생애주기(생성-전송-처리-해석)를 실무적·기술적 프레임워크로 전환한 것으로, 실제 시스템 구축과 운영에 필요한 보안, 표준화, 환류 등의 세부 과정과 운영상 필수 요소들을 포함하여 확장한 것이다.

① **생성**: 무기체계, 센서 플랫폼, 개별 병력의 웨어러블 장비, 행정 시스템 등 모든 접점에서 실시간 데이터 스트림이 생성된다. 정형, 비정형, 반정형 등 모든 형태의 데이터가 포함된다.

② **수집 및 정제**: 원시 데이터는 군 전용 5G, 위성통신망 등을 통해 수집된다. 오류 수정, 중복 제거, 누락 값 처리 등의 정제 과정

을 거친다. 특히 단절·간헐·제한적(DIL) 환경에서의 데이터 전송 효율성 확보가 중요하다.

③ **표준화 및 통합**: 정제된 데이터는 전군 공통의 메타데이터 표준을 적용하여 데이터 패브릭에 통합된다. GDMS(General Dynamics Mission Systems)의 '시큐어 데이터 패브릭'과 같은 솔루션이 이러한 과정을 지원한다.

④ **저장 및 보안**: 데이터는 온프레미스 데이터센터, 정부 인증 클라우드, 전술용 클라우드렛에 분산 저장된다. 제로 트러스트 아키텍처와 데이터 암호화를 통해 사이버 위협으로부터 보호한다.

⑤ **분석 및 학습**: GPU 팜과 머신러닝 운영(MLOps) 파이프라인을 활용하여 데이터를 분석하고 AI 모델을 학습시킨다. 표적 자동 인식, 예지정비, 인력 최적 배치, 위협 예측 등에 활용된다.

⑥ **배포 및 환류**: 분석 결과는 COP 대시보드, AR 헬멧, 스마트워치 등으로 배포된다. 결과 로그와 피드백은 다시 데이터 레이크로 환류되어 모델을 재훈련하는 선순환 고리를 완성한다.

D3E 적용의 효과는 이미 다양한 선행 사례를 통해 입증되고 있다. 의사결정 속도의 획기적 단축, 장비 가용률의 대폭 향상, 자원 운용의 최적화, 예측적 위협 대응 능력 강화 등이 그것이다. 이러한 개선은 단순한 효율성 증대를 넘어 전장에서의 생존과 우위 확보로 직결된다.

복잡하고 예측 불가능한 미래 전장에서 데이터 중심 조직으로의 전환은 선택이 아닌 생존 조건이다. 데이터가 지휘 결정과 무기 운용 모두에 실시간으로 연결되는 현대 전장에서는 데이터를 무기만큼 중요한 전력으로 활용하는 조직만이 주도권을 확보할 수 있다.

D3E 비전을 성공적으로 실현할 때, 국방조직은 진정한 복잡적응계로 도약하게 된다. 미래 전장에서 데이터는 단순한 정보가 아닌 전투력의 핵심이자 승패를 결정하는 전략 자산이 될 것이다. 데이터를 생성하고, 연결하고, 학습하고, 활용하는 능력이 곧 미래 국방력의 척도가 될 것이다.

제11장

데이터 기반의 국방조직 체계

11-1 디지털 조직지(組織智, Organizational Intelligence)

AI 시대의 지식 관리의 진화

디지털 조직지(Organizational Intelligence)는 인지적 군사력의 핵심 결과물이다. AI, 빅데이터, 클라우드 등 첨단 정보통신기술을 활용하여 만들어진다.

전통적인 지식관리체계(KMS)는 한계가 명확했다. 전문가의 경험과 지식을 문서나 데이터베이스 형태로 저장하는 정적인 방식이었다. 반면 디지털 조직지는 근본적으로 다르다. AI 알고리즘의 파라미터에 조직의 지식을 동적으로 내재화한다. 이를 실시간으로 현장에 활용할 수 있다.

예를 들어 기존에는 전문가들이 축적한 노하우를 문서로 보관했다. 필요할 때마다 이를 찾아 참조해야 했다. 하지만 디지털 조직지는 다르게 작동한다. 대규모 데이터를 기반으로 AI 모델이 학습한다. 실시간으로 지식을 축적하고 활용하여 신속한 의사결정을 지원한다. 정보 업데이트가 느리고 활용이 제한적이라는 기존 방식의 한계를 극복한 것이다.

디지털 조직지의 핵심은 데이터 중심성이다. 조직 전체가 데이터를 전략적 자산으로 인식한다. 데이터 패브릭과 같은 기술로 데이터 사일로(Silo)를 제거한다. 모든 구성원이 신뢰성 높은 데이터에 접근할 수 있는 환경을 만든다.

미국 국방부는 데이터 전략에서 이를 명확히 했다. "데이터를 전략적 자산으로 간주하며, 데이터의 효과적인 관리가 전장에서의 우위를 확보하는 필수 조건"이라고 선언했다. 클라우드 기반 데이터 인프라와 초고속 네트워크를 활용한다. 조직 내 모든 구성원이 신속하고 효과적으로 데이터를 활용할 수 있는 체계를 구축하고 있다.

디지털 조직지는 지속적 학습과 최적화를 필수로 한다. 현대 군사환경은 예측 불가능하고 급변한다. AI 모델은 이에 대응한다. 온라인 학습, 강화학습, 전이학습 등의 기법을 활용한다. 지속적으로 진화하고 성능을 개선한다. 조직은 변화무쌍한 환경에서도 신속하고 정확한 의사결정 능력을 유지할 수 있다.

윤리적 책임성과 투명성 확보도 중요하다. AI의 의사결정 역할이 확대되면서 새로운 과제가 생겼다. 판단 근거와 책임소재를 명확히 해야 한다. 설명 가능성도 제공해야 한다. 이를 위해 인간 관여 방식과 설명 가능한 AI(XAI)를 필수적으로 도입한다.

미국 국방부는 이를 실천하고 있다. 민감한 군사 결정 과정에서 인간의 최종 개입을 의무화했다. AI가 내린 결정의 근거를 투명하게 공개하는 규정도 마련했다.

결론적으로 디지털 조직지는 첨단 ICT 인프라와 데이터 중심의 조직문화를 바탕으로 한다. AI를 통해 축적된 지식을 조직의 핵심 역량으로 활용한다. 급변하는 군사 환경에서 신속하고 윤리적인 의사결정을 가능하게 한다. 인지적 군사력의 요체이자 전략적 우위를 확보하기 위한 새로운 패러다임의 핵심 자산이다.

디지털 조직지와 AI 알고리즘

미래 군사 환경에서 디지털 조직지는 AI 알고리즘을 활용한다. 전략적, 전술적, 국방 운영 차원의 다양한 기능을 효과적으로 통합하고 수행한다. 지속적인 학습과 알고리즘 파라미터의 업데이트를 통해 성능을 끊임없이 개선한다.

① **전략적 차원의 AI 알고리즘**

전략적 차원에서 AI 알고리즘은 복잡하고 방대한 데이터를 분석한다. 군사 전략 수립에 필요한 상황 예측을 수행한다. 이를 통해 정확하고 신속한 의사결정을 지원한다.

미국의 합동 전영역 지휘통제(JADC2) 시스템이 대표적이다. AI 기반 통합 네트워크를 통해 전군의 데이터를 실시간으로 공유하고 분석한다. 정확한 전장 상황 인식과 전략적 대응을 가능하게 한다. 중국도 거대 언어모델(LLM)을 활용한다. 전략 정보 분석과 첨단 무기체계 개발을 통해 전략적 우위를 추구하고 있다.

② 전술적 차원의 AI 알고리즘

전술적 차원에서 AI 알고리즘은 현장 작전을 지원한다. 실시간 표적 탐지, 자율 사격 통제, 드론 운용 등 세부적이고 즉각적인 의사결정을 돕는다.

미국의 프로젝트 메이븐이 좋은 예다. 전술 무인기의 영상 정보를 AI로 실시간 자동 분석한다. 표적을 빠르게 식별하고 대응할 수 있다. 자율주행 전투차량, 무인 수상함정, 항공기 등에서도 AI 알고리즘이 핵심 기능을 담당한다. 중국과 러시아도 자율살상무기(LAWS) 개발을 통해 전술적 AI 활용을 확대하고 있다.

③ 국방 운영 차원의 AI 알고리즘

국방 운영 차원에서 AI 알고리즘은 군사적 행정과 운영 관리의 효율성을 극대화한다. 미국 국방부의 플랫폼 애드바나(Advana)가 대표적이다. 국방부 내 여러 부서와 군종의 데이터를 통합적으로 수집하고 분석한다. 예산 계획, 인력 관리, 자산 운용, 전략적 의사결정 지원 등의 기능을 수행한다. 자원의 효율적 관리와 군사 행정의 효과성을 높이고 있다.

AI 알고리즘의 성능 향상을 위해서는 지속적인 학습이 필수다. 전장에서 실시간으로 수집되는 데이터를 활용한다. AI 알고리즘이 정확하고 빠르게 판단할 수 있도록 꾸준히 학습시키고 최적화한다. 따라서 정보통신 체계의 구축이 매우 중요하다. 고속 데이터 전송, 안정적 클라우드 인프라, 실시간 데이터 처리가 가능해야 한다.

디지털 조직지 구현을 위한 핵심 정보통신 인프라

디지털 조직지를 효과적으로 구현하려면 정보통신 인프라가 필수적이다. 데이터의 생성, 수집, 전송, 저장, 분석을 안정적으로 보장해야 한다.

① 클라우드 기반 데이터 인프라

방대한 데이터를 저장하고 처리하려면 클라우드 기반 인프라가 필요하다. 이는 디지털 조직지의 핵심이다. 기업형 클라우드, 데이터 레이크, 데이터 패브릭 기술을 활용한다. 데이터를 실시간으로 수집, 정제, 저장, 분석하는 자동화된 데이터 파이프라인을 구축하고 있다.

② 고속 안전 네트워크

AI 시대에 데이터는 디지털 조직지의 혈류 역할을 한다. 이를 지원하는 초고속·초저지연 네트워크가 필요하다. 5G, 6G, 위성통신 등 다양한 통신 시스템을 통합한다. 전장 내 어디서나 안정적이고 신속한 데이터 전송을 가능하게 한다.

③ 머신러닝 운영(MLOps)과 데이터 관리

AI 모델의 지속적 학습과 최신성 유지가 중요하다. MLOps를 통해 전 과정을 자동화한다. 데이터 준비부터 모델 배포와 모니터링까지 포함한다. AI 모델의 성능을 지속적으로 최적화한다. 데이터의 품질 관리와 보안도 강화한다.

④ 설명 가능한 AI(XAI)와 투명성 확보

AI 판단 결과의 투명성과 이해 가능성을 보장해야 한다. 설명 가능한 AI(XAI)를 도입하고 있다. 의사결정 과정의 근거를 명확히 제공한다. 조직 구성원의 신뢰를 확보할 수 있다. 적대적 AI 공격에 대비한 보안 기법도 함께 적용한다.

⑤ 정보보안과 신뢰성 강화

군사 데이터와 AI 시스템의 안전한 운영이 중요하다. 엄격한 보안 정책과 기술을 적용한다. 제로 트러스트 아키텍처와 인증 체계를 통해 데이터의 무결성을 유지한다. AI 관련 국제 표준과 윤리적 가이드라인을 수립한다. 책임 있는 AI 활용을 보장한다.

이러한 정보통신 기반 위에서 지속적인 학습이 이루어진다. 데이터 학습과 AI 알고리즘의 최적화가 계속된다. 디지털 조직지는 끊임없이 진화하고 발전한다.

데이터 중심 조직문화와 디지털 조직지

디지털 조직지를 성공적으로 구현하려면 기술과 인프라만으로는 부족하다. 데이터 중심의 조직문화 확립이 필수적이다. 데이터와 AI 친화적인 사고방식과 업무 방식을 조직 전반에 정착시켜야 한다. 제도적 기반과 인적 자원의 뒷받침이 반드시 필요하다.

① 데이터 리터러시(Data Literacy) 강화

데이터 중심 조직문화의 출발점은 구성원의 역량이다. 조직 구성원 전원이 데이터를 정확하게 이해하고 활용할 수 있어야 한다.

미국 육군은 모든 장병을 대상으로 '데이터 리터러시 101' 교육 과정을 운영한다. 미 육군 교리사령부에서 실시하는 이 교육은 포괄적이다. 병사부터 지휘관까지 모든 구성원이 참여한다. 일상적인 임무 수행 시 데이터를 적극적으로 활용하도록 유도한다. 조직 전반에 데이터 기반의 의사결정 문화를 심어주는 데 기여하고 있다.

이러한 접근은 특별한 목적이 있다. 전문가에만 의존하는 방식을 벗어나는 것이다. 모든 구성원이 데이터 분석가로 성장하도록 돕는다.

② 데이터 중심 조직 전환의 도전 과제

데이터 중심 문화로의 전환은 많은 이점을 가져온다. 하지만 극복해야 할 도전 과제도 존재한다.

미 국방부는 초기 단계에서 어려움을 겪었다. 데이터와 AI 도입 시 각 군이 개별적으로 프로젝트를 추진했다. 중복 투자와 비효율 문제가 발생했다. 이를 해결하기 위해 데이터 거버넌스의 통합이 필요했다.

조직 구성원들의 저항도 중요한 과제다. 오랫동안 경험과 직관에 의존해온 사람들이 많다. 새로운 데이터와 AI 기반 업무 방식에 저항감을 보인다. 이를 완화하려면 체계적인 접근이 필요하다. 교육과 변화 관리 프로그램을 병행해야 한다. 구성원들의 불안을 해소하고 변화를 촉진할 수 있다.

최고 지휘부의 역할이 특히 중요하다. 데이터 중심 업무 수행의 중요성을 강조해야 한다. 그 성과를 지속적으로 공유해야 한다. 조직 전반에 걸쳐 긍정적이고 명확한 문화 변화를 이끌어낼 수 있다.

11-2 국방조직의 데이터 중심 전환

국방조직이 인지적 군사력(메타파워)을 효과적으로 구현하려면 근본적인 변화가 필요하다. 국방부 본부의 조직 구조를 데이터 중심 관점에서 재편해야 한다.

전통적으로 국방부와 각 군 본부는 기능별로 운영되어 왔다. 작전, 인사, 군수 등으로 구분된 조직이 각자의 업무를 수행했다. 하지만 이제는 달라져야 한다. 기능 조직 간 데이터 공유와 협업을 극대화할 수 있도록 구조를 조정해야 한다. 국방부 차원에서 데이터 거버넌스를 총괄할 수 있는 상위 조직이나 전담 직책을 신설하는 것이 필요하다.

미국 국방부의 사례가 좋은 참고가 된다. 2018년 합동 인공지능센터(JAIC)를 설치했다. 2022년에는 이를 더욱 발전시켰다. 최고디지털인공지능책임관(CDAO, Chief Digital and AI Officer)을 도입하여 데이터, AI, 디지털 혁신을 총괄하도록 했다. 이는 방대한 국방 데이터를 표준화하여 통합적으로 활용하기 위한 것이었다. 군별·부서별 통합 전략을 추진하기 위한 조직적 기반이 필요했기 때문이다.

각 군의 데이터 관련 기능도 변화가 필요하다. 공통의 데이터 플랫폼 위에 통합하는 것이 이상적이다. 최소한 상호운용성과 표준화는 확보해야 한다. 미군의 합동 전영역 지휘통제(JADC2) 개념이 대표적인 예다. 모든 군의 센서와 무기체계를 하나의 네트워크로 연결한다. 실시간 데이터 공유를 기반으로 결심-행동 사이클을 단축한다. 이러한 모델은 우리 군에도 중요한 시사점을 제공한다.

이를 실현하려면 인프라 구축이 필수다. 전군이 공통으로 사용할 수 있는 대규모 클라우드 인프라가 필요하다. 데이터 분석 체계도 갖춰야 한다. 국방부 본부 내 데이터 통합 전략팀이나 디지털 혁신 전담 조직이 이를 구체화해야 한다. 데이터 흐름의 일관성, 처리 효율성, 분석 역량을 체계적으로 확보할 수 있도록 설계되어야 한다.

국방조직은 학습형 조직으로 전환해야 한다. 데이터 중심 구조를 기반으로 지속적인 발전을 추구해야 한다. 다양한 경로에서 데이터를 끊임없이 수집한다. 피드백을 통해 스스로 학습하는 구조를 구축한다. 훈련이나 실전에서 발생하는 방대한 데이터를 활용한다. AI와 데이터 분석 기법으로 이를 축적하고 분석한다. 도출된 교훈을 정책 수립과 전력 건설에 반영하는 피드백 루프를 만든다.

이러한 체계가 정착되면 조직 전체가 똑똑해진다. 디지털 조직지(組織智, Organizational Intelligence)가 향상된다. 시간이 지날수록 점진적인 발전이 가능해진다.

구체적인 예를 들어보자. 각 군의 훈련 데이터와 작전 보고서가 실시간으로 본부 데이터센터에 축적된다. AI 분석을 통해 전략 시뮬레이션이나 교리 개발에 활용한다. 과거에는 직관에 의존하던 영역이 바뀐다. 데이터 기반 학습을 통해 객관적이고 정밀한 접근이 가능해진다.

국방조직은 민첩성도 갖춰야 한다. 환경이 변하고 기술이 발전한다. 이에 따라 구조를 유연하게 재편하고 절차를 개선할 수 있어야 한다. 지속적 학습과 적응이 중요하다.

AI 기술 활용은 점진적으로 발전한다. 초기에는 제한적으로 사용된다. 시간이 지남에 따라 활용 영역이 확장된다. 시스템 성능이 고도화되면서 조직 전체의 역량을 증폭시킨다. 이는 선순환 구조를 형성한다.

요약하면, 데이터 중심 조직 개편의 목표는 명확하다. 국방부 본부가 전군 데이터를 통합 관리하는 '거대 조직 두뇌'로 기능하도록 전환하는 것이다. 메타파워의 기반인 보이지 않는 정보처리 역량을 극대화한다. 메타파워 기반은 더 적은 국방자원으로 더 똑똑하고 유능한 군을 운영한다. 이러한 조직 개편은 단순한 기술 도입이 아니다. 데이터 기반 의사결정 문화의 정착이 필요하다. 제도적 기반 확립까지 아우르는 총체적 변화로 이어져야 한다.

다음으로 미국과 중국의 사례를 살펴보자. 두 나라의 국방부 조직이 어떻게 구성되어 있는지 확인한다. 데이터 중심 혁신을 위해 어떤 노력을 기울이고 있는지 분석한다.

11-3 미국과 중국의 국방 디지털 조직 구조

미국: 통합된 국방부 구조와 디지털 혁신

미국 국방부(DoD)는 미국 최대 규모의 정부 조직이다. 약 280만 명의 군인과 민간인이 일하고 있다.

조직 구조는 명확하다. 국방부 장관(Secretary of Defense)이 정점에 있다. 그 아래에 합참의장(JCS 의장)과 각 군의 군사부(Military Departments)가 배치되어 있다. 각 군사부는 육군, 해군·해병대, 공군·우주군으로 구성된다. 이들은 해당 군종의 전력 제공, 훈련, 장비 획득 등 군령과 군정 업무를 수행한다.

국방부 본부인 국방장관실(OSD)은 행정과 지원 기능을 총괄한다. 정책, 인사·준비태세, 군수·획득, 연구공학, 정보 등 분야별 차관보 조직을 통해 운영된다.

실질적인 전투 작전은 통합전투사령부(Unified Combatant Commands)가 담당한다. 이들은 전 세계를 작전 영역별·기능별로 나누어 지휘한다. 국방부 직할 국방기관(Defense Agencies)도 중요한 역할을 한다. DIA(국방정보국), DLA(국방물자청), DHA(국방보건국) 등이 정보, 군수, 의료 등 전문 지원 임무를 수행한다.

작전 조직과 행정 조직은 유기적으로 연계된다. 이를 통해 미군은 전 세계에서 군사 작전과 지원 기능을 효과적으로 통합할 수 있다.

미 국방부는 2020년대 들어 데이터와 AI 중심의 조직 혁신을 적극 추진하고 있다. 합동 인공지능센터(JAIC)를 설립했다. 최고디지털인공지능책임관(CDAO)도 신설했다. 이는 각 군에 분산되어 있던 AI 개발 역량을 통합하기 위한 조치다. 방대한 군사 데이터를 체계적으로 활용하기 위한 기반도 마련하고 있다.

JADC2 전략도 추진 중이다. 센서-통신-사격 체계를 통합하는 네트워크를 구축한다. 클라우드 기반 전장 데이터 공유를 위해 대규모 투자도 진행한다. 2022년에는 중요한 계약을 체결했다. 아마존,

마이크로소프트, 구글, 오라클 등 민간 기업과 최대 90억 달러 규모의 합동전투 클라우드(JWCC) 계약을 맺었다. 2028년까지 미군 전장 전역에서 멀티 클라우드 환경을 구현하는 것이 목표다.

이러한 전략은 디지털 시대에 맞는 국방조직 개편의 일환이다. 국방부 최고데이터책임자(CDO)를 임명했다. 각 군 데이터 책임자(CDO)도 지정했다. AI 책임 윤리위원회도 설치했다. 이를 통해 데이터 및 AI 거버넌스 체계를 공고히 한다. 데이터 중심 의사결정 문화를 조직 전반에 확산시키고자 한다.

구체적인 성과도 나타나고 있다. 프로젝트 메이븐(Project Maven)은 드론 영상 정보를 AI로 자동 분석한다. 전장 가시성을 획기적으로 향상시켰다. 예측 정비(Predictive Maintenance) 시스템도 효과적이다. 무기 정비 데이터를 기반으로 고장 가능성을 사전에 예측한다. 무기 가용성과 작전 효율성을 크게 향상시키고 있다.

요약하면, 미국 국방부는 방대한 조직의 특성을 유지하면서도 혁신을 추구한다. 계층성과 기능 분산은 그대로 두되, 데이터와 AI를 기반으로 유기적으로 연계한다. 더 지능적이고 기민한 국방조직으로 전환하기 위한 노력을 선도적으로 수행하고 있다.

중국: 지능화 군대 건설과 정보 중심 조직

중국의 군사 지휘 체계는 독특하다. 미국이나 한국과 달리 국방부(Ministry of National Defense)가 실질적인 지휘 기관이 아니다. 공산당 중앙군사위원회(CMC)가 군 최고 통솔 기관이다. 군정과 군령을 모두 총괄한다. CMC는 군사 정책과 전략 수립 및 집행을 책임지는 실질적인 지휘 조직이다.

시진핑 주석 체제하에서 중국 인민해방군(PLA)은 대대적인 개혁을 단행했다. 2015~2016년 전통적인 4대 총부를 폐지했다. 총참모부, 총정치부, 총후근부, 총장비부가 사라졌다. 대신 CMC 직속으로 15개의 부서·위원회·판공실을 신설했다. 평탄하고 통합된 지휘 구조를 구축한 것이다.

새로운 CMC 산하 조직은 체계적으로 구성되었다. 7개 부서가 있다. 합동참모부, 정치공작부, 장비발전부, 훈련관리부, 후근보장부, 국방동원부 등이다. 위원회도 설치했다. 기율검사위원회, 정법위원회, 과학기술위원회 등이 포함된다. 판공실(사무국)도 만들었다. 전략계획판공실, 개혁조직판공실, 국제군사협력판공실 등이 있다.

이러한 개편으로 중국군은 근본적으로 변화했다. 군정과 군령 체계를 분리했다. 5대 군종 체계를 확립했다. 육군, 해군, 공군, 로켓군, 전략지원군이다. 5대 전구사령부도 설치했다. 작전방면별 통합사령부로 합동작전 역량을 강화했다.

중국은 "정보화에서 지능화로"라는 전략을 추진한다. 조직과 전력을 정보 중심으로 고도화하고 있다. 2015년 개혁의 일환으로 전략지원부대(Strategic Support Force, SSF)를 창설했다. 우주, 사이버, 전자전 등 정보 중심 전장을 전담한다. 중국군의 정보·전자전 역량을 통합 발전시켜 왔다.

2024년 4월 또 다른 변화가 있었다. 전략지원부대가 정보지원부대(Information Support Force)로 개편되었다. 시진핑 주석은 이를 특별히 강조했다. "네트워크 정보체계의 건설과 응용을 총괄 조정하는 핵심 지원 세력"이라고 규정했다.

정보지원부대의 임무는 명확하다. 군사 정보 시스템을 보호한다. 지휘통제 체계를 개선한다. AI 기반 결심 속도와 정확성을 향상시킨다. 이는 중국군이 미래전에서 정보 우위를 실현하려는 의도를 보여준다.

지능화 군대 건설은 구체적으로 진행되고 있다. 전군 차원의 데이터 인프라를 구축한다. AI 활용체계도 만들고 있다. 중국 PLA는 다양한 분야에서 빅데이터 센터를 구축했다. 방대한 데이터를 수집하고 분석한다. 작전과 정책 결정에 활용한다.

평시와 전시를 구분하여 대비한다. 평시에는 각종 정보자산을 데이터베이스화한다. 전시에는 이를 기반으로 신속한 결심을 내린다. 정보융합 플랫폼을 통합 관리하는 체계를 운용 중이다.

통합 지휘 플랫폼(Integrated Command Platform)도 개발하고 있다. 각 제대와 군종 간 데이터 공유를 지원한다. 지능형 정보처리를 체계적으로 가능하게 한다. 합동작전 시 각 부대가 하나의 네트워크로 연결된다. 실시간 상황 인식을 공유하고 정보 우위를 확보한다.

중국 군사전략 문헌은 현대전을 새롭게 정의한다. 승패는 "시스템 대 시스템"의 대결로 귀결된다고 본다. 적의 C4ISR 중추 시스템을 마비시킨다. 자국의 시스템은 철저히 방어한다. 이러한 전략적 개념에 따라 고도화된 정보지원 체계 구축이 핵심 과제가 되었다.

중국군은 기술 발전에 따라 조직을 지속적으로 진화시킨다. 궁극적인 목표는 명확하다. AI와 빅데이터를 전영역에 통합하는 지능형 통합군(Integrated Intelligent Force)을 지향한다.

요약하면, 중국은 일관된 전략을 추진하고 있다. 군사 조직을 전면적으로 개편했다. 데이터를 중심에 두었다. 이를 뒷받침할 전담 부대와 정보 인프라를 체계적으로 구축했다. 전투력 극대화를 실현하고자 하는 전략을 꾸준히 추진하고 있다.

11-4 메타파워 구현을 위한 국방 디지털 조직화

미래 국방조직은 메타파워(Meta Power)를 효과적으로 구현하기 위해 근본적인 변화가 필요하다. 데이터 중심으로 통합되고, 지속적으로 학습하며 적응적으로 진화하는 구조를 갖추어야 한다.

디지털 거버넌스 최고책임자 지정

국방부는 데이터와 AI를 총괄하는 최고책임조직을 설치해야 한다. 미국의 CDAO(Chief Digital and AI Officer)와 같은 직위가 필요하다. 이 조직은 전군에 걸친 데이터의 생성, 전송, 처리, 해석 전 과정을 통합 관리한다.

핵심 임무는 데이터 표준화와 품질관리, 보안 및 활용 전략 수립이다. 각 군과 산하기관의 관련 부서들과 연계된 협의체를 운영하여 범국방적 데이터 거버넌스 체계를 구축한다. 특히 데이터 흐름 전 과정에서 병목현상이 발생하지 않도록 유기적으로 조율하는 것이 중요하다.

미국이 2022년 합동 인공지능센터(JAIC)를 통합·확대하여 CDAO를 신설한 것처럼, 우리도 각 군에 분산된 AI 개발 역량을 통합하고 방대한 군사 데이터를 체계적으로 활용하기 위한 기반을 마련해야 한다. 이를 통해 데이터가 조직의 공동 자산으로 일관되게 관리되며, 임무 우선순위에 따른 자원 배분과 민간 기술과의 전략적 협력이 가능해진다. 궁극적으로 데이터 기반 결심과 실시간 조직 운영이 가능한 유기적 지휘·운영 구조로 발전하게 된다.

통합 정보 인프라와 데이터 공유 플랫폼

미래 국방조직은 모든 군과 부서가 접속 가능한 통합 데이터 플랫폼을 기반으로 작동해야 한다. 클라우드 기반 플랫폼은 작전, 정보·감시·정찰(ISR), 군수, 인사 등 전영역의 데이터를 수집·저장하고 전사적으로 공유한다.

　미군의 JADC2(합동 전영역 지휘통제) 개념이 좋은 사례다. 센서부터 무기, 지휘소까지 모든 전력이 네트워크로 연결되어 단일 상황 인식을 제공한다. 이 시스템은 메시형 네트워크 구조로 일부 경로가 손상되어도 우회 연결이 가능하며, 사이버 공격에도 견딜 수 있는 회복탄력성을 갖춘다.

　미국은 2022년 아마존, 마이크로소프트, 구글, 오라클 등과 최대 90억 달러 규모의 합동전투 클라우드(JWCC) 계약을 체결하여 2028년까지 전장 전역에 멀티 클라우드 환경을 구현할 계획이다. 실시간 데이터 전송을 위해서는 5G, 6G, 위성통신 등 다양한 통신수단을 종합적으로 확충하고 일원적으로 관리해야 한다. 이는 데이터 생성부터 활용까지 전 주기의 연속성과 실시간 활용 가능성을 확보하는 기반이 된다.

크로스 도메인 융합 조직 및 프로세스

복잡한 문제 해결을 위해서는 전통적 계층구조를 넘어서는 교차기능 조직이 필요하다. 특정 임무 중심의 합동 TF나 임무형 조직을 편성하여 작전·정보·기술·지원 인력이 한 팀으로 협업한다.

예를 들어 합동 데이터 분석 센터에서는 작전사, 정보기관, 군수사령부 등에서 파견된 인원이 공동으로 시나리오를 분석하고 전략 대안을 제시한다. 데이터 분석 전문가는 문제 해결에 필요한 데이터를 식별·수집·가공하고, 객관적이고 실현 가능한 해결방안을 제시함으로써 효율적인 의사결정을 유도한다. 획득 사업이나 군사작전 기획에서도 운용자, 기술자, AI 전문가가 함께 참여하여 대규모 시뮬레이션 데이터를 기반으로 신속하고 정밀한 결정을 내린다.

지속적 학습과 피드백 메커니즘

지속적 학습은 메타파워 조직의 핵심 경쟁력이다. 현장에서 발생하는 모든 작전, 훈련, 운영 데이터를 데이터 허브로 집중시켜 AI 기반 분석을 수행한다. 그 결과를 교리 개발, 교육훈련, 무기체계 개선 등으로 환류하는 러닝 루프를 구축한다.

교훈 센터(Lessons Learned Center)를 운영하여 AI 기반 교훈 분석 시스템으로 데이터에서 유의미한 인사이트를 도출한다. 시뮬레이션과 디지털 트윈 기술로 전술과 조직 변화를 시험하고 최적 해법을 추출한다. 예를 들어 각 군의 훈련 데이터와 작전 보고서가 실시간으로 본부 데이터센터에 축적되면, AI 분석을 통해 전략 시뮬레이션이나 교리 개발에 활용할 수 있다.

이러한 학습 결과는 자동으로 각급 지휘관에게 전달되어 의사결정에 반영되고, 필요시 조직 구조나 표준운영절차(SOP)에도 반영되는 적응형 거버넌스를 구현한다. 과거 직관에 의존하던 영역도 데이터 기반 학습을 통해 객관적이고 정밀한 접근이 가능해진다.

AI와 인간의 최적 결합

AI는 인간의 역량을 증폭시키는 전략적 승수다. 예측 분석, 업무 자동화, 결심 보조 등에 AI를 활용하되, 인간의 통찰과 윤리적 판단과 조화를 이루어야 한다. 각 부서에 AI 조력자를 배치하여 방대한 데이터를 필터링하고 요약함으로써 지휘관이 고차원의 판단과 전략적 사고에 집중할 수 있도록 한다.

AI는 온라인 러닝을 통해 실시간 전장 데이터를 반영하여 자체 성능을 개선하고, 적의 전술 변화에 민첩하게 대응한다. 동시에 AI 윤리위원회를 운영하고 인간의 최종 통제를 보장하는 유무인 복합체계(MUM-T)를 유지한다. 이러한 증강 조직은 적보다 빠르고 정확한 판단으로 전장 우위를 확보한다.

메타파워와 하드/소프트파워의 통합

메타파워는 물리적 전투력(하드파워)과 비물리적 영향력(소프트파워)을 데이터와 정보 기반 역량으로 결합하여 시너지를 창출한다. 모든 전투원이 네트워크에 연결되고, 모든 무기가 센서 데이터를 제공하며, 모든 지원 부대가 디지털 환경과 연동된다.

보병 분대도 드론 영상과 실시간 정보를 제공받으면 중대 이상의 전술 효과를 낼 수 있다. 군기강, 심리전, 외교전 등 소프트파워 영역도 측정 가능한 데이터로 피드백되어 전략 효과가 극대화된다. 이러한 메타파워 기반 구조는 전술, 작전, 전략 수준에서 전통적 군사력의 적용 범위를 넓히고 전 조직의 전투 역량을 상승시킨다.

이상적인 미래 국방조직은 복잡계 이론, 적응형 조직 이론, 데이터 중심 조직론이 통합된 메타파워 체계를 기반으로 구성되어야 한다. 계층적 지휘체계는 유지하되 네트워크로 상호 보완되고, 표준화된 규율은 학습과 창의성을 포함하며, 부서 간 전문성은 공동의 데이터 언어와 시스템으로 통합된다.

이러한 조직은 작전과 지원이 통합된 생명체처럼 작동하며, 복잡하고 불확실한 미래 전장에서 정보 우위와 빠른 적응을 통해 전략적 승리를 가능하게 한다. 한국을 포함한 각국 군이 이러한 개편을 단계적으로 실현한다면, 메타파워를 기반으로 하는 지능형 강군으로 거듭날 수 있을 것이다.

11-5 데이터 중심 국방조직 구성 방안

초연결성과 인공지능 기술이 주도하는 미래 정보환경에서 변화가 일어나고 있다. 국방 분야는 데이터 중심 조직으로의 전환이 더 이상 선택이 아닌 필수 과제가 되었다.

현대 군사 작전의 핵심은 명확하다. 방대한 정보를 수집하고 처리하여 상황 인식과 정밀 타격 능력에서 우위를 확보하는 것이다. 미 국방부(DoD)는 2020년 데이터 우선 전략을 수립했다. "데이터 주도형 의사결정"을 강조해왔다. NATO도 변화하고 있다. 모든 회원국이 기밀 데이터를 공유할 수 있는 통합 클라우드 시스템을 추진한다. 데이터 중심성(Data centricity)을 강화하고 있다.

이러한 변화 속에서 과제가 분명해졌다. 국방조직의 최상위 데이터 리더십 구조를 정립해야 한다. 국방조직의 디지털 역량을 체계화하고 지속 가능한 혁신을 주도하기 위해 필수적이다.

방대한 국방 데이터를 효과적으로 관리하려면 협력이 필요하다. CIO(Chief Information Officer)를 중심으로 CTO(Chief Technology Officer)와 CDO(Chief Data Officer) 간의 유기적인 협력이 전제되어야 한다. 이들 직위는 각각 정보 전략 수립, 기술 아키텍처 관리, 데이터 품질 및 활용 극대화를 담당한다. 세 직위가 전사적 수준에서 총괄적으로 조율되어야 한다. 데이터 흐름을 병목 없이 연결하고 기술적 실행과 데이터 거버넌스를 통합적으로 수행해야 한다.

기술 최고책임자(CTO)의 역할

CTO는 국방조직의 정보통신기술 인프라를 총괄한다. 데이터 생성과 전송에 해당하는 활동이 끊임없이 작동하도록 보장하는 핵심 역할을 수행한다.

데이터 전송을 안정적으로 보장하는 것이 첫 번째 과제다. 다양한 통신 인프라를 유기적으로 결합해야 한다. 5G(미래에는 6G), 위성통신, 광케이블망, 전술통신망 등을 활용한다. 고가용성(High availability)의 탄력적인 통신망을 구축한다. 이는 전장 환경에서 실시간 의사결정을 가능하게 하는 기반이 된다.

또 다른 중요한 임무가 있다. 각종 전투 플랫폼과 센서, 장비에서 생성되는 데이터가 유연하게 수집되도록 해야 한다. 실시간으로 네트워크에 접속될 수 있도록 기술 아키텍처를 설계한다. 생성된 데이터가 공통 전장 네트워크와 연동되어 작전, 지휘, 정보, 지원 기능 전반에 활용될 수 있어야 한다.

이를 위해 CTO는 IT 아키텍처를 설계하고 최신 기술 자원 도입 전략을 수립한다. 기술 표준과 인터페이스를 명확히 하여 시스템 간 호환성과 확장성을 확보한다.

국방부 CTO의 주요 과업 중 하나는 C4ISR 통합 네트워크의 설계와 구현이다. C4ISR은 지휘통제, 통신, 컴퓨터, 정보, 감시정찰을 통합한 작전의 중추 시스템이다. 싱가포르 국방부는 디지털 및 정보 서비스(DIS)를 창설하여 기존 C4I 체계와 사이버 역량을 통합했다. 네트워크 중심전을 지원하는 통합 기술 인프라를 확충했다.

CTO는 전장 센서 네트워크와 통신망을 구축하여 조직 전반에 데이터가 원활하게 흐르도록 한다. 엣지 컴퓨팅(Edge Computing) 같은 혁신 기술을 적극 도입한다. 데이터가 생성되는 현장에서 직접 처리함으로써 전송 지연을 최소화하고 실시간 분석 능력을 향상시킨다.

데이터 최고책임자(CDO)의 역할

데이터 최고책임자(CDO)는 국방조직의 방대한 데이터 자산을 총괄한다. 데이터의 처리 및 해석의 과정을 체계적으로 관리하고 조정하는 핵심 직책이다.

CDO의 책임 영역은 포괄적이다. 데이터 전략 수립, 거버넌스, 품질 관리, 분석 및 활용 전반을 책임진다. 국방 특성에 부합하는 고도화된 보안 환경을 고려한다. 실시간 분석 체계를 반영한 데이터 생태계를 설계하고 운영한다. 수집된 데이터를 조직의 임무와 연계된 전략적 자산으로 전환한다. 데이터를 표준화하고 부서 간 연계성을 강화하며 데이터 수명주기를 관리한다.

국방조직 내 CDO는 다양한 유형의 군사 데이터를 다룬다. 정보·첩보, 감시정찰 영상, 사이버 로그, 작전 기록 등이 포함된다. 이를 체계적으로 관리하고 분석하여 지휘관과 정책결정자에게 의미 있는 정보를 신속하게 제공한다. CDO는 작전, 군수, 인사 등 핵심 분야와 연계된 전사적 데이터 전략을 수립한다. 모든 부서가 일관되게 데이터를 수집·공유·활용할 수 있도록 정책과 표준을 정립한다.

미 연방 CIO 위원회 지침에 따르면, CDO는 데이터 표준의 생성·적용 및 유지에 대한 전문성을 갖춰야 한다. 수집·분석·보호·활용 전반을 이해하고 조직의 데이터 수명주기 전체를 총괄한다. 국방조직에서는 중복된 데이터, 품질 저하, 사일로 구조를 해소해야 한다. 데이터 카탈로그, 마스터 데이터 관리(MDM), 메타데이터 표준화를 통해 전사적 데이터 통합 기반을 마련한다.

CDO의 또 다른 핵심 기능은 전략적 가치 창출이다. 데이터 분석과 인공지능, 머신러닝(ML) 기술을 활용한다. 예측 분석, 의사결정 지원, 작전 효율 향상 등 다양한 영역에서 AI 기술을 도입한다. 분석 프로젝트를 주도하고 모델 훈련에 필요한 고품질 데이터를 적시에 공급한다. 피드백 루프 관리와 데이터 품질 개선을 통해 AI 모델의 성능을 지속적으로 향상시킨다.

클라우드 인프라와의 연계도 중요하다. CDO는 클라우드 인프라의 정책 수립 및 설계를 총괄한다. 데이터가 안정적으로 저장되고 확장 가능한 구조 속에서 운영될 수 있도록 기술 기반을 마련한다. 또한 데이터 윤리 및 보호 책임을 진다. 개인정보와 군사기밀 등 민감 정보에 대해 비식별화와 보안 대책을 수립한다. 관련 법령과 보안정책을 준수하는 관리 체계를 운영한다.

정보 최고책임자(CIO)의 역할과 디지털 전환 리더십

정보 최고책임자(CIO)는 국방조직의 전반적인 IT 및 정보화 전략을 총괄한다. 디지털 및 인공지능 기반 전환을 이끄는 핵심 조율자이자 전략 리더다.

CIO는 국방조직 내 IT 예산과 자원을 통합 관리한다. 각 군 및 부서의 정보화 노력이 국가 국방 전략과 일관되도록 방향을 설정한다. 국방부 CIO는 국방장관의 최고 정보 고문으로서 사이버 보안, 통신, 위성, 클라우드, 데이터 정책 등 국방 IT 전반을 담당한다.

CIO는 CTO, CDO 등 핵심 리더들과 협력한다. 기술 인프라, 데이터 관리, 인력 역량, 예산 분배 등 다양한 자원을 통합적으로 조율한다. 부서 간 경계를 넘나들며 IT와 데이터를 종합적으로 활용할 수 있는 전략을 수립하고 실행한다.

NATO 최초의 CIO인 만프레드 부드로-데머는 자신의 임무를 "나토 전체의 디지털 전환을 구현하는 것"이라 정의했다. 상황 인식 향

그림-5. 데이터 중심의 국방조직 개념

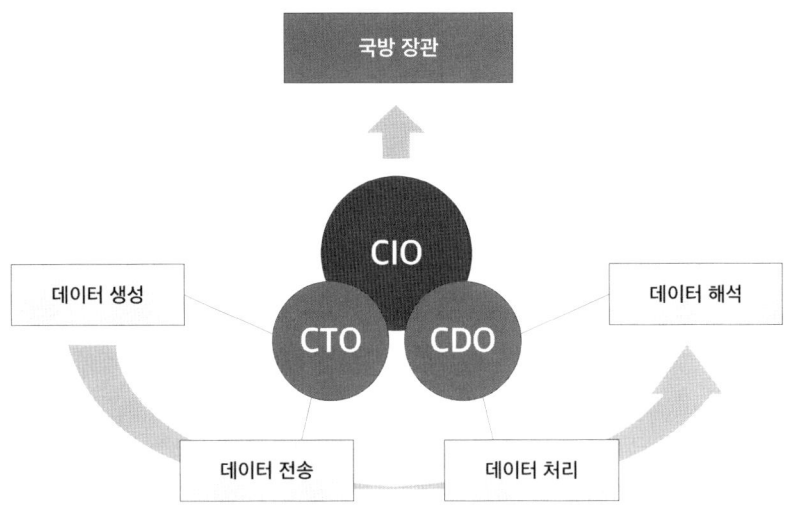

상, 작전 효과 증대, 디지털 임무 보장, 데이터 통합 활용, 보안 및 개인정보 보호 강화 등 다양한 이니셔티브를 실행하고 있다.

CIO는 조직의 IT 비전과 데이터 비전을 통합하는 총괄 리더다. 데이터 수명 주기를 통합 조율하는 책임자로서, 데이터 생성 및 전송(CTO), 저장 및 해석(CDO), 활용 및 폐기에 이르는 전 과정을 거버넌스 체계 하에서 일관되게 관리한다. 데이터 거버넌스 위원회와 IT 전략위원회를 주재하며, CTO 및 CDO와의 긴밀한 협조를 통해 전략적 일관성과 실행력을 확보한다.

아울러 CIO는 국방 사이버 보안의 최종 책임자다. 주요 정보자산의 보호를 위한 정책 수립과 자원 배분을 감독한다. 디지털화된 군사 환경에서는 사이버 보안뿐 아니라 인력 및 절차 전반의 강화가 필수적이다.

국방 데이터 중심 조직 운영 방향

국방부 본부 차원의 데이터 중심 조직을 구축하려면 CIO, CTO, CDO 각각의 전문성을 최대한 살리면서도 유기적으로 결합시키는 구조를 정교하게 설계해야 한다. 우선 각 책임자의 권한과 역할을 명확히 해야 한다. CTO는 최신 기술을 군에 도입하고 고속·고가용성 네트워크 등 정보통신 인프라를 안정적으로 구축할 수 있도록 충분한 권한과 자원을 보장받아야 한다. CDO는 데이터 거버넌스와 분석 역량 강화를 위해 독립적인 위상을 확보하고, 정보참모부, 군사정보기관, 행정본부 등과 긴밀히 협력하여 데이터 사일로(Silo)를 해소해야 한다. CIO는 국방부 장관이나 합참의장의 신뢰를 바탕으로 전권을 위임받아 기술과 데이터 전략을 국방 전략과 연계하는 리더십을 발휘해야 한다.

전략 수립과 상호 보고 체계도 체계화해야 한다. 국방부 차원의 디지털 전략위원회를 구성하고, CIO 주도로 CTO와 CDO가 모두 참여하는 통합 전략 논의 기구를 정례 운영한다. 이 기구에서는 디지털 전환의 중장기 비전, 우선순위 사업, 예산 배분을 공동 논의한다. CDO 산하에 데이터 관리 위원회(Data Council)를 두어 데이터 관리자, CTO 측 인프라 관리자, 작전 대표들이 함께 참여해 데이터 정책을 지속적으로 조율한다. 이러한 다층적 거버넌스 구조 속에서 CIO-CTO-CDO 간 삼각 협력이 정례화되면, 무기체계 도입, 정보시스템 개발, AI 프로젝트 실행 등에서 공동 의사결정이 민첩하게 이루어질 수 있다.

국방 데이터 조직은 C4ISR, 클라우드, AI/ML, 사이버 보안 등 핵심 분야와의 연계를 필수적으로 내재화해야 한다. C4ISR의 경우 데이터 수집·전파·분석이 실시간으로 순환되므로, CTO는 센서, 네트워크, 데이터센터 등 기술 기반을 구축하고, CDO는 산출 데이터를 통합 분석하여 정보 우위를 제공하며, CIO는 이를 작전 개념과 연계해 전략 효과를 극대화한다. 클라우드 기반 통합 네트워크는 현대 국방의 핵심 인프라이며, CDO는 전사적 클라우드 도입을 주도하고 데이터 레이크와 공유 플랫폼을 설계한다. AI/ML 시스템은 데이터 품질과 고성능 연산 인프라가 동시에 요구되므로, CDO는 양질의 학습데이터 확보와 모델 검증을, CTO는 GPU 팜과 MLOps 인프라를, CIO는 윤리적 활용 지침과 성과 모니터링 체계를 담당한다. 사이버 보안 측면에서는 CIO가 전체 정책과 대응을 총괄하고, CTO는 보안 아키텍처와 솔루션을 구현하며, CDO는 데이터 사용 단계에서 접근 통제와 민감 정보 보호 등 보안 거버넌스를 담당한다.

인적 역량과 문화 기반 강화도 중요하다. CTO 조직에는 첨단 기술을 설계·도입할 수 있는 시스템 엔지니어와 혁신 전문가를, CDO 조직에는 데이터 과학자와 데이터 거버넌스 전문가를, CIO 조직에는 전략적 기획력을 갖춘 정보 전문가를 배치하여 세 직책 간 소통과 협업을 촉진해야 한다. 또한 전군 차원의 데이터 리터러시 교육과 지휘관 대상 인식 제고 프로그램을 정례화함으로써 데이터 중심 문화를 조직 전반에 정착시켜야 한다.

국방의 디지털 전환은 기술, 데이터, 조직 전략이 통합될 때 실현된다. CIO를 중심으로 CTO, CDO의 역할을 명확히 구분하면서도 유기적으로 조율해야 한다. 방대한 국방 데이터 자산에서 전략 분석력과 작전 역량을 함께 도출한다면, 미래 전장에서 데이터 우위를 확보한 디지털 강군으로 도약할 수 있다. 이상적인 국방 데이터 조직은 "전략 조율(CIO) – 기술 인프라 혁신(CTO) – 데이터 가치 극대화(CDO)"라는 세 축을 중심으로 기능을 조직화함으로써, 민첩하고 적응적인 데이터 기반 전쟁 시스템을 구현할 수 있을 것이다.

제4부

국방 메타파워 전략

제12장

한국군의 국방 메타파워 전략

12-1 메타파워 시대, 국방 전략의 대전환

대한민국의 안보 환경은 현재 중대한 이중 도전에 직면해 있다. 외부적으로는 미·중 전략 경쟁이 심화되면서 국제 정세가 불안정해지고 있다. 내부적으로는 세계 최저 수준의 출산율로 병역 자원이 급감하고 있다. 실제로 한국군 병력은 2017년 61.8만 명에서 2022년 50만 명으로 감소했다. 2040년경에는 징집 대상 인구가 현재의 절반 이하로 줄어들 전망이다.

  이러한 위협 요인들은 전통적 국방 패러다임의 근본적 변화를 요구한다. 이를 극복하기 위해 AI, 빅데이터, 클라우드, 5G 같은 첨단 정보통신기술의 활용이 핵심 해법으로 부상했다. 세계 주요국들은 이미 이러한 기술을 군사력 강화에 적극 활용하고 있다. 한국군 역시 병력 중심에서 기술 집약형 정예군으로의 전환을 서두르고 있다.
  AI 시스템과 네트워크로 연결된 무기체계는 감소하는 인력을 보완할 새로운 전력 증폭 수단이다. 이러한 디지털 기술들은 군사력의 '지능형 신경망' 역할을 한다. 센서로 수집된 정보가 초고속 네트워크를 통해 실시간 전달되고, AI가 최적의 결심을 지원한다. 이는 군대를 민첩하고 효율적으로 움직이게 한다. 결과적으로 적보다 빠른 상황 인식과 의사결정이 가능해진다.

정보와 지식으로 전투력을 극대화하는 이러한 새로운 군사력을 '메타파워(Meta Power)'라 한다. 메타파워는 하드파워(물리적 강제력)와 소프트파워(정신전력 등)와 구별되는 제3의 힘의 개념이다. AI·빅데이터·클라우드·네트워크 등을 활용해 정보를 신속히 처리하고 최적의 의사결정을 가능케 하는 인지 중심 군사력이다. 이는 OODA 루프를 인간의 한계를 뛰어넘는 속도로 반복한다. 적보다 먼저 상황을 파악하고, 더 빨리 판단하여, 더욱 정확하게 대응하는 군사력 능력을 의미하며, 물리적·비물리적 충돌에서 인지적·심리적 우위를 확보하는 새로운 형태의 힘이다.

본 장에서는 국방 메타파워 구축을 위한 구체적 전략들을 다룬다. 인지적 우위 확보 전략의 중요성을 설명한다. 이를 뒷받침할 기반 기술과 구현 원칙을 제시한다. 군 조직 구조 혁신 방안을 검토한다. 디지털 조직 강화를 통한 학습하는 군대로의 전환을 모색한다. 첨단 기술 운용 인재 양성 방안도 함께 제시한다. 이러한 접근을 통해 미래 전장에서 지속적인 인지적 우위를 확보하고 국가안보를 굳건히 할 수 있는 길을 모색한다.

12-2 인지적 우위 확보 전략

인지적 우위의 정의와 의의

인지적 우위(Cognitive Superiority)는 인지적 군사력(Cognitive Military Power)을 기반으로 실현되는 전략적 우위 개념이다. 인지적 군사력은 단순한 물리적 힘을 넘어 정보와 데이터 중심으로 신속하고 정확한 판단과 행동을 가능하게 하는 역량으로, 네 가지 핵심 속성을 갖는다.

첫째, '상호작용'은 부대 간, 인간과 기계 간의 원활한 정보 공유와 협업을 의미한다. 둘째, '통합'은 다양한 정보원과 무기체계를 하나의 통합된 네트워크로 결합하는 능력이다. 셋째, '분석'은 방대한 데이터에서 의미 있는 패턴과 통찰을 도출하는 역량이다. 넷째, '민첩성'은 급변하는 전장 상황에 신속하게 적응하고 대응하는 능력이다.

이러한 네 가지 속성을 종합적으로 반영한 인지적 우위는 정보 우위(Information Superiority), 판단 우위(Decision Superiority), 실행 우위(Execution Superiority)의 세 가지 구성요소로 정의된다. 정보 우위는 적보다 빠르게 상황을 정확히 이해하는 능력이다. 판단 우위는 수집된 정보를 기반으로 신속하고 정확한 의사결정을 내리는 능력이다. 실행 우위는 결정된 사항을 신속하고 정확하게 행동으로 전환하는 능력이다.

현대 군사환경에서 인지적 우위는 OODA 루프(관찰-지향-결정-행동)의 가속화를 통해 구현된다. AI와 센서 융합 기술은 '관찰' 단계를 혁신하고, 기계학습 알고리즘은 '지향'과 '결정' 단계를 가속화하며, 초연결 네트워크는 '행동' 단계를 최적화한다. 더 빠르고 정확한 정보를 가진 쪽이 신속한 결정과 정밀한 교전을 통해 승리하며, 정보 우세를 잃으면 전투 우세도 잃는다.

인지적 우위의 핵심은 단순한 속도 경쟁이 아니라 상황에 적합한 템포의 구현이다. 적의 OODA 루프를 교란하고 주도권을 장악하는 것은 전략적 타이밍과 예측 불가능성에서 나온다. 아군이 적보다 먼저 상황을 인지하고 판단하여 행동함으로써, 물리적 교전 이전에 적의 인지적·심리적 영역에서 우위를 선점할 수 있다.

전통적 전투력과의 차별성

인지적 우위에 기반한 메타파워적 군사력은 전통적인 물리적 전투력 개념과 본질적으로 다르다. 전통적 전투력이 병력 규모, 무기 성능, 화력과 기동력 등 유형적 파워에 중점을 두었다면, 인지 기반 군사력은 정보의 질과 양, 네트워크 상호연결성, 신속한 상황 인지와 결정 능력 등의 무형적 요소에 중점을 둔다.

이러한 변화는 기술 발전과 전장 환경의 복잡화에 기인한다. 정보기술과 인공지능의 발전으로 실시간 정찰감시와 데이터 분석이 가능해지면서, 소규모 정예화된 군대라도 우수한 정보 네트워크와 AI 지원 의사결정 체계를 갖추면 대규모 군대를 대응할 수 있게 되었다. 나고르노-카라바흐 전쟁에서 아제르바이잔의 첨단 무인기와 센서 네트워크가 아르메니아의 전통적 기갑전력을 일방적으로 격파한 사례가 이를 뒷받침한다.

인지 기반 군사력은 전쟁 수행 방식의 패러다임 전환을 의미한다. 과거의 물리적 충돌 중심 전쟁에서는 적의 전력을 물리적으로 파괴하는 데 초점을 맞추었다. 그러나 인지 중심 전쟁에서는 적의 전장 인식과 의사결정 체계를 교란·무력화하여 싸우기 전에 이기는 전략이 중요하다.

국방부가 2021년 제시한 '국방 메타파워' 개념은 이러한 변화를 반영한 것으로, AI, 빅데이터, 클라우드, 초연결 네트워크 등 첨단 기술을 군사작전과 전략 수행 방식에 융합하여 군사력의 제3의 축을 이루는 새로운 개념이다. 병력과 화력 중심의 하드파워, 정책·이념 등의 소프트파워를 뛰어넘어 정보와 인지 중심의 메타파워를 구현함으로써 미래 전장의 주도권을 확보하는 것이다.

인지적 우세를 구성하는 군사 역량

인지적 우위를 확보하기 위해서는 군사력의 여러 영역에서 복합적인 역량 강화가 필요하다. 이를 전략적 영역, 전술적 영역, 국방 운영 영역의 세 가지로 나누어 살펴볼 수 있다.

◇ 전략적 영역

전략적 수준에서는 다음 네 가지 핵심 역량이 요구된다.

① 전영역 통합 지휘통제 체계

인지전 시대의 지휘통제 체계는 육·해·공군뿐만 아니라 우주, 사이버, 전자기스펙트럼, 심리까지 모든 전장을 하나로 통합 운용한다. 센서, 통신, 타격 자산이 실시간으로 연결되는 초연결 네트워크를 기반으로 AI가 데이터 분석과 자동화된 의사결정을 지원한다.

② **지능형 대공 방어망**

AI를 기반으로 표적을 신속히 식별하고 위협의 심각도를 자동으로 판단하여 최적의 대응 수단을 즉각 배분한다. 센서 융합과 자동화된 교전 절차를 갖춘 지능형 대공 방어망은 적의 위협을 사전에 무력화한다.

③ **장거리 정밀 타격 자산**

정찰 위성과 무인 정찰기로 획득한 고가치 표적 정보를 미사일 체계와 실시간 연계하여 원거리에서도 정밀하게 공격한다. 킬체인(Kill-Chain) 전략을 통해 탐지부터 공격까지의 속도와 정확성을 극대화한다.

④ **우주 및 사이버·전자전 역량**

우주 역량은 정찰·통신위성을 통해 실시간 정보를 제공한다. 사이버전 역량은 적의 지휘통제 체계를 교란한다. 전자전 역량은 적의 센서와 통신을 차단하고 아군의 전자기스펙트럼 우세를 유지한다.

◇ **전술적 영역**

전술적 수준에서는 개별 교전과 임무 수행에서 인지적 우위를 발휘할 수 있는 능력이 요구된다.

① 실시간 상황 인지 및 정밀 타격 능력

첨단 센서와 데이터 링크로 구성된 전술 네트워크를 통해 빠른 상황 파악과 정밀 타격을 수행한다. 증강현실로 전장 정보를 실시간 공유하고, 다양한 타격 플랫폼이 즉시 표적 정보를 받아 정밀 타격한다.

② 유·무인 복합전 대비

인간 병력과 무인 체계가 협동하는 유무인 복합체계(MUM-T) 능력이 필수적이다. 유인 플랫폼과 무인 플랫폼을 효과적으로 협동 운용하고, 적의 무인 전력에 대응하는 안티드론 기술과 전자전 장비를 확보한다.

③ 무인전투체계 및 로봇 전력 활용

무인공격기, 무인전투차량, 무인 수상·잠수정 등 다양한 무인 플랫폼을 활용한다. AI 기술을 접목하여 자율적으로 표적 탐지와 교전 임무를 수행하며, 고위험 지역에 투입하여 병력 손실을 최소화한다.

◇ 국방 운영 영역

인지적 우위 확보를 위해서는 국방 운영 전반의 혁신이 필요하다.

① 군수 지능화

AI와 빅데이터를 활용하여 소요량을 정확히 예측하고 최적의 재고 관리를 실현한다. 자율주행 차량과 드론으로 위험 지역까지 보급품을 안전하게 전달한다.

② 훈련의 지능화

시뮬레이션과 VR·AR 기술로 실제 전장과 유사한 훈련 환경을 구축한다. AI가 훈련 시나리오를 조절하고 피드백을 분석하여 부대의 취약점을 개선한다.

③ 인사관리의 지능화

AI를 활용해 개인의 능력과 경력을 분석하여 적재적소에 배치한다. 빅데이터 분석으로 인력 흐름을 예측하고 조직문화를 개선한다.

④ 군 의료 및 지원 분야 스마트화

AI로 장병의 건강 데이터를 실시간 분석하여 질병을 조기 예측한다. IoT 센서와 AI로 시설관리를 자동화하여 효율적인 기지 운영을 실현한다.

인지적 우위 확보 전략은 군사력 건설 철학의 근본적 변화를 의미한다. 미래 전쟁의 승패는 정보 우위와 신속한 의사결정 능력을 갖춘 인지적 군사력에 달려 있다. 전략, 전술, 국방 운영 전영역에서의 통합적 혁신을 통해 '먼저 보고, 신속히 판단하고, 정확히 행동하는 능력'을 확보해야 한다. 이를 보유한 군대가 불확실한 미래 전장에서 지속적인 주도권을 유지하며 승리할 수 있다.

12-3 인지적 군사력 정보통신 기반 구축 방향

인지적 군사력은 첨단 정보통신기술을 군사작전과 지휘체계에 결합하여 전장에서 신속하고 정확한 상황 인지 및 의사결정을 가능하게 하는 미래형 군사력이다. 이를 실현하려면 초연결 네트워크, 엣지 컴퓨팅, 클라우드 환경, AI 기술 등이 상호 유기적으로 작동하는 통합된 기반 인프라 구축이 필수적이다. 성공적인 구축을 위해서는 합동성과 표준화, 사이버 보안과 회복탄력성 강화, 민군 기술 협력이 핵심이다.

◇ 핵심 기반 요소

① 초연결 네트워크

초연결 네트워크는 군사 센서, 부대, 무기체계를 하나의 실시간 통신망으로 연결하는 인프라다. 5G/6G와 IoT 기반의 초고속·저지연 통신을 활용하며, 위성통신과 전술통신망을 결합해 어떤 환경에서도 안정적 통신을 보장한다.

구축 시에는 다중 경로 통신과 강력한 암호화로 사이버 보안을 강화하고, 장애 발생 시에도 기능이 유지되는 복구 체계를 마련해야 한다. 군 통신망과 데이터 형식의 표준화로 상호운용성을 확보하고, 민간 통신망 활용 방안도 포함해야 한다.

② 엣지 컴퓨팅

엣지 컴퓨팅은 전장 최전선에서 데이터를 실시간 처리하는 분산형 컴퓨팅 기술이다. 중앙 시스템과의 통신 지연을 최소화하고 독립적 의사결정을 가능하게 하며, 네트워크 단절 상황에서도 작전 연속성을 보장한다.

극한 환경에서도 동작하는 소형 고성능 하드웨어와 지속적인 AI 업데이트 체계가 필수적이다. 중앙 시스템과의 원활한 정보 공유를 위한 표준화된 인터페이스를 설계하고, 개방형 구조로 확장성을 확보해야 한다.

③ 클라우드 기반 데이터 처리

클라우드는 군의 방대한 데이터를 통합 분석하는 정보 처리 체계다. AI와 빅데이터 분석을 통해 전술적·전략적 정보로 전환하며, 모든 부대가 공통의 전장 상황을 공유할 수 있게 한다.

민간과 분리된 전용 군사 클라우드를 구축하여 강력한 보안과 접근 통제를 적용해야 한다. 데이터 포맷과 메타데이터를 표준화하고, 다양한 환경에서도 활용 가능한 방안을 마련한다. 데이터센터의 물리적 방호와 분산 운용으로 재해복구 체계를 구축해야 한다.

④ AI 기반

AI는 전장 데이터를 분석하여 신속한 판단을 지원하는 인지적 군사력의 핵심이다. 기계학습과 패턴인식으로 의미 있는 정보를 추출하고, 미래 상황 예측과 최적 대응책을 제시하는 기반 시설이다. 전투 상황 예측, 목표물 탐지, 정밀 타격을 지원하여 작전 효율성을 극대화한다.

데이터 품질과 표준화로 AI 정확성을 확보하고, 장기적으로 설명 가능한 AI(XAI)를 도입해 투명성을 확보해야 한다. AI 무기 운용 시의 윤리적·법적 문제를 명확히 하고, 국제법에 부합하는 통제 수단을 마련한다. 우수 인력 양성과 민간 협력으로 지속적 기술 발전을 추진해야 한다.

⑤ 통합 플랫폼

통합 플랫폼은 네트워크, 데이터, AI, 센서, 무기체계를 하나의 운영 환경으로 연결하는 종합 시스템이다. 공통 표준을 통해 실시간 데이터 공유와 활용을 지원하며, 전군의 지휘통제·정보분석·화력운용을 통합한다.

플랫폼 구축 시 온톨로지를 활용하여 군사 데이터의 의미와 관계를 체계적으로 정의하고, 데이터 패브릭 아키텍처로 분산된 전장 데이터를 통합 관리한다. 또한 데이터 메시 접근법을 적용하여 각 군과 부대가 자율적으로 데이터를 관리하면서도 전군 차원의 일관성을 유지한다. 시스템 간 상호운용성을 위한 공통 프로토콜과 데이터 표준을 설정하고, 통합 관리 거버넌스를 마련해야 한다. 사용자 친화적 인터페이스와 지속적 교육으로 활용도를 높이고, 기술 변화와 보안 위협에 민첩하게 대응해야 한다.

◇ 구현 원칙

① 합동성 및 표준화된 통합체계

전군 차원의 합동성과 표준화는 인지적 군사력의 첫 번째 원칙이다. 육·해·공·우주·사이버 등 모든 영역의 전력을 통합 운용하여 정보 공유와 협력을 극대화한다. 설계 초기부터 인터페이스와 데이터 형식의 표준화를 고려하여 확장성과 유연성을 확보한다.

② 사이버 보안과 회복탄력성

데이터와 네트워크 의존도가 높은 인지적 군사력은 강력한 사이버 보안이 필수다. 다층적 보안체계와 제로트러스트 접근법으로 침투를 차단하고, 전자전 위협에 대비한 주파수 도약과 스펙트럼 다양화 기술을 적용한다.

회복탄력성을 위해 중요 데이터를 분산 저장하고, 예비 지휘통제 시설과 우회 경로를 확보한다. 평시 사이버 공격 대비 훈련으로 위기 상황 대응 역량을 강화한다.

③ 민군 기술 융합 촉진

AI, 클라우드, 5G(장래 6G) 등 핵심 기술은 민간 주도로 발전하므로 민군 협력이 필수적이다. 민·군겸용 기술개발 제도와 상용 기술의 군 활용 정책을 추진하고, 군수 조달 규제를 완화하여 다양한 기업의 참여를 유도한다. 개방적 혁신 생태계를 통해 국가 전체의 기술 역량을 군사력 증강에 효과적으로 연계한다.

12-4 디지털 조직지 향상 문화

첨단 기술의 효과적인 군사적 활용을 위해서는 조직 차원에서 시스템적으로 내재된 지식과 지능, 즉 디지털 조직지를 높일 수 있는 문화적 토양이 필수적이다. 이는 군사 조직이 데이터 기반 조직으로 거듭나 조직 전 계층에서 데이터에 근거한 의사결정을 내리는 것을 뜻한다.

데이터 중심 조직은 데이터를 전략적 자산으로 간주하여 중요한 전략 결정뿐 아니라 일선 부대의 일상적인 작전 활동에도 데이터를 활용한다. 직관이나 관성에만 의존하지 않고 데이터에 기반한 의사결정이 이루어지며, 데이터와 정보가 부서 간 원활히 공유되어 모든 구성원이 필요한 정보에 쉽게 접근할 수 있다. 이러한 특성을 갖춘 조직 문화는 메타파워 시대에 군이 '디지털 집단 지성'을 발휘하는 토대가 된다.

데이터 기반 조직의 핵심

데이터 기반 조직의 핵심은 양질의 데이터가 군 조직 내에서 끊임없이 흐르고 순환하도록 하는 것이다. AI 알고리즘은 지속적인 학습을 통해 성능이 향상되는데, 여기에는 풍부한 데이터 공급과 높은 데이터 품질 유지가 전제되어야 한다.

조직 내 데이터 관리 체계를 확립하여 수집 단계부터 데이터 품질을 검증·향상하고, 최신 정보로 지속적으로 갱신해야 한다. 방대한 센서 정보, 훈련 및 작전 기록 등이 실시간으로 통합 관리되고 정제되어 AI에 투입될 때, AI 모델은 새로운 상황 변화에도 적응하며 정확도를 높여나갈 수 있다. 지속적인 데이터 흐름과 품질관리는 AI 시대 군사 의사결정의 연료와 같아서, 이를 잘 관리하는 조직이 '지능형 군대'로 발전하게 된다.

문화적 조건

데이터와 AI의 잠재력을 완전히 실현하려면 기술 자체뿐 아니라 이를 활용하는 조직 문화의 변화가 필요하다. 조직 전반에 다음과 같은 문화적 조건을 정착시켜야 한다:

① 데이터의 전략적 가치에 대한 인식

구성원 모두가 데이터를 무형의 자산이자 전력 요소로 인식하도록 교육해야 한다. 데이터가 전투력과 직결될 수 있다는 공감대가 형성되면, 작은 실무부터 큰 전략 결정에 이르기까지 데이터를 적극 활용하는 분위기가 조성된다.

② 데이터 및 AI 리터러시 향상

모든 장병과 직원이 데이터를 이해하고 활용할 수 있는 기본 소양을 갖추도록 체계적인 교육이 필요하다. 데이터를 새로운 "군사 언어"로 간주하여, 계급이나 직책에 관계없이 데이터 읽기·분석 능력을 배양해야 한다. 전 장병 대상 데이터 교육 프로그램과 AI 리터러시 훈련을 통해 디지털 소양을 전군에 확산시켜야 한다.

③ 실험과 학습을 장려하는 태도

데이터 활용과 AI 도입 과정에서 발생하는 시행착오를 성장의 과정으로 받아들이는 학습형 조직 문화를 구축해야 한다. 새로운 분석 기법이나 AI 전술을 시도하고 피드백을 통해 개선하는 실험적 접근을 장려한다. 우수한 데이터 활용 사례에 보상과 인센티브를 제공하여 구성원들의 혁신 시도를 뒷받침한다. 이런 문화에서 각 개인의 지식과 AI의 힘이 결합되어 조직 차원의 지혜가 증폭된다.

구조적 기반

디지털 조직지 향상 문화를 실질적으로 뒷받침하려면 구조적 기반 마련이 필요하다.

첫째, 각종 센서, 통신망, 데이터센터, 클라우드 및 엣지 컴퓨팅 자원을 유기적으로 연결한 통합 데이터 인프라를 구축해야 한다. 현장에서 생성되는 데이터가 실시간으로 수집·전달되어 지휘자들이 즉시 활용할 수 있어야 한다.

둘째, 데이터 표준화와 품질관리 체계를 마련하여 다양한 부대와 시스템의 데이터가 일관된 형식과 높은 신뢰도로 축적되도록 해야 한다. 조직 내 전담 조정 기구를 두어 데이터 전략을 총괄하는 방안도 필요하다.

디지털 조직지 향상 문화란 데이터와 지식을 조직의 혈맥으로 삼아 '끊임없이 학습하고 진화하는 조직'을 만드는 문화다. 이는 메타파위 구현의 필수 조건으로서, 이러한 문화를 갖춘 군대는 방대한 정보를 신속히 소화하여 '인지적 우위'를 점할 수 있다. 시간이 지날수록 집단 지능이 축적되는 학습하는 조직으로 거듭나며, 궁극적으로 전투력의 비약적 향상을 이루게 된다.

12-5 데이터 중심 국방조직 구조

데이터의 생성, 전송, 처리, 해석 과정 발전을 위한 조직

현대 전장에서는 방대한 데이터의 생성부터 해석까지 전 과정이 실시간으로 이루어져야 전쟁의 승패를 결정할 수 있다. 인공지능과 초연결 네트워크가 중심이 되는 미래 전장에서는 데이터 기반의 인지적 군사력 확보가 핵심이다. 인지적 군사력은 적보다 먼저 탐지하고, 빠르게 판단하며, 정확하게 타격하는 과정으로, 첨단 센서, AI, 클라우드 컴퓨팅, 초고속 네트워크 등의 융합으로 구현된다.

효과적인 인지 중심 작전을 위해서는 데이터의 전 과정이 유기적으로 연결되고 병목현상 없이 실시간 처리되는 유연한 조직 구조가 필수다. 과거의 분리되고 경직된 계층적 구조로는 실시간 데이터 흐름을 원활히 처리하기 어렵다. 계층적 지휘체계를 기본으로 유지하되, 데이터가 수평적으로 빠르게 유통되는 네트워크형 조직망으로 보완해야 한다. 각 부서와 전투 부대는 표준화된 데이터 언어와 공통 시스템으로 연결되어, 현장 데이터가 실시간으로 지휘관과 관련 부서에 전달되고 즉각 활용되어야 한다.

이러한 조직은 작전 부서와 지원 부서가 긴밀히 통합되어 움직이며, 복잡한 전장 환경에서도 인지적 우위를 유지하며 민첩하게 대응한다. 데이터의 생성, 전송, 처리, 해석으로 이어지는 '데이터 생애주기'의 전 과정을 통합 관리하는 체계가 필요하다. 각 군과 부서들이 데이터를 원활히 공유하고 협력할 수 있는 유연한 네트워크형 조직 구조와 제도적 환경 구축이 인지적 군사력 확보의 핵심이다.

CIO 중심의 국방 디지털 책임 구조 확립

데이터 중심 국방조직이 작동하려면 명확한 디지털 리더십 구조가 필수다. 데이터의 생성, 전송, 처리, 해석 과정을 원활하게 진행하기 위해 최고정보책임자(CIO)를 중심으로 최고기술책임자(CTO), 최고데이터책임자(CDO)가 역할을 분담하면서도 긴밀히 협력하는 통합 체계를 구축해야 한다.

CIO는 조직 전체의 디지털 전환 전략을 책임진다. 디지털 전략과 데이터 정책 수립을 총괄하며, 정보 인프라 구축의 방향성을 설정한다. CTO와 CDO의 활동을 통합 관리하여 데이터의 전 생애주기에 걸친 전략적 목표 달성을 조율한다.

CTO는 기술 인프라를 총괄 관리하며, 데이터 생성과 전송 과정에서 병목현상을 방지하는 기술 환경을 구축한다. 초연결 네트워크, 클라우드, 엣지 컴퓨팅을 활용하여 현장 데이터의 실시간 처리를 지원하고, 기술 표준화와 상호 운용성 확보로 시스템 간 데이터 연동성을 높인다.

CDO는 데이터 자산을 관리·분석하며 데이터 처리와 해석을 위한 활용 전략을 수립한다. 각 군과 부서 간 데이터 공유를 촉진하고, AI 와 빅데이터 분석으로 데이터의 전략적 가치를 극대화한다. 데이터 거버넌스 체계를 마련하고 데이터 윤리 및 보호 정책을 확립한다.

CIO, CTO, CDO의 역할 분담과 긴밀한 협력으로 데이터의 생성부터 해석까지 전 과정이 유기적으로 연결되며, 이를 통해 데이터 중심 군사 조직의 효과적 운영과 인지적 군사력 확보를 달성할 수 있다.

부대 조직 구조의 개선 방향

데이터 중심 국방조직 실현을 위해 부대 조직 구조도 개선되어야 한다. AI, 빅데이터 분석, 클라우드 컴퓨팅 등에 대응하는 전문 부대를 창설하거나 기존 부대를 기술 중심으로 재편해야 한다.

기술 분야에 특화된 전문 부대 설립으로 첨단기술의 군사적 활용을 촉진하고 데이터 기반 작전 수행 역량을 강화한다. 전문 부대는 최신 기술을 신속히 도입하고 군 내부에 확산시키는 촉매제 역할을 한다.

부대 조직은 임무 중심으로 슬림화하고 모듈형 구조로 전환해야 한다. 전통적인 다층적 계층 구조는 데이터 중심의 빠른 의사결정에 비효율적이다. 모듈형 부대는 작은 단위로 분산 운영되면서도 데이터로 긴밀히 연결되어 통합 전투체계를 형성한다. 이를 통해 작전의 신속성과 유연성을 높이고 전장 환경 변화에 빠르게 적응할 수 있다.

데이터 중심 국방조직 구축은 군 조직 구조의 혁신을 요구한다. 각 부대와 부서가 데이터 중심으로 협력하고 신속히 공유하는 환경이 만들어질 때, 데이터의 전략적 가치가 현실화되고 인지적 군사력으로 전환된다. 군 지도부는 이러한 변화의 중요성을 인식하고 데이터 중심 조직으로의 전환을 적극 추진해야 한다.

12-6 인력 양성

21세기 메타파워 시대에서는 인공지능, 빅데이터, 클라우드, 초연결 네트워크 등 첨단 기술의 융합을 통해 군사 작전 및 전략 수행 방식이 근본적으로 변화하고 있다. 국방 메타파워 개념은 정보와 인지를 중심으로 실시간 상황 인식과 정밀한 의사결정을 구현하는 새로운 형태의 군사력을 의미한다.

이러한 기술 주도의 군사력 구축에서 전문인력의 역할은 더욱 중요해졌다. 최근 러시아-우크라이나 전쟁에서 AI 기반 자율드론, 저궤도 위성 등이 큰 영향력을 발휘했고, 각국은 과학기술 인재 확보를 위해 막대한 투자를 진행 중이다. 첨단 기술을 이해하고 운용할 인재 없이는 메타파워를 실현하기 어렵기에, 장교·부사관·병사부터 민간 전문가에 이르는 전 분야 인력 양성이 국가 방위력 강화의 핵심 과제로 부상했다.

주요국의 전문인력 양성 사례

세계 주요 군대들은 메타파워 시대에 맞춰 다양한 인재 양성 전략을 실행하고 있다. 미국, 영국, 이스라엘 등은 자국의 강점을 살린 맞춤형 인력 육성 프로그램으로 첨단 국방인재를 확보 중이다.

① 미국

미국 군은 민·군 기술 협력과 교육을 병행하여 전문성을 강화하고 있다. 아크넷(ArkNet) 포털을 운영하여 민간 기업이 군 프로젝트에 참여하도록 하고, 육군 소프트웨어 팩토리에서 장병들의 DevSecOps 역량을 배양한다. 국방획득대학교 등의 과정 이수를 진급 평가에 반영하여 전문기술 역량 개발을 장려하고 있다.

② 영국

영국은 국가 차원의 디지털 인재 육성 정책을 국방에 적용한다. 디지털 국방 아카데미를 통해 AI·데이터 활용 능력을 강화하고, 사이버 직접입대 제도로 민간 전문가를 영입한다. 선발된 인력은 단축 훈련 후 전문교육을 거쳐 사이버 부대에 배치되어 즉시 전력으로 활용된다. AI 핵심인재 확보를 위한 비자 완화 등 제도적 지원도 병행한다.

③ 이스라엘

이스라엘은 1970년대부터 탈피오트(Talpiot) 프로그램을 운영하여 우수 고교 졸업생을 선발, 군 복무 중 학위 취득과 최첨단 군사기술 교육을 병행시켜 국방 R&D 핵심 장교로 양성해 왔다. 8200부대에서는 젊은 병사들에게 사이버 보안, 해킹, 신호정보 수집 등 고도의 정보기술을 교육한다. 복무 후 이들이 창업과 기술 산업으로 진출하여 이스라엘 스타트업 생태계의 인적 자산이 되고 있다.

한국군 맞춤형 전문인력 양성 방안

한국군이 메타파워 시대를 선도하기 위해서는 현행 정책을 발전시킨 맞춤형 인재 양성 전략이 필요하다. 장교·부사관·병사·민간 전문가를 아우르는 전 방위적 접근이 필요하며, 한국군의 조직 문화와 안보 환경에 부합하는 방안들이 요구된다.

① 첨단기술 교육과정 강화 및 대상별 맞춤 교육

군 교육체계를 AI·데이터 전략 중심으로 개편한다. 간부 교육에는 AI 전략·윤리·활용 사례를, 병 교육에는 코딩, 드론 운용 등 실용 기술을 포함한다. 민간 대학·연구소와 연계한 학위파견 및 인증과정을 확대하여 우수 인재가 군 복무 중 전문역량을 심화하도록 지원한다. 장교의 AI 전문학위 취득, 병사의 기술 자격증 취득 프로그램을 운영하고, 교육 성과를 인사관리와 연계하여 학습 동기를 부여한다.

② AI 특기 신설 및 경력관리 체계 확립

AI·디지털 전문병과를 신설하고 경력 경로와 진급 기준을 마련한다. AI 전문자격 인증제를 도입하여 능력을 공식화하고, 과학기술 장교 특별승진 등 인센티브를 제공한다. 민간 전문가의 군 직접 영입 제도를 활성화하고, 평시 산업계 종사자가 유사시 기여할 수 있는 기술예비군 풀을 구축한다.

③ 민-군 기술교류 및 협력 프로그램 확대

산·학·연과의 열린 협력을 통해 급변하는 기술 트렌드를 수용한다. 군 부대와 민간기업 간 멘토링 프로그램을 확대하고, 스타트업, 빅테크 기업, 대학과의 교차 연수를 제도화한다. 군 기술 인턴십으로 군 인력이 민간에서 실무를 익히고, 민간 전문가를 군 고문으로 위촉한다. 군사 문제 해결을 위한 해커톤과 기술 공모전을 정례화하여 창의적 문제해결 역량을 배양한다.

메타파워 시대의 도래는 군사력의 정의를 확장시키고 있으며 이에 부응하는 인재 혁신 전략이 요구된다. 한국군은 인지적 군사력을 극대화하기 위해 교육·인사·조직문화 전 분야에 걸쳐 선제적이고 과감한 투자를 해야 한다. 전략적 안목과 첨단기술 숙련도를 갖춘 국방 인재 육성으로 대한민국 국방 메타파워의 경쟁력을 확보할 수 있을 것이다.

제13장

메타파워 시대 인간의 역할과 AI 윤리 문제

오늘날 메타파워 시대는 인공지능과 데이터 중심 기술이 전쟁의 양상을 바꾸고 있다. 정보 수집부터 의사결정까지 AI의 역할이 커지고 있지만, 이러한 환경에서도 인간의 역할은 여전히 군사력의 핵심으로 남아 있다. 동시에 AI 무기의 등장으로 인한 윤리적 문제와 사회적 수용성에 대한 논의도 활발하다. 이 장에서는 AI 주도의 미래 전장에서 인간이 맡아야 할 책임과 창의성의 가치, 그리고 AI 군사력 개발에 따르는 윤리적 쟁점과 각국의 대응을 살펴본다.

13-1 AI 군사력과 인간

중대한 군사적 결정과 인간의 최종 책임

AI의 판단력이 아무리 정교해져도, 치명적인 무력 사용 결정만큼은 인간이 최종적으로 내려야 한다는 것이 국제사회의 공통된 견해이다. UN 차원의 논의에서도 "시스템의 사용 결정에 항상 인간이 책임을 져야 한다"는 원칙이 확인되어 있다.

에마뉘엘 마크롱 프랑스 대통령은 치명적 자율무기(LAWS)에 대해 "그것은 모든 책임을 기계에 떠넘기는 것"이라며 "최종 공격 명령은 반드시 인간이 내려야 한다"고 강조했다. 영국 정부 또한 "인간의 판단은 항상 필요하며 그 책임을 기계로 전가할 수 없다"는 입장을 공식화하여, 의미 있는 인간 통제(Meaningful Human Control) 원칙을 분명히 하고 있다.

인간만이 지닌 도덕적 분별력과 법적 책임 능력 때문에, 아무리 발전된 AI라도 생사 결정의 최종 권한은 인간에게 남겨두어야 한다. 이는 전쟁법과 국제인도법 준수 측면에서도 필수적이다. 기계는 법적·윤리적 판단의 주체가 될 수 없으므로, 궁극적으로 책임은 이를 사용하도록 명령한 인간에게 귀속될 수밖에 없다.

전쟁에서 인간 창의력과 직관의 역할

AI는 방대한 데이터를 처리하고 패턴을 학습하는 데 탁월하지만, 전장의 불확실성과 적의 의도 변화에 대응하는 창의적 전략과 직관적 판단에서 인간의 역할은 여전히 중요하다. 인간-기계 협업(HMT, Manned-Unmanned Teaming)의 개념이 부각되는 이유도 여기에 있다.

미군은 AH-64 아파치 공격헬기에 드론 정찰을 연계해 인간 조종사의 직관적 판단력과 AI의 신속한 데이터 처리 능력을 결합함으로써 시너지 효과를 내고 있다. 인간은 기계가 놓칠 수 있는 맥락적 통찰을 제공하고, 기계는 인간이 처리하기 어려운 방대한 정보를 실시간 분석한다.

전투 현장에서의 창의적 전술 변화나 예기치 못한 상황에서의 즉흥적 대응은 인간 지휘관의 직관과 경험에서 나오는 경우가 많다. 연구에 따르면 인간과 AI의 팀 구성 시 인간은 맥락적 사고와 전투 경험에서 우러나오는 직관, 창의력을 제공하고, AI는 방대한 데이터 처리와 높은 정확도·속도를 유지하는 데 강점을 보인다. 이러한 상호보완적 역할을 통해 전투 수행 능력이 극대화될 수 있다.

정보통신기술 이해력과 AI·데이터 리터러시의 필요성

AI 기술이 전장에서 효과를 발휘하려면 이를 다루는 인간의 이해력과 기술 소양(AI · 데이터 리터러시)이 함께 향상되어야 한다. 복잡한 AI 시스템을 운영하는 군인과 지휘관이 그 원리와 한계를 모른다면, 올바른 판단을 내리기 어렵고 예기치 않은 부작용을 통제하지 못할 수 있다.

국제 NGO인 '킬러 로봇을 멈춰라' 캠페인은 "사람들이 자신이 사용하는 시스템을 이해하지 못하면 의미 있는 판단을 할 수 없다"고 지적한다. 미 국방부는 2020년 AI 윤리 원칙에서 "관련 인원이 무기에 적용된 기술과 개발 절차, 운영 방법 등을 충분히 이해"하도록 요구하고, AI 시스템에 '오프 스위치'를 마련하여 예상치 못한 행동을 즉각 중단할 수 있게 규정했다.

주요국은 데이터 분석 능력과 AI 활용 역량을 장병들에게 함양하기 위해 노력하고 있으며, AI 전문인력 양성이 국방혁신의 핵심 과제로 부상했다. AI가 의사결정을 돕는 보조자 역할을 제대로 하기 위해선, 인간 운영자가 충분한 기술적 소양과 비판적 이해력을 갖추는 것이 필수적이다.

인간의 본질적 가치에 대한 철학적 고찰

AI 무기가 가져오는 가장 근본적인 물음은 "전쟁에서 인간의 가치는 무엇인가"이다. 인간은 단지 데이터나 표적이 아니라 대체 불가능한 존엄성을 지닌 존재이다. 대한민국 국가 AI 윤리 기준에서도 "인공지능의 개발과 활용은 인간의 권리와 자유를 침해해서는 안 된다"고 명시하고 있다.

완전 자율무기의 등장에 반대하는 견해들은 기계가 인간을 식별해 공격 대상으로 삼는 것을 인간을 데이터 포인트나 표적으로 환원하는 디지털 인간성 말살(digital dehumanisation)이라고 지적한다. 기계는 인간의 생명 가치를 이해할 수 없기 때문에 살상 여부를 기계에 맡기는 것은 인간 존엄에 대한 중대한 도전이다.

전장에서 인간 병사는 민간인 피해를 목격하면 공격을 주저할 수 있지만, AI는 그런 감정을 느끼지 못해 무자비한 살상을 할 위험이 있다. 이는 인간의 도덕적 직관과 양심이 전쟁 억제에 가지는 가치를 일깨워준다. 클라우제비츠는 "전쟁은 정치의 다른 수단에 의한 연속"이라며 전쟁이 인간 사회와 깊이 연결된 활동임을 강조했다. 아무리 기술이 발전해도 전쟁의 주체는 인간이어야 하며, AI는 인간의 역할을 대체하기보다는 보조하는 수준에 머물러야 한다.

13-2 AI 군사력과 사회적 수용

AI를 비롯한 신기술이 무기체계에 적용되면서 국제사회는 윤리적 가이드라인과 규범을 모색해왔다. UN 재래식무기금지협약(CCW)의 정부전문가그룹은 11개의 치명적 자율무기(LAWS) 지도 원칙을 2019년에 합의했다. 이 원칙들은 "국제인도법은 모든 무기에 적용된다", "LAWS 사용 결정에는 항상 인간이 책임을 진다", "새 무기 개발 시 법적 검토를 거쳐야 한다" 등의 내용을 담고 있다.

이는 법적 구속력은 없으나 국제사회에 공통 기준을 제시한 것으로 평가된다. UN 사무총장과 국제적십자위원회는 2026년까지 LAWS를 금지·규제하는 조약을 협상하자고 촉구했고, 현재 90개 넘는 국가가 법적 규제 마련을 지지하고 있다.

나토(NATO)는 2021년 국방 분야 AI 전략을 발표하면서 "책임 있는 AI 사용 원칙" 6가지를 채택했다: ① 법규 준수 - 국제법과 IHL 준수, ② 책임성과 책무성 - 적절한 인간의 판단과 책임 부여, ③ 설명 가능성과 추적 가능성 - AI 의사결정 과정의 투명성 확보, ④ 신뢰성 - 충분한 테스트와 검증을 통한 안정적 성능 확보, ⑤ 통제 가능성 - 예기치 않은 행동 시 시스템을 분리 또는 비활성화, ⑥ 편향 최소화 - 데이터셋과 알고리즘의 편향 사전 차단.

미국은 2023년 1월 자율무기체계 지침을 개정하여 "인간 지휘관과 운영자가 적절한 수준의 판단력을 행사할 수 있도록 무기체계를 설계해야 하며 인간의 결정권을 완전히 제거해선 안 된다"고 명시했다. 또한 '오프 스위치'를 마련하고, AI 무기 개발·운용 전 과정에서 국방부 AI 윤리원칙을 준수하도록 의무화했다.

한국도 이러한 국제적 논의에 적극 참여하고 있다. 정부는 프랑스·독일이 주도한 LAWS 11개 기본원칙 합의에 동참했으며, 국제인도법과 인간 통제 원칙을 준수한다는 입장을 견지해왔다. 2020년 범정부 차원에서 발표한 국가 AI 윤리기준의 "인간의 존엄성과 사회의 공공선, 기술의 합목적성 3대 원칙"을 국방 영역에도 확장 적용하려 한다. 한국군은 "인간 중심의 AI 운용", "책임 소재의 명확화", "국제법 및 교전수칙 준수" 등을 핵심 윤리 기준으로 고려하고 있다.

메타파워 시대는 AI와 인간이 협력하여 안보역량을 극대화하는 시대이다. 그러나 기술의 영향력이 커질수록 그 방향과 한계를 설정하는 것은 결국 인간의 몫이다. 중대한 생사 결정 앞에서의 인간 책임, 전쟁 속 인간 창의력과 직관의 가치, 기술을 다루는 인간의 식견과 이해력, 그리고 인간 존엄성에 대한 성찰은 AI 시대에도 결코 퇴색하지 않는 핵심 주제이다.

윤리적으로 통제되지 않은 군사 AI는 인류의 보편 가치를 침해할 위험이 있다. 국제사회가 "킬러 로봇"에 우려를 표명하고 규범 마련에 나선 것도 미래 전쟁에서 인간성을 지키기 위한 노력이다. 한국 역시 인간 중심의 AI 군사력 구축이라는 방향을 잡고 국방 AI 윤리 기준 수립과 국제 협력에 참여하고 있다.

궁극적으로 전쟁의 목적은 승리를 넘어 인간과 국가의 안전 보장에 있다. AI는 수단일 뿐, 목적을 결정하는 것은 인간의 의지와 양심이다. AI 시대의 진정한 메타파워는 첨단 기술과 인간의 가치가 조화를 이룰 때 완성된다. 인간의 통제 아래 신뢰할 수 있고 책임감 있게 운용되는 AI야말로 미래 전장의 게임체인저가 될 것이다. 21세기 안보 환경은 빠르게 변하지만, 그 한가운데에는 여전히 인간이 있다.

부록

부록1 군사 분야 혁명과 세 가지 군사력
부록2 약어 설명

부록1

군사 분야 혁명과 세 가지 군사력

본 부록에서는 역사적으로 진행된 군사 분야 혁명을 살펴보고, 이를 통해 기술 발전이 군사력에 미친 전반적 영향을 분석한다. 특히, 한국군이 제시한 세 가지 군사력 모델(하드파워, 소프트파워, 메타파워)을 적용하여 각 사례를 체계적으로 설명하고, 이 모델들의 유용성을 검증한다.

군사 분야 혁명(Military Revolution)은 장기간에 걸쳐 대규모로 이루어지는 근본적인 군사 혁신을 의미하며, 일반적으로 사용되는 '군사혁명'이나 '군사적 혁명'과 구별하여 본 책에서는 일관되게 "군사 분야 혁명"이라 명명한다. 이 개념은 흔히 언급되는 군사혁신(Revolution in Military Affairs, RMA)과도 구별되며, 전쟁 수행 방식에 근본적이고 심오한 영향을 미치는 정치적, 경제적, 기술적 요인의 복합적 작용에 의해 촉발된다. 군사 분야 혁명은 군사 교리(Doctrine), 조직(Organization), 전략(Strategy)의 근본적인 변화를 초래하며, 나아가 정치적 및 사회적 변화를 이끌어 내기도 한다.

군사 분야 혁명의 개념은 1955년 역사학자 마이클 로버츠(Michael Roberts)가 벨파스트 퀸스 대학에서 "군사 분야 혁명(Military Revolution), 1560-1660"라는 강연을 통해 처음 소개하였다. 그는 16세기 중반부터 17세기 중반까지 유럽의 전쟁에서 발생한 전술적, 조직적, 전략적 변화를 중심으로 군사 분야 혁명을 정의하고, 전쟁 수행 방식에 미친 중대한 영향을 설명하였다.

이 시기에 가장 두드러진 기술적 변화는 화약 무기의 도입이었다. 머스킷과 대포와 같은 화약 무기가 근접전 중심의 기존 전술을 크게 변화시켰으며, 머스킷 총병은 긴 선형 대형으로 배치되어 일제 사격을 통해 강력한 화력을 투사하였다. 이와 같은 무기 체계의 변화는 부대 조직 및 전투 방식을 근본적으로 재편하였으며, 기병 중심 돌격 전술의 쇠퇴를 가져왔다. 또한, 국가가 전쟁 수행을 위한 막대한 재정과 조직력을 갖추도록 세금 체계를 정비하게 함으로써, 근대 국민국가 형성의 중요한 계기를 제공하였다.

마이클 로버츠는 이처럼 화약 무기라는 기술 변화가 전술(선형 대형), 군사 조직(훈련된 대규모 군대), 사회적 변화(세금 제도와 국가 행정 체계)와 밀접히 연계되어 군사 분야 혁명의 본질을 구성한다고 최초로 체계적으로 설명하였다.

본 부록에서는 윌리엄슨 머레이(Williamson Murray), 맥그레거 녹스(MacGregor Knox), 로렌스 프리드먼(Lawrence Freedman) 등 주요 군사학자들의 연구를 참조하여 근대 이후 군사 분야 혁명을 다음과 같은 여섯 단계로 나누어 분석한다.

① 근대 국가의 탄생과 군사 분야 혁명
② 프랑스 혁명과 군사 분야 혁명
③ 산업혁명과 미국 내전
④ 제1차 세계대전과 현대전의 출현
⑤ 핵무기의 등장과 제한전
⑥ 정보 혁명과 군사 분야 혁명

학자들은 군사 분야 혁명이 정치적, 경제적, 기술적 요인(PET: Political, Economic, Technological Causes)에 의해 촉발되며, 그 결과로 군사 교리, 조직, 전략(DOS: Doctrinal, Organizational, Strategic Changes)의 변화가 나타난다고 주장한다. 본 부록에서는 이러한 학술적 논의를 바탕으로 한국군의 세 가지 군사력 모델(하드파워, 소프트파워, 메타파워)을 각 사례에 적용하여 군사 분야 혁명의 특성과 영향을 명확하게 설명하고자 한다.

부록 표-1. 한국군의 세 가지 군사력 모델

군사력	한국군 모델의 군사력 특성
하드파워	· 유형의 힘으로 파괴력, 내구성 등의 특성을 보임 · 무기체계, 장비, 보급, 병력 등 물리력의 총체적 결합
소프트파워	· 무형의 자산으로 전략 및 전술 운용 능력, 교리, 군기 등임 · 정신 전력, 심리적 영향력 등을 포괄하는 개념임
메타파워	· AI, 빅데이터, 초연결 통신망 등 ICT를 활용한 인지 영역의 군사력 · 상호작용, 통합, 분석, 민첩성의 속성을 가짐

군사 분야 혁명을 분석하기 위해 세 가지 군사력 모델을 적용하는 이유는 두 가지이다. 첫째, 하드파워, 소프트파워, 메타파워로 구성된 세 가지 군사력 모델이 군사력을 효과적으로 설명할 수 있는지를 확인하기 위해서이다. 둘째, 기존의 군사 분야 혁명 분석 방식은 기술 발전과 그 결과로 나타난 군사적 변화를 충분히 설명하지 못한다는 한계가 있다. 따라서 세 가지 군사력 모델을 활용해 기술과 군사력 간의 관계를 더욱 명확히 설명할 수 있는 분석 틀을 제시하고자 한다.

군사 분야 혁명에 관한 학계의 연구에 따르면, 군사력의 혁명적 변화는 정치적, 경제적, 기술적 요인(PET)에 의해 촉발되며, 그 결과로 군사 교리, 조직, 전략(DOS)의 변화가 나타난다. 이 설명 구조는 도표-1로 정리할 수 있다.

부록 도표-1. 군사 분야 혁명의 동인과 효과

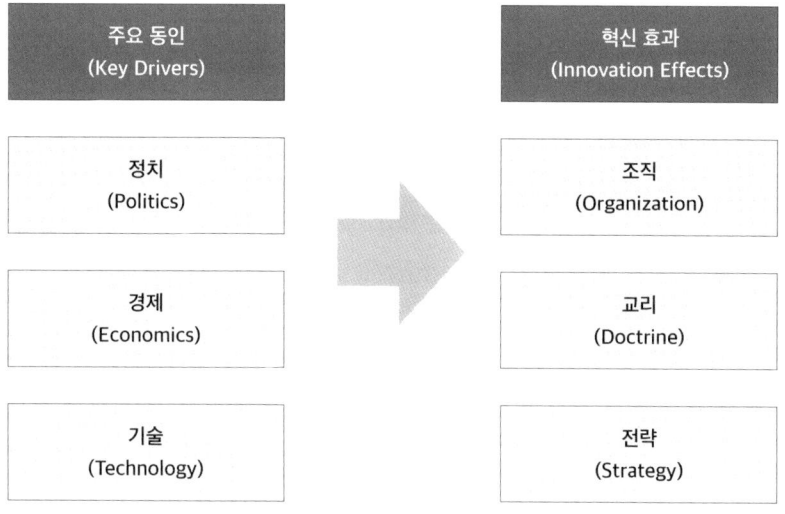

그러나 군대는 교리, 조직, 전략만으로 운영되지 않는다. 기존 분석의 틀은 군사력의 핵심적인 구성 요소인 무기체계를 충분히 고려하지 못하고 있으며, 전투의 핵심인 병사에 대해서도 명확히 다루지 않고 있다.

군사 분야 혁명의 원인과 결과는 교리, 조직, 전략뿐만 아니라 무기체계에도 커다란 변화를 일으킨다. 이에 필자는 군사 분야 혁명의 영향을 명확히 나타내기 위해 무기체계를 포함한 분석 틀을 도표-2와 같이 제시하였다. 한편, 병사는 조직의 일부로 포함하되, 이후에 조직을 '병사'와 '조직 운영체계'로 구분하여 고려한다. 이는 군사력 모델상 병사는 하드파워에, 조직 운영체계는 소프트파워에 속하기 때문에 분석의 명확성을 높이기 위한 것이다.

부록 도표-2. 수정된 군사 분야 혁명의 동인과 효과

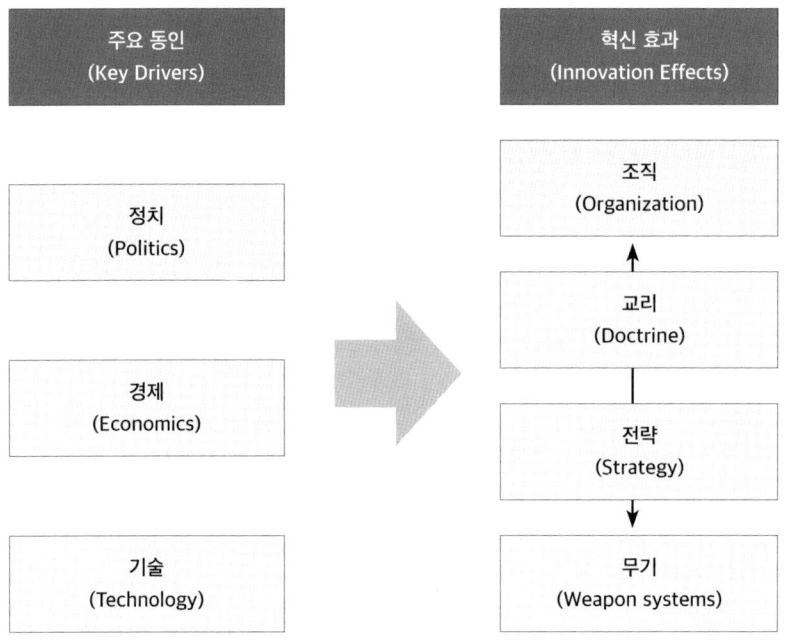

도표-2에서 나타난 것처럼, 정치적·경제적·기술적 요인은 서로 복합적으로 작용하여 군대의 조직, 교리, 전략, 그리고 무기체계에 영향을 미친다. 무기는 주로 기술 발전의 영향을 받아 변화하지만, 그 종류와 수량, 품질 수준은 정치적 판단과 경제적 능력에 의해 결정된다. 따라서 무기체계는 기술적 요인뿐 아니라 정치적 상황과 경제적 조건에도 밀접한 영향을 받게 된다. 즉, 군사 분야 혁명의 결과로 나타난 조직, 교리, 전략, 그리고 무기는 서로 영향을 주고받으며 함께 변화한다.

한편, 본 연구에서는 앞서 설명한 '기술확장이론'에 따라 무기체계를 두 가지로 구분하였다. 기술확장이론에 따르면 '기계적 원리에 기반한 기술은 인간의 신체적 능력을 확장하고 강화하며, 전자적 원리에 기반한 기술은 인간의 인지적 능력을 확장하고 강화한다.' 이러한 이론적 근거를 바탕으로, 첫째는 전차, 항공기, 함정처럼 물리적 힘을 투사하는 무기체계로 구분하였고, 둘째는 레이더, 통신체계, 데이터센터 등과 같이 인지적 역량을 지원하는 무기체계로 구분하였다. 무기체계를 이와 같이 구분한 이유는 뒤에서 논의할 물리적 힘 중심의 하드파워와 인지적 역량 중심의 메타파워를 보다 명확히 구별하기 위해서이다.

부록 표-2. 무기체계 유형 분류(물리력 및 인지력 무기체계)

무기체계 유형	무기체계 특성
물리력 무기체계	· 기계적 및 역학적 원리에 따라 작동함 · 총포, 전차, 항공기, 함정, 미사일 등
인지력 무기체계	· 전자적 원리에 따라 작동함 · 레이더, 통신체계, 데이터센터, 인공지능, 소프트웨어 등

정리하면, 본 연구는 군사 분야 혁명의 분석 범위를 더욱 명확히 하기 위해 기존 분석틀에 무기체계를 추가하였다. 무기체계는 기술확장이론에 따라 기계적 원리를 활용한 물리력 투사 영역과 전자적 원리를 활용한 인지력 발휘 영역으로 구분하였으며, 조직도 병사와 조직 운영체계로 나누었다. 이러한 구분을 통해 한국군의 세 가지 군사력 모델인 하드파워, 소프트파워, 메타파워를 더욱 명확하게 적용하고자 한다.

이제 역사적으로 전개된 여섯 차례의 군사 분야 혁명을 분석하기 위한 준비가 모두 끝났다. 다음 장에서는 각 사례를 하나씩 구체적으로 살펴보고자 한다.

1. 제1차 군사 분야 혁명

1-1 근대 국가의 탄생과 군사 분야 혁명

존 A. 린(John A. Lynn, 2015)에 따르면, 제1차 군사 분야 혁명(1st Military Revolution)은 근대 국가의 탄생과 밀접하게 연결되어 있다. 특히 1648년 웨스트팔리아 조약(Treaty of Westphalia)의 체결은 유럽 내 종교 전쟁(Religious Wars in Europe)을 종식시킨 정치적 사건으로, 각국 통치자들에게 국가 내 종교를 선택할 권리를 부여함으로써 국가 주권(State Sovereignty)의 개념을 확립하였다(Murray, 1997). 이는 이후 국제 관계의 기본 틀을 형성한 근본적인 정치적 변화였다.

이러한 정치적 변화는 제1차 군사 분야 혁명을 촉진한 핵심적인 요인 중 하나였다. 각 근대 국가는 독립적인 세금 제도를 구축하여 국가의 재정적 자원을 안정적으로 확보할 수 있었고, 이러한 경제적 능력은 국가의 군사력 강화와 전쟁 수행 능력과 직접 연결되었다(Lynn, 2015).

전쟁 전략의 변화

이 시기는 전쟁 전략에도 중대한 변화를 가져왔다. 이전까지 유럽의 전쟁 방식은 주로 단기간에 전투를 통해 승패를 결정짓는 '결정적 전투(Decisive battle)' 방식이었다. 그러나 웨스트팔리아 조약 이후, 적의 자원을 점진적으로 소모시켜 전쟁 수행 능력을 약화시키는 '소모전(attritional warfare)' 전략이 등장하여 주류 전략으로 자리 잡았다(Keegan, 2004; Lynn, 2015). 이러한 전략적 변화는 장기적인 전쟁 수행 능력을 갖춘 체계적인 군사 조직과 전문적으로 훈련된 병력을 필수적으로 요구하게 되었다(Roberts, 2018).

프랑스 왕 루이 14세(Louis XIV)는 이러한 시대적 변화를 적극 반영하여 군사 교리(Doctrine)와 조직(Organization)을 혁신적으로 개편하였다.

루이 14세의 군사 개혁

루이 14세는 군사 교리와 조직에 혁신적인 변화를 도입하였다. 그는 군대의 전반적인 훈련 수준을 높이기 위해 일련의 법령과 명령을 제정하여 군사훈련을 강화하였다. 루이 14세가 시행한 조직적·전술적 변화의 구체적 내용은 다음과 같다.

조직적 측면에서는 '연대 시스템(Regimental System)'이 도입되었다. 린(Lynn, 1997)에 따르면, 연대 시스템은 병력 충원, 무기 지급, 훈련 등의 기능을 하나의 표준화된 군사 단위 내에서 통합적으로 운영하는 방식이었다. 이 시스템은 병사들이 한 조직 내에서 장기간 지속적인 훈련을 받게 함으로써, 부대 내부의 결속력과 문화적 정체성

(Cultural Identity)을 강화하는 데 크게 기여하였다.

전술적 측면에서는 조직적인 훈련의 중요성이 강조되었다. 병사들은 조직적이고 반복적인 훈련을 통해 전장 상황에서 일사불란하게 움직일 수 있게 되었다. 맥닐(McNeill, 1997)은 이러한 집중 훈련이 병사들 사이에 이른바 '근육적 결속(Muscular Bonding)'을 형성하여 부대 내부의 응집력을 높였다고 평가하였다.

무기 체계의 발전

린(Lynn, 2015)은 제1차 군사 분야 혁명에서 기술의 역할이 상대적으로 낮았다고 평가하였으나, 이 시기에도 무기 체계의 중요한 발전이 이루어졌다. 루이 14세 통치 아래 프랑스 군대는 부싯돌 화승총(Flintlock Musket)과 소켓 총검(Socket Bayonet)을 도입했는데, 이는 기존 무기 체계에 비해 획기적인 진전이었다(Black, 1994).

부싯돌 화승총은 기존의 수석식 화승총(Matchlock Musket)보다 안전성과 신뢰성을 크게 향상시킨 무기였다. 기존 방식이 화승을 직접 점화하는 데 반해, 부싯돌 방식은 부싯돌이 철과 부딪혀 발생한 불꽃으로 화약을 점화함으로써 재장전과 발사 속도를 상당히 높일 수 있었다. 소켓 총검은 이전의 장창(Pike)을 대신하는 근접 전투 무기로, 약 30cm 길이의 양날 검을 총신 끝에 고정해 별도의 장창 없이도 근접 전투가 가능하게 하였다.

결과적으로 부싯돌 화승총과 총검의 결합은 프랑스 보병의 전술에 중대한 변화를 가져왔으며, 이후 유럽 군대의 표준 무기체계로 자리 잡게 되었다(Black, 1991, 1994).

1-2 제1차 군사 분야 혁명의 분석

제1차 군사 분야 혁명의 핵심 변화 요인과 군사력에 미친 영향을 표-3과 같이 정리할 수 있다.

부록 표-3. 제1차 군사 분야 혁명의 요소와 군사력의 관계

구분	주요 동인	혁신 효과	군사력 유형
정치	웨스트팔리아 조약과 근대 국가의 등장	-	-
경제	국가의 효율적인 징수제도	-	-
기술	점화 기술 발전	-	-
교리	-	체계적 훈련	소프트파워
조직	-	연대(regimental) 시스템	소프트파워
전략	-	소모전 전략	소프트파워
무기	-	화승총과 소켓 총검	하드파워

제1차 군사 분야 혁명은 웨스트팔리아 조약 체결 이후 근대 국가의 형성과 총검 기술의 발전에 크게 영향을 받았다. 이로 인해 군사 교리, 조직, 전략 및 무기 체계에서 혁신적인 변화가 발생하였다. 교리, 조직 운영 체계, 전략의 변화는 전쟁 수행 과정에서 얻은 지식과 경험을 반영하는 무형의 자산, 즉 소프트파워를 강화하였다. 이 시기에 확립된 체계적인 훈련 방식, 군대의 조직 편제 및 전략적 운영 방식 등은 군대의 소프트파워를 크게 높였다.

한편, 부싯돌 화승총과 총검은 직접적인 물리력을 발휘하는 유형의 군사 자산으로, 군대의 하드파워를 강화했다. 또한 병력의 증가

역시 하드파워 강화에 중요한 역할을 하였다. 이러한 변화와 군사력 간의 관계를 그림-1과 같이 정리할 수 있다.

부록 그림-1. 제1차 군사 분야 혁명의 요인과 군사력의 관계 다이어그램

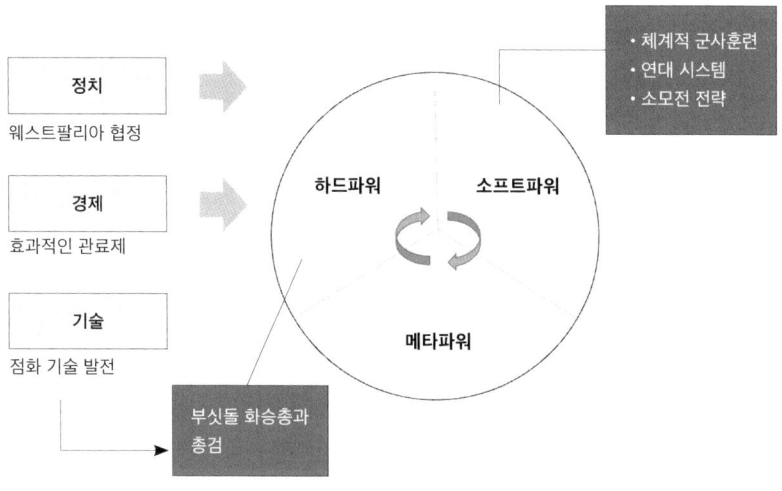

2. 2차 군사분야 혁명

2-1 프랑스 혁명과 군사 개혁

맥그레거 녹스(MacGregor Knox, 2001)에 따르면, 제2차 군사 분야 혁명의 핵심적 동인은 프랑스 혁명(1789~1799)이다. 프랑스 혁명과 그 이후 나폴레옹의 집권은 프랑스 군사력의 혁신에 큰 영향을 주었다(Knox, 2001). 프랑스 공화국의 수립으로 시민들은 봉건제의 하층 신분에서 벗어나 국민으로 거듭나게 되었고(Lynn, 2019), 이는 출신 신분보다는 개인의 능력과 업적이 중시되는 실력주의 사회(Meritocracy)의 형성으로 이어졌다(Lynn, 2019).

이러한 정치적 변화를 배경으로 프랑스 정부는 주변국의 위협에 대응하기 위해 징병제(Near-Universal Conscription)를 도입하여 국가안보를 위한 군사력을 대폭 강화하였다. 그 결과 프랑스 군대는 1794년까지 약 75만 명 이상으로 크게 증가하였으며(Knox, 2001), 나폴레옹의 등장 이후에는 이러한 변화가 더욱 가속화되었다.

나폴레옹 주도의 군사 개혁

나폴레옹은 정치적, 교리적, 전략적 측면에서 프랑스 군사 혁신을 주도하였다. 정치적 측면에서는 나폴레옹이 전 국민 징병 정책(Levée en Masse, 1793)을 강화하여 국민 전체를 전쟁 수행에 동원하였다. 그 결과 1800년에서 1814년 사이 프랑스 군대는 200만 명 이상으로 확대되었으며(Lynn, 2017), 국가 전체의 자원을 총동원하는 체계가 확립되었다.

교리적 측면에서는 1791년 군사 규정(Tenets of Army Regulation)을 발표하여 군대의 혁신적인 편제와 통합 작전이 가능한 보병, 기병, 포병 및 지원 부대를 구성하였다. 또한 참모 및 본부 체계(Staff System & Headquarters)를 정비하여 명령 계통의 효율성과 지휘통제 능력을 크게 향상시켰다(Knox, 2001). 이는 현대 군사 조직의 기초로 자리 잡게 되었다.

전략적 측면에서는 국가와 군대를 하나의 지휘 체계로 통합한 '통합 지휘 체계(Unity of Command)'를 구축하였다(Knox, 2001). 이는 국가 권력과 군사적 지휘권을 집중시켜 전쟁 수행 능력을 극대화하고, 중앙집권화된 군사·행정 체계를 통해 효율적인 전쟁 수행이 가능하도록 하였다. 이를 바탕으로 프랑스는 유럽 각국과의 전쟁에서 국가 역량 전체를 효과적으로 활용할 수 있었다.

기술적 변화: 그리보발 포병 시스템 도입

나폴레옹 전쟁 시기 프랑스 군은 그리보발 포병 시스템(Gribeauval Artillery System)을 독점적으로 사용하였다(Lynn, 2015). 이 시스템은 정밀 제조 기술을 활용하여 포병의 사격 정확도를 향상시켰으며, 화약실 개량을 통해 사거리와 파괴력을 증가시켰다. 또한 경량화된 설계 덕분에 포병의 기동성을 크게 높였다(Berkowitz & Dumez, 2016). 이와 같은 기술적 우위를 바탕으로 프랑스 군은 강력한 화력을 발휘하며 전장에서 우위를 점할 수 있었다.

2-2 제2차 군사 분야 혁명의 분석

제2차 군사 분야 혁명의 핵심 변화 요인과 군사력 변화는 표-4와 같이 정리할 수 있다.

부록 표-4. 제2차 군사 분야 혁명의 요소와 군사력의 관계

구분	주요 동인	혁신 효과	군사력 유형
정치	프랑스 혁명	-	-
경제	-	-	-
기술	정밀 가공 기술 및 화약 약실 개선	-	-
교리	-	1791년 군사 규정 (편제 혁신 등)	소프트파워
조직	-	대규모 국민군	소프트파워
		본부 및 참모부 조직	하드파워
전략	-	통합 지휘 체계 (Unity of Command)	소프트파워
무기	-	그리보발 포병 시스템	하드파워

제2차 군사 분야 혁명은 프랑스 혁명과 정밀 제조 기술의 발전이라는 두 가지 주요 동인으로 인해 촉진되었다. 프랑스 혁명과 나폴레옹 시대의 변화는 군사 교리와 조직체계를 근본적으로 혁신시켰으며, 이는 군대의 소프트파워를 강화하였다. 즉, 혁신된 교리와 조직 운영방식은 전투 수행 능력을 높이는 무형의 군사 자산이었다.

한편, 나폴레옹 시대에 구축된 대규모 병력과 그리보발 포병 시스템과 같은 발전된 무기체계는 군대의 하드파워를 크게 강화하는 역할을 했다. 이러한 무형적, 유형적 군사력의 변화가 제2차 군사 분야 혁명의 핵심 특징이다. 다만, 이 시기에는 아직 정보통신기술 기반의 메타파워가 나타나지 않았다는 시대적 특성을 보인다.

이상의 내용을 종합하여 정리하면 그림-2와 같이 나타낼 수 있다.

부록 그림-2. 제2차 군사 분야 혁명의 요인과 군사력의 관계 다이어그램

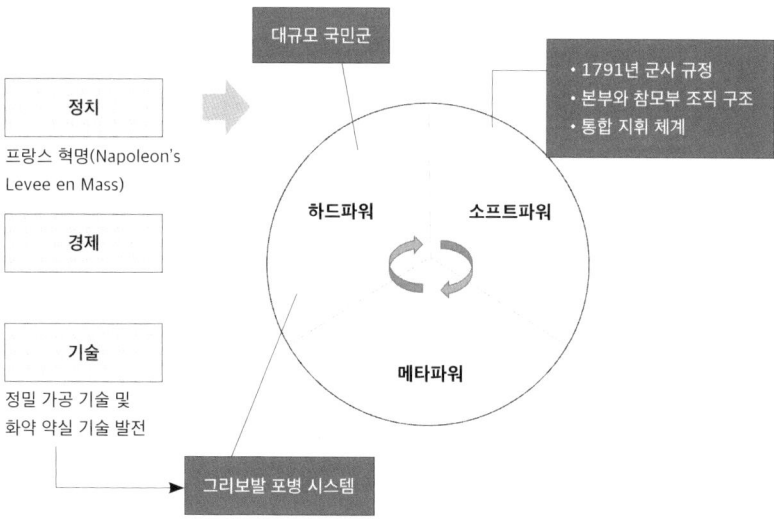

3. 3차 군사분야 혁명

3-1 산업혁명과 미국 남북전쟁

마크 그림슬리(Mark Grimsley, 2001)에 따르면, 제1차 및 제2차 군사 분야 혁명이 주로 정치적 요인에 의해 촉진되었다면, 제3차 군사 분야 혁명은 경제적 및 기술적 요인이 핵심적인 역할을 하였다. 그림슬리는 산업혁명 동안 축적된 경제적 역량이 미국 남북전쟁(1861~1865)에서 북군이 승리하는 데 결정적 영향을 미쳤다고 평가하였다(Grimsley, 2001).

산업혁명은 기술적 발전을 통해 대량생산 체제를 가능하게 하였고, 이는 19세기 후반 전쟁 수행 방식을 근본적으로 변화시켰다(Woodworth, 1996). 철갑선(Ironclad Ships), 증기기관, 철도 운송, 전신, 각종 기계 장비의 개발과 같은 기술혁신은 전통적인 수공업 기반의 군수물자 생산 방식을 뛰어넘는 대규모 생산 체계를 정립하였다. 이는 군수물자 보급과 작전 운영 측면에서 혁명적인 변화를 가져왔다.

철도와 증기선을 활용하여 식량, 무기, 군수물자를 대규모로 신속하게 이동시킬 수 있게 되었으며, 전신 기술의 도입으로 인해 수백

마일 떨어진 부대 간에도 신속하고 정확한 명령 전달과 작전 조율이 가능해졌다(Grimsley, 2001). 또한, 소총 및 탄약 제조 기술의 발전으로 보병의 화력이 크게 증대되었으며, 이는 전술적 변화까지 초래하였다(McWhiney & Jamieson, 1984). 결과적으로 산업혁명은 대규모 군사력의 효율적인 운영과 현대적 전쟁 수행 방식의 기초를 마련하였다.

미국 남북전쟁에서의 기술적 요인

산업혁명의 기술적 발전은 미국 남북전쟁 기간 보병 무기와 포병 화력에 근본적인 변화를 초래했다. 특히, 강선소총(Rifled Muskets)과 후장식 반복 소총(Breech-Loading Repeating Carbines)의 도입으로 인해 총기의 사거리가 늘어났고, 사격 속도와 명중률이 크게 향상되었다. 그 결과, 병사들의 전투 효율성이 크게 개선되었으며 장거리 교전이 가능해져 전장의 양상이 변화하였다.

해상 전투에서는 철갑 전함(Ironclad Warships)이 등장하여 기존의 목재 선박을 대체했다. 철갑 전함의 도입으로 함선의 포격 방어력이 크게 강화되어, 해상 전투의 방식과 전략적 개념 자체를 변화시켰다(Grimsley, 2001).

또한 철도(Railroads)와 증기선(Steamships)은 전쟁 수행 방식을 획기적으로 변화시켰다. 이러한 기술은 대규모 병력과 군수 물자를 빠르고 효율적으로 이동시킬 수 있게 하였으며, 장기간의 대규모 전쟁 수행을 가능하게 하는 물류 및 보급 체계의 기반이 되었다.

한편, 전신(Telegraph) 네트워크의 구축으로 인해 군부대 간의 실시간 통신이 가능해졌다. 이는 기존의 기병 전달 방식보다 훨씬 빠르고 정확한 지휘와 명령 전달을 가능하게 했으며, 작전 수행의 속도와 효율성을 대폭 향상시켰다(Grimsley, 2001). 이러한 전신 기술의 활용은 메타파워(Military Meta Power)의 초기 형태를 나타낸다.

미국 남북전쟁에서의 경제적 요인

북군의 경제력은 남북전쟁 승리에 결정적인 역할을 하였다. 그림슬리는 남북전쟁의 결과를 결정한 핵심 요인으로 양측의 경제 정책과 자원 동원 능력을 꼽았다. 전쟁 초반인 1862년부터 남북 양측은 산업혁명에 따른 대규모 전쟁 수행을 위해 다양한 경제 정책을 펼쳤다. 그러나 남부는 물자 부족으로 인해 600%에 달하는 극심한 인플레이션이 발생하여 경제가 붕괴 직전에 이르렀던 반면, 북부는 상대적으로 인플레이션을 80% 수준에서 관리하며 전쟁을 지속적으로 수행할 수 있는 능력을 유지하였다(Grimsley, 2001).

결국 남북전쟁에서 북부가 승리할 수 있었던 이유는 단순히 기술적 혁신 때문만이 아니라 효과적인 경제 정책과 강력한 자원 동원 능력 덕분이었다. 남북 모두 기술적 기반은 유사했기 때문에, 결정적인 차이를 만든 것은 전쟁 수행을 지속할 수 있는 경제력 차이였다. 이와 같이 제3차 군사 분야 혁명은 '대규모 산업전쟁(Industrialized Warfare)'이라는 새로운 전쟁 수행 방식을 형성했고, 경제력이 군사력에 미치는 영향을 명확히 보여주었다.

3-2 제3차 군사 분야 혁명의 분석

제3차 군사 분야 혁명의 핵심 요인과 군사력에 미친 영향은 표-5와 같이 정리할 수 있다.

부록 표-5. 제3차 군사 분야 혁명의 요소와 군사력의 관계

구분	주요 동인	혁신 효과	군사력 유형
정치	-	-	-
경제	산업혁명, 전시 경제 정책	-	-
기술	증기기관, 철도, 기계류	-	-
	전신 기술 등	-	-
교리	-	-	-
조직	-	물류 기능의 강화	하드파워
전략	-	-	-
무기	-	철갑선, 개량 총기	하드파워
		전신	메타파워

제3차 군사 분야 혁명은 산업혁명을 기반으로 한 경제력과 기술 혁신에서 비롯되었다. 철갑선과 강선소총과 같은 기술의 등장은 군대의 물리적 전투력, 즉 하드파워를 크게 강화하였다. 또한, 군수물자와 병력을 대규모로 신속히 수송하는 능력 역시 하드파워에 속하는 유형적 군사 자산이었다. 한편, 전신(Telegraph)의 활용은 국방 메타파워의 초기 형태로 평가될 수 있다. 이러한 내용을 도식화하면 그림-3과 같다.

산업혁명의 경제적 변화로 촉발된 제3차 군사분야 혁명은 하드파

부록 그림-3. 제3차 군사 분야 혁명의 요인과 군사력의 관계 다이어그램

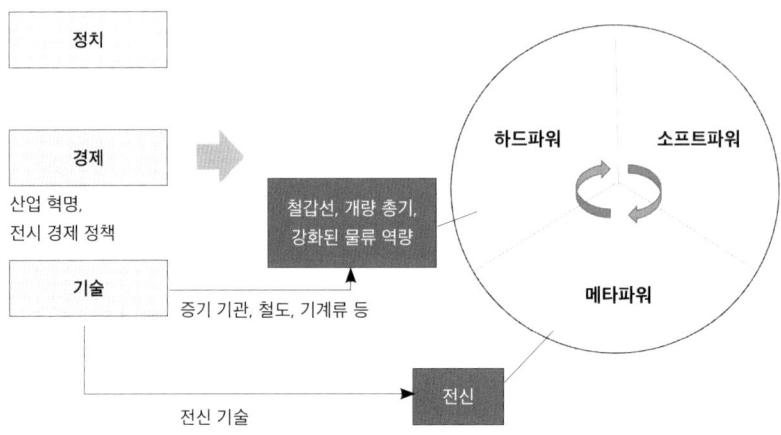

워(대량 생산된 무기, 대규모 병력 운용, 군수 및 자원 동원)와 국방 메타파워(초기 정보통신 활용)의 요소가 결합된 혁신이었다. 이 혁명을 계기로 현대 군사력에서 '경제력'과 '기술력'이 군사적 승리를 결정하는 중요한 요인으로 자리 잡았다.

4. 4차 군사분야 혁명

4-1 제1차 세계대전과 현대전의 시작

윌리엄슨 머레이(Williamson Murray)와 맥그레거 녹스(MacGregor Knox, 2001)에 따르면, 제1차 세계대전은 유럽인들에게 전례 없는 규모의 대량 살육을 경험하게 한 전쟁이었다. 이는 산업혁명의 영향으로 인해 국가의 경제력과 물류·운송 능력이 급격히 향상되면서 가능해진 현상이었다(Knox & Murray, 2001). 결과적으로 제1차 세계대전은 "대규모 고강도 충돌(Large-Scale High-Intensity Conflict)"과 "현대적 전쟁 방식(Modern Style of Warfare)"이 출현하는 계기가 되었다(Bailey, 2001).

조너선 베일리(Jonathan Bailey, 2001)는 현대전의 중요한 변화로 곡사화기(Indirect Fire Artillery, IDF)의 도입을 지적했다. 그는 곡사화기의 등장이 "전쟁의 오랜 역사에서 가장 중요한 개념적 발전 중 하나"라고 평가하였다. 곡사화기의 도입은 전장을 기존의 평면적인 2차원에서 입체적인 3차원 공간으로 확장하며, 전술 및 작전개념에 혁명적 변화를 초래했다(Bailey, 2001). 예컨대 솜(Somme) 전투와 베르됭(Verdun)

전투에서 곡사화기는 광범위한 포격 작전을 가능하게 하여 전쟁 양상을 근본적으로 바꾸었다.

19세기까지 전쟁에서 지휘관들은 전장을 2차원적인 시야(line-of-sight) 내에서만 작전을 수행했다. 그러나 곡사화기의 출현으로 인해 지형 장애물 뒤의 적을 공격할 수 있게 되었고, 이는 작전 수행의 패러다임을 획기적으로 변화시켰다(Bailey, 2001). 곡사화기가 전장의 중심으로 자리 잡을 수 있었던 이유는 포병의 사거리 증가와 포격 정확성 향상, 그리고 항공 정찰의 도입을 통한 정확한 표적 탐지가 가능해졌기 때문이다.

곡사화기의 효과적인 운용을 위해 항공기를 통한 초기 정찰과 사진 촬영 기술이 활용되었고, 실시간 소통을 위한 무선통신의 도입으로 포병과 보병, 정찰 항공기 간의 긴밀한 협력이 가능해졌다(Sheffield, 1997). 이러한 항공 정찰과 무선통신의 도입과 결합하여 곡사화기의 개념은 더욱 진화하였다. 나아가 전차와 항공기 기술이 발전하면서 지상전과 공중전이 긴밀하게 연계된 완전한 3차원 전쟁 개념(Three-Dimensional Warfare)이 형성되었다(Bailey, 2001).

제1차 세계대전 - 이전 군사 분야 혁명의 집대성

제1차 세계대전은 산업혁명으로 인한 철도와 증기선을 포함한 생산성 증가와 운송 역량 향상 덕분에 가능한 최초의 대규모 국제전이었다(Knox & Murray, 2001). 특히 곡사화기의 도입은 다양한 무기체계 개발을 촉진하고, 전장을 기존의 2차원에서 입체적 3차원으로 변화시키는 중요한 기술혁신을 이끌었다(Bailey, 2001).

베일리(Bailey, 2001)는 곡사화기의 도입이 제1차 세계대전 당시 포병 전술의 혁신을 주도했고, 특히 전투공간을 수평적 차원을 넘어 수직적 차원으로 확장시켰다고 평가했다. 또한 전차와 항공기의 등장은 곡사화기와 결합하여 지상 및 공중 작전의 통합 운용을 촉진했고, 무선통신의 발전은 신속한 지휘통제를 가능하게 하였다.

하드파워(Hard Power)의 측면에서, 전차와 항공기의 등장과 고성능 포병 시스템의 발달은 군대의 기동성, 화력, 전력 투사 능력을 크게 향상시켜 군사력의 물리적 파괴력을 비약적으로 증가시켰다.

메타파워(Meta Power) 측면에서는 정보통신기술, 특히 무선통신의 발전을 통해 실시간 지휘와 작전 조율이 가능해졌고, 이는 전투 반응속도를 크게 개선하였다. 또한 초기 형태의 정보전(Information Warfare)이 등장했으며, 통신 기술은 전장의 정보 우위를 확보하는 핵심 기술로 자리 잡게 되었다.

군사 교리 및 전략적 변화

교리 변화 측면에서, 기존 지상 중심의 2차원적 전장(직접 시야 내 전투 수행)에서 공중 정찰 및 장거리 포격을 포함한 3차원적 입체 전장(공중, 지상, 원거리 공격 통합)으로 전환되었다(Bailey, 2001). 이로 인해 포병과 항공 정찰 부대가 전장의 핵심 구성 요소로 자리 잡았다.

조직 측면에서는 대규모 포병 부대와 전문적인 전술적 지휘체계가 확립되었으며, 이를 효과적으로 지원하기 위한 병참 및 보급 시스템이 구축되었다.

전략 측면에서는 국가의 모든 생산력과 인력을 전쟁 수행에 동원하는 '총력전(Total War)' 개념이 등장하였다. 예컨대 제1차 세계대전에서 독일과 프랑스가 국가적 자원을 총동원하여 전쟁을 수행한 사례가 대표적이다.

이와 같은 제4차 군사 분야 혁명은 교리, 조직, 전략 측면에서 현대적 전쟁 수행 방식의 기반을 확립하였다.

4-2 제4차 군사 분야 혁명의 분석

제4차 군사 분야 혁명의 핵심 요인과 군사력에 미친 영향은 표-6과 그림-4와 같이 정리할 수 있다.

부록 표-6. 제4차 군사 분야 혁명의 요소와 군사력의 관계

구분	주요 동인	혁신 효과	군사력 유형
정치	-	-	-
경제	-	-	-
기술	포병 기술, 기계 공학 등	-	-
	무선통신 기술		
교리	-	3차원 전쟁	소프트파워
조직	-	포병과 명령 조직, 물류 조직	소프트파워
전략	-	총력전 전략	소프트파워
무기	-	곡사화기, 탱크, 비행기, 기관총 등	하드파워
		무선통신	메타파워

부록 그림-4. 제4차 군사 분야 혁명의 요인과 군사력의 관계 다이어그램

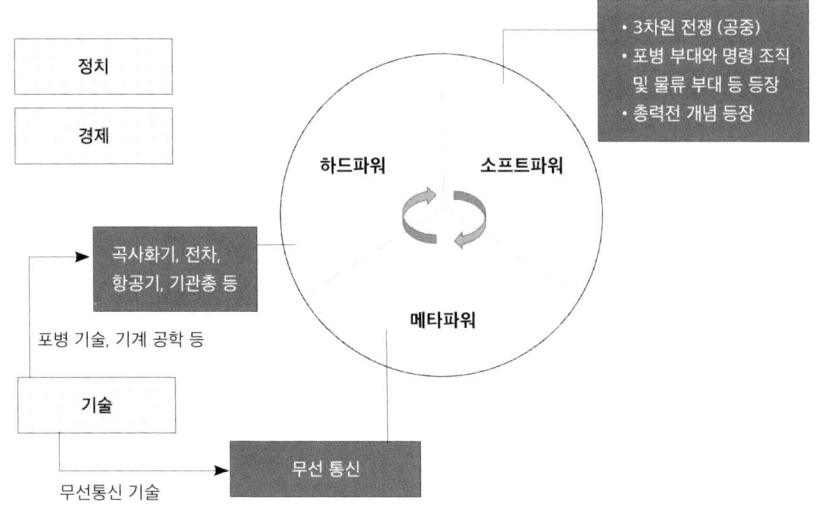

제4차 군사 분야 혁명은 하드파워, 소프트파워, 메타파워의 통합적 발전을 이루었다. 하드파워는 전차, 항공기, 곡사포 등 첨단 무기체계 도입으로 물리적 파괴력을 크게 강화하였다. 소프트파워 측면에서는 새로운 군사 교리와 조직 운영 원리, 국가 전체의 자원 동원을 촉진하는 총력전 개념의 도입으로 군대 운영과 전략적 사고방식을 혁신하였다. 메타파워는 포병과 항공 정찰을 연계하는 무선통신 등 정보통신기술을 활용한 지휘통제 능력을 높였으며, 전장 상황에 대한 인지력을 개선하여 현대전의 기초를 조성하였다.

5. 제5차 군사 분야 혁명

5-1 핵무기와 제한전(Limited War)

제5차 군사 분야 혁명(5th Military Revolution)은 우주를 새로운 전장의 차원으로 도입하며 전쟁의 개념을 근본적으로 변화시켰다(Freedman & Michaels, 2019; Howard, 2011; Amravatiwala, 2017; Keating, 1959).

특히 핵무기와 대륙간탄도미사일(ICBM)의 등장으로 인류는 전 지구적인 파괴 가능성을 현실적으로 직면하게 되었다. 예컨대 1962년 쿠바 미사일 위기와 같은 사건은 핵전쟁의 위험성을 명확히 드러내며 전쟁 전략의 근본적 변화를 요구하였다(Freedman & Michaels, 2019; Freedman, 1986; Amravatiwala, 2017).

상호확증파괴(Mutually Assured Destruction, MAD)의 개념은 냉전 시대 미국과 소련의 핵전략을 특징짓는 개념이었다. MAD의 도입으로 핵보유국 간에는 직접적인 군사 충돌이 전 지구적 재앙을 초래할 수 있다는 전략적 교착 상태가 형성되었다. 이는 핵전쟁을 억제하는 주요 원리로 작용했다(Freedman & Michaels, 2019).

결과적으로 정치 지도자들은 핵전쟁의 파괴적 결과를 피하면서도 정치적 목적을 달성하기 위한 제한적 군사력을 동원하게 되었다. 한국전쟁과 베트남전쟁은 제한전(Limited War)의 대표적인 사례로, 전면적인 핵전쟁을 피하면서도 정치적 영향력을 유지하려는 새로운 전쟁 전략이 정착된 계기를 제공하였다.

제한전(Limited War) 개념의 등장

제한전(Limited War)이란, 핵무기의 압도적인 파괴력을 고려하여 핵전쟁으로의 확전을 방지하고, 통제된 범위 내에서 재래식 군사력을 사용하여 특정 정치적 목표를 달성하는 전략을 의미한다(Freedman & Michaels, 2019; Freedman, 1986). 한국전쟁(1950-1953)과 베트남전쟁(1955-1975)이 대표적인 사례로, 이 두 전쟁은 전투 지역과 무기 사용을 제한하여 핵무기 사용을 의도적으로 배제하였다.

제한전은 전면전(Total War) 대신 제한된 정치적 목표 달성을 추구한다. 예컨대 1962년 쿠바 미사일 위기는 미·소 양국이 핵전쟁의 가능성을 인식하고, 군사력을 제한적으로 사용하며 외교적 협상을 병행하여 위기를 해결한 사례이다.

핵무기의 운반체계 발전 - 대륙간탄도미사일(ICBM) 도입

제5차 군사 분야 혁명에서는 핵무기의 운반체계 발전이 중요한 변화 중 하나였다. 지상 기반 발사체, 잠수함 발사, 전략 폭격기 등이 등장하였다. 특히 대륙간탄도미사일(ICBM)의 개발은 핵무기의 신속한 글로벌 투사가 가능하게 만들었다(Freedman & Michaels, 2019; Amravatiwala, 2017; Keating, 1959). 이로써 우주 공간이 네 번째 전장으로 편입되었다. 이러한 다층적 핵무기 운반체계는 핵 억제전략(Nuclear Deterrence)의 핵심을 형성하며, 군사 전략의 판도를 바꾸었다.

5-2 제5차 군사 분야 혁명의 분석

제5차 군사 분야 혁명의 핵심 변화 요인과 군사력 변화는 표-7과 같이 정리할 수 있다.

부록 표-7. 제5차 군사 분야 혁명의 요소와 군사력의 관계

구분	주요 동인	혁신 효과	군사력 유형
정치	-	-	-
경제	-	-	-
기술	핵 기술 및 우주 기술	-	-
교리	-	4차원 전쟁	소프트파워
조직	-	핵무기 운영 조직	소프트파워
전략	-	제한전 개념	소프트파워
무기	-	핵무기와 대륙간탄도탄	하드파워

핵무기와 ICBM의 개발은 하드파워를 극대화하며, 이는 막대한 물리적 파괴력을 초래할 수 있는 중요한 요소로 등장하였다. 핵전쟁에 대한 우려를 기반으로 형성된 제한전 개념은 핵 억제전략과 군사 작전의 제한적 운용을 강조하게 되었다.

부록 그림-5. 제5차 군사 분야 혁명의 요인과 군사력의 관계 다이어그램

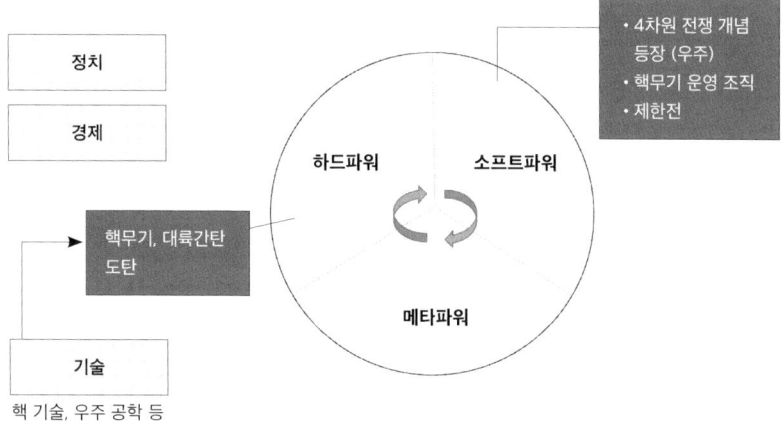

6. 제6차 군사 분야 혁명

6-1 정보 혁명과 군사 변혁

역사가이자 군사학자인 윌리엄슨 머레이(Williamson Murray, 2017)는 현대 사회가 정보기술과 인공지능의 급속한 발전으로 중대한 변화를 겪고 있으며, 이러한 변화가 현대 전쟁의 성격을 근본적으로 변화시키고 있다고 지적하였다. 그는 이러한 현상을 제6차 군사 분야 혁명(The Sixth Military Revolution)으로 명명하였다(Murray, 2017).

1980년대 이후 정보기술(IT)의 발전과 2010년 이후 인공지능의 등장으로 군사 분야에서 다양한 혁신이 이루어지고 있다(Raska, 2020).

1980년대~1990년대: 군사 기술 혁신의 시작

1980년대 초반, 소련 전략 이론가들은 미국의 정밀 유도무기(PGM), 지휘통제통신정보(C3I) 시스템, 전자전(Electronic Warfare), 컴퓨터 시뮬레이션 기술 발전에 주목하였다(Kipp, 1995). 이들은 이러한 기술이 전쟁 수행 방식의 정확성, 협동성, 자동화 수준을 높이는 혁신을 가져올 것으로 평가하였다(Krepinevich, 1992).

이에 따라 소련은 군사 기술 혁명(MTR, Military Technology Revolution)을 추진하며, 기술적 혁신을 통해 무기체계, 군사 교리, 작전개념의 변화를 추구하였다. 특히 오가르코프(Ogarkov) 장군은 미래 전쟁이 무인 드론, 위성 기반 정찰 시스템, 자동 감지 시스템 등 첨단 기술의 결합을 통해 정밀 타격(Precision Strikes)을 가능케 하고, 치명성과 속도를 현저히 높일 것으로 예측했다(Doder, 1985). 그의 이러한 예측은 현대의 전쟁 수행 방식에서 점차 현실화되고 있다.

소련의 MTR 연구는 이후 미국의 군사 혁신(RMA, Revolution in Military Affairs)에 큰 영향을 주었다. 소련 붕괴 후 MTR에 관한 분석을 통해 미국은 군사 혁신의 중요성을 더욱 명확히 인식하였고, 이를 바탕으로 무기체계, 전략·전술, 교리 및 조직 구조를 지속적으로 발전시키고 있다.

1990년대~2000년대: 네트워크 중심전(NCW)과 군사 정보화

1990년대 중반부터 미국은 군사 효율성 증대와 비용 절감을 위해 신속한 의사결정과 정확한 목표 타격 능력 향상에 초점을 맞추었으며, 첨단기술을 군사 조직과 작전 수행에 적극적으로 도입하였다(Raska, 2020).

1996년, 당시 미 합참부의장(VCJCS) 윌리엄 오웬스(William Owens)는 '시스템 오브 시스템스(System of Systems)' 개념을 제안하였다. 이는 지휘·통제·통신·컴퓨터·정보(C4I: Command, Control, Communications, Computers, and Intelligence) 시스템과 정보·감시·정찰(ISR: Intelligence, Surveillance, and Reconnaissance) 시스템을 연계하여 전력과 작전 플랫폼을 통합한 체계였다(Owens, 1996). 예컨대 걸프전과 이라크전에서 정보 수집부터 정밀 타격까지 전 과정이 네트워크를 통해 통합되면서 전장의 불확실성을 줄이고 신속하고 효율적인 작전 수행을 가능하게 했다. 이는 이후 네트워크 중심전(NCW, Network-Centric Warfare)의 기초가 되었으며, 네트워크화된 전력(Networked Forces)을 통해 전장의 정보 우위를 확보하고 상황을 지배하는 전술 개념으로 발전하였다(Alberts et al., 1999).

2000년대 이후: 비국가 행위자와 비대칭 전쟁의 부상

2000년대 초반, 알카에다(Al-Qaeda), ISIS 등 비국가 행위자(Non-State Actors)에 의한 테러리즘과 비대칭 전쟁(Asymmetric Warfare)이 국제 안보 환경의 심각한 위협 요소로 등장하였다. 특히 9·11 테러(2001)를 계기로 미국은 국방 개혁(Defense Transformation)을 통해 국토안보부 신설, 특수부대의 역할 확대 등 군 조직과 작전 수행 방식을 대대적으로 개편하였다(Dombrowski & Ross, 2008; Raska, 2015).

이 과정에서 미군은 다음과 같은 핵심 작전 개념을 적극 도입하였다.

① 네트워크 중심전(Network-Centric Warfare, NCW): 센서, 지휘통제 시스템, 무기 플랫폼을 네트워크로 연결하여 정보공유와 작전의 신속성을 극대화하는 방식
② 효과 기반 작전(Effects-Based Operations, EBO): 전술적 행동이 적의 군사적, 정치적 목표 달성에 미치는 전략적 효과를 고려하

여 계획하고 수행하는 방식

네트워크 중심전(NCW)과 효과 기반 작전(EBO)은 실시간 감시체계와 무인기(드론)를 활용한 정밀 화력(Precision Firepower)을 기반으로 정보 우위(Information Superiority)를 달성함으로써, 복잡하고 급변하는 현대 전장의 환경에서 군사력을 최적화하는 것을 목표로 하였다(Cebrowski & Garstka, 1998; Mattis, 2008).

2010년대 이후: 인공지능과 군사 혁신

마이클 라스카(Michael Raska, 2020)는 2010년대 이후 군사 패러다임의 근본적 변화가 다음과 같은 세 가지 주요 동인에 의해 촉진되었다고 분석하였다.

① **미·중 전략적 경쟁 격화**: 남중국해 영유권 분쟁 및 군비 경쟁과 같은 정치·경제·군사적 경쟁이 가속화되며 미·중 간의 전략적 긴장이 심화하고 있다.
② **과학기술 융합**: 합성 생물학(Synthetic Biology, 생물체를 새롭게 설계하거나 재구성하는 기술), 인공지능, 인간-기계 학습(Human-Machine Learning, 인간과 기계의 협력적 학습 과정), 인지 조작(Cognitive Manipulation, 인간의 인지 과정을 조정하거나 영향을 주는 기술) 기술이 융합되면서 군사적 혁신을 가속화하고 있다.
③ **이중 용도 기술(Dual-Use Technologies)의 확산**: 민간 상업용 드론이 군사용으로 활용되는 사례와 같이 자율 시스템 및 AI 기반

무기체계가 본격적으로 전장에 적용되고 있다.

이러한 요인들이 상호작용하며 현대 군사 전략의 판도를 새롭게 형성하고 있다.

6-2 미국과 중국의 군사 기술 혁신 전략 및 글로벌 동향

미국의 국방혁신 이니셔티브(DII)와 제3차 상쇄 전략

미국 국방부는 2014년 '국방혁신 이니셔티브(Defense Innovation Initiative, DII)'를 도입하여 민간 부문에서 발전한 인공지능, 무인 체계(Unmanned Systems), 로봇 기술 등 첨단기술을 국방 부문에 신속하게 통합하는 전략을 추진하였다. 이는 민간 기술 혁신을 활용해 미군의 군사 기술력과 작전 수행 능력을 극대화하는 데 목적이 있었다.

또한, 미군은 2016년에 '제3차 상쇄 전략(Third Offset Strategy)'을 발표하여 4차 산업혁명 핵심기술인 빅데이터, 사이버전 기술, 고도화된 자율 시스템 등을 군사 전력에 광범위하게 적용하는 전략을 수립하였다(Pellerin, 2016). 이 전략은 냉전 시기의 제1차(핵무기 중심) 및 제2차(정밀 유도무기 중심) 상쇄 전략과 달리 중국 및 러시아와의 전략적 경쟁에서 첨단기술을 통해 군사적 우위를 지속적으로 확보하기 위해 마련되었다.

이 두 전략은 미군이 빠르게 변화하는 글로벌 안보 환경에 유연하고 효과적으로 대응하도록 지원하고 있다.

① 핵심기술 적용 분야

제3차 상쇄 전략은 군사 경쟁국들의 기술 발전에 대응하고, 질적 군사력의 우위를 지속적으로 유지하기 위해 마련되었다. 이 전략의 핵심은 인공지능을 활용하여 의사결정을 자동화하고 작전 효율성을 증대하는 것이다. 예를 들어, 자율 시스템인 무인 항공기(UAV)와 무인 지상 차량(UGV)을 통해 전장 자동화를 실현하고 있으며, 인간 병력과 AI 시스템 간의 효과적인 협력을 도모하는 인간-기계 협업(Human-Machine Teaming) 체계를 구축하고 있다. 예컨대, 무인 정찰기가 확보한 정보를 AI가 분석하여 병력에게 실시간으로 전달하고, 병력은 이를 토대로 효과적인 작전을 수행하는 방식이다.

② 미국의 차세대 전쟁 개념과 미래 군사 기술 투자 방향

미국은 미래 전쟁의 우위를 점하기 위해 첨단 군사 기술 연구 및 투자를 지속하고 있으며, 전략적으로 다음과 같은 기술 분야를 우선순위에 두고 있다(Pellerin, 2015).

- AI 기반 조기 경보시스템: AI를 활용한 위협의 신속한 탐지 및 대응 능력 구축
- 지휘통제 네트워크: 전장에서 실시간 데이터 공유와 네트워크 기반의 작전 수행 능력 향상
- 우주 및 전자전 시스템: 우주 공간에서의 위성 기반 작전 능력 및 전자전 역량의 강화
- 사이버 역량: 사이버 공격 및 방어 체계를 구축하여 네트워크 중심의

전장 능력 향상
- 치명적 자율 무기 시스템(LAWS): 자율적으로 작전 수행이 가능한 무기 체계의 개발 및 확대

이러한 기술은 향후 미국 방위고등연구계획국(DARPA)이 제안한 '모자이크 전쟁(Mosaic Warfare)' 개념과 연계될 전망이다. '모자이크 전쟁'은 다양한 군사 자산과 시스템을 네트워크로 통합하여 보다 유연하고 신속하게 작전을 수행하는 것을 목표로 한다(Jensen & Paschkewitz, 2019).

중국의 '지능화 전쟁(Intelligentised Warfare)' 개념

중국은 2016년 첨단기술의 발전을 통해 자국의 경제적 경쟁력, 정치적 정당성, 군사력, 국제 영향력 강화에 활용한다는 '군민 융합(Military-Civil Fusion)' 전략을 공식화하였다(E. Kania, 2019). 군민융합 전략은 민간 기술과 군사 기술을 효과적으로 결합하여, 군사력을 빠르게 현대화하는 전략이다. 민간의 첨단기술 기업과 군사 연구소 간 협력을 강화하여, 방위산업 발전을 가속하는 방책이다.

　특히, 2016년 이후 중국 인민해방군은 일련의 군사 조직 개편을 단행하며, '지능화 전쟁(Intelligentised Warfare)' 개념을 정립하였다(Dahm, 2020). 또한, 중국은 2017년 차세대 AI 발전 계획(Next Generation AI Development Plan)과 군사 전략을 발표하였다. 이 계획은 AI 기술을 중국 경제, 사회, 군사력에 광범위하게 적용하여 2030년까지 AI 분야의 글로벌 리더가 되는 것을 목표로 한다.

　중국군은 '지능화 전쟁(Intelligentised Warfare)'을 핵심 목표로 정하고

세 가지 분야에서 실행방안을 제시하였다. 첫째, 인공지능 기반의 자율 무기(Autonomous Weapons) 개발이다. AI 기반의 드론, 자율 전투차량, 자율 해상 플랫폼 등이 연구되고 있다. AI 드론이 실시간으로 목표를 탐색하고 독립적으로 공격을 수행하며, AI가 탑재된 무인 기갑 차량이 전장을 돌파하고, 해상에서는 무인 함정과 잠수함이 기동하는 것이 중국의 자율 무기 개념이다. 중국군은 로봇 전투 분야에 관한 연구 또한 진행하고 있다. 한편, AI 기반 전투 지휘 시스템(AI-Driven Command and Control Systems)을 통해 실시간 데이터 분석을 통해 지휘 결정을 지원하여 전장에서 신속한 의사결정 가능하여지도록 한다.

둘째, 중국군은 인지 전쟁(Cognitive Warfare) 역량을 강화한다. 중국은 AI와 빅데이터, 심리전(Psychological Warfare) 기술을 결합하여 '인지 전쟁(Cognitive Warfare)' 개념을 발전시키고 있다. AI를 활용한 여론 조작을 위해 소셜미디어, 기반 챗봇(Chatbot) 및 딥페이크(Deepfake) 기술을 활용하여 정보 왜곡 및 여론 조작을 이행할 수 있다. 적군 지휘관 및 군인들을 대상으로 지속적인 정보 공격을 수행하여 정신적 스트레스 유발할 수 있다. 대만 및 홍콩 시위 기간 동안 중국 정부가 SNS를 활용하여 대량의 허위 정보를 유포했던 사례가 있다.

셋째, AI 기반 지휘통제 체계 교란의 교란이다. 적의 통신망 및 지휘통제 시스템을 교란하는 사이버 공격을 수행하는 것이다. AI 기반 해킹 및 사이버전 기술을 활용하여 적군의 작전 수행을 방해한다. 상대국의 지휘통제망을 교란하기 위한 AI 기반 전자전(Electronic Warfare) 기술 개발하고 있다. 중국은 AI를 활용하여 인지 전쟁 개념을 발전시키며, 미래전에서 심리전 및 정보전에 대한 중요성을 더욱 강화하고 있음.

AI 기반 군사력은 미래 전쟁 수행 방식의 중심 요소가 될 것이며, 중국은 이를 선도하기 위해 강력한 AI 군사 현대화 전략을 추진하고 있다.

군사혁명의 글로벌 확산 - 주요국의 군사 현대화

군사 혁신은 미국과 중국 같은 강대국에 국한되지 않으며, 호주, 프랑스, 영국, 싱가포르, 이스라엘, 대한민국과 같은 선진국 및 중견국(Middle power states)에서도 국가 안보 강화를 위한 기술 경쟁력을 확보하기 위해 빠르게 확산되고 있다(Krieg & Rickli, 2018).

호주는 AI 기반의 국방 시스템을 개발하여 사이버전 역량을 크게 강화하고 있으며, 네트워크 중심 방어 전략을 통해 국가 안보를 효과적으로 보호하고 있다. 프랑스는 차세대 전투기 시스템과 드론을 통합한 네트워크 시스템 구축을 통해 공중에서의 군사적 우위를 확보하려 하고 있다. 영국은 미래 전장의 디지털화를 목표로 '국방 디지털화 전략'을 시행하며 지휘통제 및 정보공유 능력을 강화하고 있다. 싱가포르는 도시 환경에서 효과적으로 작전을 수행할 수 있도록 특화된 자율무기와 로봇 군사 기술을 집중적으로 연구하고 있다. 이스라엘은 AI 기반의 감시 시스템과 정밀 유도 무기 기술을 결합하여 신속하고 정확한 대응 능력과 전략적 우위를 확보하는 데 중점을 두고 있다. 대한민국은 '국방혁신 4.0' 전략을 통해 AI 및 첨단 제조 기술을 국방에 적용하여 방어 및 대응 역량을 첨단화하고 있다.

이러한 국가들은 AI, 자율무기, 사이버전 기술 등을 적극 활용해 군사력의 정확성, 신속성 및 효율성을 높이고, 현대 전장의 급변하는 안보 환경에 효과적으로 대응하고자 노력하고 있다.

6-3 제6차 군사 분야 혁명의 분석

제6차 군사 분야 혁명은 정보통신기술(ICT)의 발전이 초래한 경제적, 사회적, 정치적 변화와 밀접한 관련이 있다. 1990년대 로널드 위리스턴(Ronald Wriston, 1997)은 "컴퓨터와 통신 기술의 결합(The Marriage of Computers and Telecommunications)"이 사회 전반에 걸쳐 혁신적인 변화를 유발하며 '정보화 시대(Information Age)'를 열었다고 평가했다 (Alberts, 1996).

위리스턴(1997)은 기술 발전이 정부의 주권(Sovereignty of Governments), 세계 경제(World Economy), 군사 전략(Military Strategy)에 심오한 영향을 미쳤다고 강조했다. 특히 군사 전략의 경우 정보기술의 발달로 정찰위성, 무인 항공기(UAV), 실시간 정보공유 네트워크 등이 도입되면서, 전략적 기획과 전술 수행 방식이 근본적으로 변화하였다. 또한 전 세계를 연결하는 글로벌 정보·통신 시스템(Global Information and Communication Systems)의 등장으로 정보는 경제적 가치뿐 아니라 군사적 우위를 결정짓는 "새로운 부의 원천(A New Source of Wealth)"으로 부상했다(Toffler & Alvin, 1980; Toffler, 2022).

군사적 관점에서 정보(Information)는 상대의 전술과 전략을 정확히 파악하고 신속히 대응하는 핵심 수단으로 자리 잡았으며, 이에 따라 적보다 우위에 설 수 있는 "정보 우위(Information Superiority)" 개념이 등장하였다. 현대 군사 전략에서는 실시간 정보 수집 및 분석 능력을 통해 적보다 빠르게 상황을 판단하고 적절히 대응하여 작전적 우위를 확보하고 있다(Wriston, 1997).

정보통신기술 발전과 군사 혁신

군사 혁신(Military Innovation)의 관점에서, ICT의 혁명적인 발전은 시간과 물리적 공간의 한계를 초월하는 새로운 전장 환경을 창출하였다. 전 세계적인 ICT 인프라 확산은 기존의 전장 영역(지상, 해상, 공중, 우주)에 이어 사이버 공간을 '전쟁의 다섯 번째 영역(The Fifth Domain of Warfare)'으로 정착시키는 데 기여하였다(Lonsdale, 1999; Rid, 2012).

데이비드 론스데일(David J. Lonsdale, 1999)은 최초로 "정보 영역(Infrosphere)"이라는 개념을 제안했고, 이는 디지털 기술의 발전과 함께 데이터 처리 및 네트워크 통신 능력이 확대되면서 '사이버 공간' 개념으로 진화하였다. 사이버 공간에서는 정찰 위성, 무인 항공기(UAV), 지휘통제 시스템 등에서 수집된 방대한 양의 데이터가 신속하고 정확하게 처리되어 합동 작전(Joint Operations)에 실시간으로 적용된다. 예컨대 정밀 유도무기 시스템과 드론 운영에 사이버 공간의 실시간 데이터 처리를 활용하여 무기의 명중률과 전투 효율성을 극대화하고 있다(Yuan et al.).

역사적으로 살펴보면 기술 발전은 전장의 범위를 지속적으로 확대해왔다. 산업혁명의 영향으로 전개된 제4차 군사 분야 혁명에서는 곡사화기(IDF, Indirect Fire Artillery)의 도입으로 전장이 지상에서 공중으로 확대되었다. 원자폭탄과 대륙간탄도탄의 등장으로 촉발된 제5차 군사 분야 혁명에서는 장거리 로켓과 위성 기술이 도입되며

부록 표-8. 전장 범위의 확대

군사 분야 혁명	전장 확대 동인	전장의 확대	전장의 차원
1차, 2차, 3차	-	평면적 전장	2차원
4차	곡사화기, 항공기	공중	3차원
5차	대륙간탄도탄	우주	4차원
6차	정보통신기술	사이버 공간	5차원

우주 전장(Space Domain) 개념이 형성되었다. 정보통신기술의 발전으로 진행 중인 제6차 군사 분야 혁명에서는 사이버 공간이 핵심 전장으로 부상하여 군사 조직과 작전 수행 방식에 근본적이고 혁신적인 변화를 유발하고 있다.

전장 개념의 다차원적 발전

미 육군(US Army)은 현대 전쟁환경이 더욱 복잡하고 다차원적으로 변화함에 따라, 2018년 12월 다영역 작전(Multi-Domain Operations, MDO) 개념을 공식적으로 발표하였다. 다영역 작전은 육상, 해상, 공중, 우주, 사이버 공간을 포함한 모든 영역을 통합하여 적의 위협에 효과적으로 대응하고 작전 우위를 확보하는 데 그 목적이 있다(U.S. Army, 2018).

다영역 작전의 핵심 요소는 보안성이 강화된 데이터 네트워크 구축을 통해 민감한 정보의 보호와 안정적인 데이터 교류를 보장하는 것이다. 또한 인공지능 기반의 전장 인식 플랫폼을 활용하여 신속한 의사결정과 효율적인 작전 수행을 지원한다. 나아가 다양한 작전 환경에서 실시간으로 정보를 공유함으로써, 각 군 구성원 간의 긴밀한 협력과 작전 시너지를 극대화하고 있다. 예를 들어, 합동 작전 환경에서 무인 정찰기(UAV)의 실시간 데이터를 공유하고 분석함으로써 지상 부대의 작전 성공률을 높일 수 있다.

미군은 이러한 첨단기술 활용과 전략적 변화에 따라 ICT 기반의 전쟁 수행 능력을 강화하기 위해 미 사이버 사령부(US Cyber Command), 미 우주 사령부(US Space Command), 합동 인공지능센터(Joint Artificial Intelligence Center, JAIC)와 같은 특화된 군사 조직을 창설하였다. 중국과 러시아 또한 독자적인 사이버 전력 및 우주 사령부를 설립하여 ICT 중심의 군사 조직 혁신을 추진하고 있다. 이들 국가는 ICT 기술과 조직 변화를 통해 미래 군사 전략의 방향성을 주도하며, 급변하는 글로벌 안보 환경에 적극적으로 대응하고 있다.

제6차 군사 분야 혁명은 정보통신기술의 발전을 기반으로 전쟁의 본질을 근본적으로 변화시키고 있으며, 군사 교리, 조직, 전략 측면에서 구체적인 혁신을 요구하고 있다. 예를 들어, 군사 교리 측면에서는 다영역 작전(Multi-Domain Operations)을 도입하여 육상, 해상, 공중, 우주, 사이버 공간의 작전을 통합하고 있으며, 조직 측면에서는 사이버 사령부와 우주 사령부 등 새로운 조직을 창설하여 대응하고 있다. 전략적으로는 AI와 자동화를 통해 신속한 의사결정을 지원하는 체계가 중요해지고 있다.

특히, 사이버 공간은 기존의 물리적 전장 영역(지상, 해상, 공중, 우주)과 달리 비물리적이고 초국가적인 특징을 가지며, 빠른 속도와 높은 익명성을 기반으로 새로운 위협과 작전 환경을 창출하고 있다. 이에 따라 메타파워(Meta Power), 즉 정보의 획득, 분석, 공유 및 활용

부록 표-9. 제6차 군사 분야 혁명의 요소와 군사력의 관계

구분	주요 동인	혁신 효과	군사력 유형
정치	정치적 참여 강화	-	-
경제	정보 기반 경제	-	-
기술	정보통신기술 (AI, 빅데이터, 클라우드, 초연결 통신망, 사이버 기술 등)	-	-
교리	-	5차원의 전쟁 개념, 네트워크 중심전, 다영역 작전 등	소프트파워
조직	-	사이버사령부, 미래사령부, JAIC 등	소프트파워
전략	-	제3차 상쇄전략(미군), 차세대 AI 전략(중국) 등	소프트파워
무기	-	C4ISR, 무인 무기체계, 자동 감시체계, 사이버 역량, 우주 기반 전력 등	메타파워

을 통한 전투력 배가 능력이 중요해지고 있다.

이러한 변화 속에서 현대 전쟁은 전장에서의 빠른 상황 판단과 신속한 의사결정, 정확한 타격이 가능한 인지적 군사력의 중요성을 명확히 드러내고 있다. 인지적 군사력은 단순한 정보의 수집과 분석을 넘어 상호작용(Interaction), 통합(Integration), 분석(Analysis), 민첩성(Agility)의 네 가지 속성을 기반으로 상대방의 인지 영역에 영향을 미쳐 심리적·인지적 우위를 점하는 능력이다. 상호작용은 다양한 정보 소스 간의 신속한 소통과 협력을 의미하며, 통합은 여러 영역

부록 그림-6. 제6차 군사 분야 혁명의 요인과 군사력의 관계 다이어그램

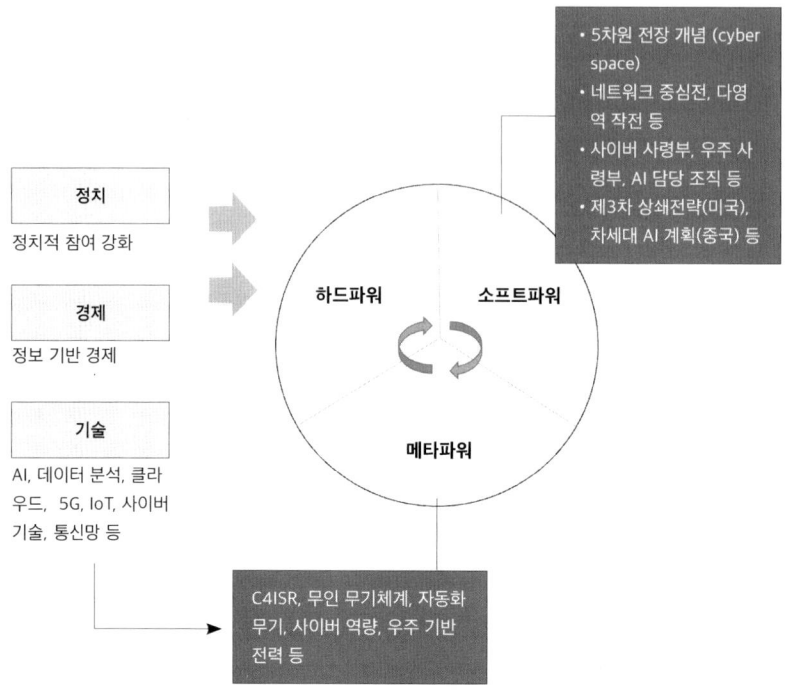

에서 수집된 정보를 하나로 연결하여 일관된 판단과 결정을 내리는 능력이다. 분석은 데이터를 정확히 평가하고 전략적 통찰을 도출하는 과정이며, 민첩성은 급변하는 전장 환경에서도 빠르게 상황을 판단하고 대응하는 능력을 뜻한다. 따라서 ICT 기반의 첨단 기술과 인공지능을 적극적으로 활용하여 이러한 인지적 군사력의 속성을 극대화함으로써 지속적인 인지적 우위를 유지하는 것이 현대 전장의 핵심적 과제가 되고 있다.

부록2

약어 설명

AAR	After Action Review
ABCCC	Airborne Battlefield Command and Control Center
ABMS	Advanced Battle Management System
ACT	Allied Command Transformation
AGV	Automated Guided Vehicle"
AI	Artificial Intelligence
All-IP	All Internet Protocol
API	Application Programming Interface
AR	Augmented Reality
ASAT	Anti-Satellites
AWACS	Airborne Warning and Control System
BERT	Bidirectional Encoder Representations from Transformers
BDA	Battle Damage Assessment
BFT	Blue Force Tracker
CCTV	Closed-Circuit Television
CCW	Convention on Certain Conventional Weapons
CDAO	Chief Digital and Artificial Intelligence Officer
CDO	Chief Data Officer
CEMA	Cyber Electromagnetic Activities
CENTCOM	United States Central Command
CIO	Chief Information Officer

CIWS	Close-In Weapon System
CJADC2	Combined Joint All-Domain Command and Control
CMC	Central Military Commission
CNN	Convolutional Neural Network
CoA	Course of Action
CODE	Collaborative Operations in Denied Environment
COP	Common Operational Picture
CSIS	Center for Strategic and International Studies
CSS	Confederate States Ship
CTO	Chief Technology Officer
C2	Command and Control
C3I	Command, Control, Communications and Intelligence
C4I	Command, Control, Communications, Computers and Information
C4ISR	Command, Control, Communications, Computers, Intelligence, Surveillance, and Reconnaissance
DARPA	Defense Advanced Research Projects Agency
DBN	Deep Belief Network
DDoS	Distributed Denial of Service
DevSecOps	Development, Security, and Operations
DHA	Defense Health Agency
DIA	Defense Intelligence Agency
DII	Defense Innovation Initiative
DIL	Disconnected, Intermittent, Limited
DLA	Defense Logistics Agency
DMZ	Demilitarized Zone
DoD	Department of Defense
DOS	Doctrine, Organization, and Strategy

DSS	Decision Support System
EBO	Effects-Based Operations
EMS	Electromagnetic Spectrum
EO	Electro-Optical
EoIP	Everything over Internet Protocol
EU	European Union
EW	Electromagnetic Warfare
FCS	Future Combat Systems
GDMS	General Dynamics Mission Systems
GIS	Geographic Information System
GPS	Global Positioning System
GPT	Generative Pre-trained Transformer
GRU	Gated Recurrent Unit
HIMARS	High Mobility Artillery Rocket System
HUMINT	Human Intelligence
HQ	Headquarter
IaaS	Infrastructure as a Service
ICAM	Identity, Credential, and Access Management
IBMS	Integrated Battle Management System
ICBM	Intercontinental Ballistic Missile
ICT	Information and Communications Technology
IDF	Indirect Fire Artillery
IDS	Intrusion Detection System
IHL	International Humanitarian Law
IoT	Internet of Things
IoBT	Internet of Battlefield Things
IR	Infrared
IP	Internet Protocol

IPv6	Internet Protocol Version Six
IS	Islamic State
ISR	Intelligence, Surveillance, and Reconnaissance
IT	Information Technology
IVAS	Integrated Visual Augmentation System
JADC2	Joint All-Domain Command and Control
JADO	Joint All-Domain Operations
JAIC	Joint Artificial Intelligence Center
JCS	Joint Chiefs of Staff
J-STARS	Joint Surveillance Target Attack Radar System
JWCC	Joint Warfighting Cloud Capability
KMS	Knowledge Management System
LAN	Local Area Network
LAWS	Lethal Autonomous Weapon Systems
LEO	Low Earth Orbit
LLM	Large Language Model
LSTM	Long Short-Term Memory
LVC	Live Virtual Construct
MAD	Mutually Assured Destruction
MDM	Master Data Management
MDO	Multi-Domain Operations
MFA	Multi-Factor Authentication
ML	Machine Learning
MLOps	Machine Learning Operations
MPLS	Multi-Protocol Label Switching
MPE	Mission Partner Environment
MR	Military Revolutions
MTR	Military Technology Revolution

MUM-T	Manned-Unmanned Teaming
M&S	Modeling and Simulation
NASA	National Aeronautics and Space Administration
NATO	North Atlantic Treaty Organization
NCW	Network-Centric Warfare
NGO	Non-Governmental Organization
NIFC-CA	Naval Integrated Fire Control - Counter Air
NLP	Natural Language Processing
NNEC	NATO Network Enabled Capability
NoN	Network of Networks
NPC	Non-Player Character
NSTC	National Science and Technology Council
OCHI	Open-source Collaborative Hierarchical Intelligence
OODA	Observe, Orient, Decide, and Act
OSD	Office of the Secretary of Defense
OSINT	Open Source Intelligence
PaaS	Platform as a Service
PATRIOT	Phased Array Tracking Radar to Intercept On Target
PET	Political, Economic, and Technological
PGM	Precision-Guided Munition
PLA	People's Liberation Army
PNT	Positioning, Navigation, and Timing
PON	Passive Optical Networks
P2P	Peer to Peer
RAG	Retrieval-Augmented Generation
RF	Radio Frequency
RNN	Recurrent Neural Network
RMA	Revolution in Military Affairs

SaaS	Software as a Service
SAGE	Semi-Automatic Ground Environment
SDN	Software Defined Network
SIGINT	Signals Intelligence
SOP	Standard Operating Procedure
SoS	Systems of Systems
SQL	Structured Query Language
STANAG	Standardization Agreement
SW	Software
TITAN	Tactical Intelligence Targeting Access Node
UAV	Unmanned Aerial Vehicle
UGV	Unmanned Ground Vehicle
USV	Unmanned Surface Vehicle
UUV	Unmanned Underwater Vehicle
U.S.	United States
USCYBERCOM	United States Cyber Command
USS	United States Ship
VR	Virtual Reality
WAN	Wide Area Network
XAI	Explainable AI
XML	Extensible Markup Language
1D-CNN	One-Dimensional Convolutional Neural Network
3D	Three Dimensions
5G	Fifth Generation Mobile Communication
6G	Sixth Generation Mobile Communication

주요 참고 문헌

ACTUV. (2018). ACTUV "Sea Hunter" Prototype Transitions to Office of Naval Research for Further Development. In: Defense Advanced Research Projects Agency.

Al-Durrah, Q., & Sadkhan, S. B. (2021). *Cyberwarfare Techniques: Status, Challenges and Future trends* 2021 7th International Conference on Contemporary Information Technology and Mathematics (ICCITM),

Alberts, D. S. (1996). *The unintended consequences of information age technologies: avoiding the pitfalls, seizing the initiative.* Directorate of Advanced Concepts, Technologies, and Information Strategies ….

Alberts, D. S., Garstka, J., & Stein, F. P. (1999). *Network centric warfare: Developing and leveraging information superiority.* National Defense University Press Washington, DC.

Amravatiwala, M. (2017). SPACE WAR – A TECHNOLOGICAL AND MILITARY REALITY. *Economic and Social Development: Book of Proceedings*, 75-84.

Axe, D. (2017). US Air Force sends robotic F-16s into Mock Combat. *National Interest*, 16.

Ayoub, K., & Payne, K. (2016). Strategy in the age of artificial intelligence. *Journal of Strategic Studies*, 39(5-6), 793-819.

Bailey, J. B. (2001). The First World War and the birth of modern warfare. *The dynamics of military revolution, 1300*(2050), 132-153.

Baldwin, D. A. (2013). Power and international relations. *Handbook of international relations*, 2, 273-297.

Berkowitz, H., & Dumez, H. (2016). The Gribeauval system, or the issue of standardization in the 18th century. *English language*, 20.

Black, J. (1991). *A Military Revolution?: Military Change and European Society 1550–*

1800. Bloomsbury Publishing.

Black, J. (1994). *European Warfare, 1660-1815*. Routledge.

Bojer, A. K., Woldesilassie, F. F., Debelee, T. G., Kebede, S. R., & Esubalew, S. Z. (2023). AHP and Machine Learning-Based Military Strategic Site Selection: A Case Study of Adea District East Shewa Zone, Ethiopia [Article]. *Journal of Sensors, 2023*, 18, Article 6651486. https://doi.org/10.1155/2023/6651486

Bostrom, N. (2003). Ethical issues in advanced artificial intelligence. *Science fiction and philosophy: from time travel to superintelligence*, 277-284.

Bousquet, A. (2008). Chaoplexic warfare or the future of military organization. *International Affairs, 84*(5), 915-929.

Boyce, M. W., Thomson, R. H., Cartwright, J. K., Feltner, D. T., Stainrod, C. R., Flynn, J., Ackermann, C., Emezie, J., Amburn, C. R., & Rovira, E. (2022). Enhancing Military Training Using Extended Reality: A Study of Military Tactics Comprehension [Article]. *Frontiers in Virtual Reality, 3*, 9, Article 754627. https://doi.org/10.3389/frvir.2022.754627

Bubeck, S., Chandrasekaran, V., Eldan, R., Gehrke, J., Horvitz, E., Kamar, E., Lee, P., Lee, Y. T., Li, Y., & Lundberg, S. (2023). Sparks of artificial general intelligence: Early experiments with gpt-4. *arXiv preprint arXiv:2303*.12712.

Canan, M., & Sousa-Poza, A. (2018, Mar 08-09). Integrating Cyberspace Power into Military Power in Joint Operations Context. *International Conference on Cyber Warfare and Security* [Proceedings of the 13th international conference on cyber warfare and security (iccws 2018)]. 13th International Conference on Cyber Warfare and Security (ICCWS), Natl Def Univ, Washington, DC.

Cebrowski, A. K., & Garstka, J. J. (1998). Network-centric warfare: Its origin and future. US Naval Institute Proceedings.

Chen, Q., & Bridges, R. A. (2017). Automated behavioral analysis of malware: A case study of wannacry ransomware. 2017 16th IEEE International Conference on machine learning and applications (ICMLA).

Cheung, T. M., Mahnken, T. G., & Ross, A. L. (2018). Assessing the state of understanding of defense innovation. *SITC Research Briefs*(2018-1).

Clark, Andy, and David Chalmers. "The extended mind." analysis 58.1 (1998): 7-19.

Clark, E., & Zelnio, E. (2023, May 02-03). Synthetic Aperture Radar Physics-based Image Randomization for Identification Training - SPIRIT. *Proceedings of SPIE* [Algorithms for synthetic aperture radar imagery xxx]. Conference on Algorithms for Synthetic Aperture Radar Imagery XXX, Orlando, FL.

Cohen, M. S., Freilich, C. D., & Siboni, G. (2016). Israel and cyberspace: Unique threat and response. *International Studies Perspectives, 17*(3), 307-321.

Creemers, R. (2017). A Next Generation Artificial Intelligence Development Plan. *The law and policy of media in China. China Copyright and Media*. Retrieve from https://chinacopyrightandmedia.wordpress.com/2017/07/20/a-next-generation-artificial-intelligence-development-plan/. Accessed: May, 15, 2019.

Dahl, R. A. (1957). The concept of power. *Behavioral Science, 2*(3), 201-215. https://doi.org/10.1002/bs.3830020303

Dahm, M. (2020). Chinese debates on the military utility of artificial intelligence. *War on the Rocks, 5*.

Davendralingam, N., & DeLaurentis, D. A. (2015). A Robust Portfolio Optimization Approach to System of System Architectures [Article]. *Systems Engineering, 18*(3), 269-283. https://doi.org/10.1002/sys.21302

Davis, Z. (2019). Artificial intelligence on the battlefield. *Prism, 8*(2), 114-131.

Defense One. *C4ISR: The Military's Nervous System*. Defense One. https://www.defenseone.com/insights/cards/c4isr-military-nervous-system/

Doder, D. (1985). Ousted Soviet Chief of Staff Returns to Scene as Author. *The Washington Post, 10*.

Dombrowski, P., & Ross, A. L. (2008). The revolution in military affairs, transformation and the defence industry. *Security Challenges, 4*(4), 13-38.

Dunkelberger, K. A. (2003, Apr 23-25). Technologies for network-centric C4ISR. *Proceedings of the Society of Photo-Optical Instrumentation Engineers (Spie)* [Battlespace digitization and network-centric systems iii]. Conference on Battlespace Digitization and Network-Centric Systems III, Orlando, Fl.

Emerson, R. W. (2022). *The Collected Works of Ralph Waldo Emerson*. DigiCat.

Estes III, H. M., & STUDIES, N. D. U. W. D. I. F. N. S. (1996). Space and joint space doctrine. *Joint Force Quarterly, 14*.

Evron, Y., & Bitzinger, R. A. (2023). *The Fourth Industrial Revolution and Military-civil Fusion: A New Paradigm for Military Innovation?* Cambridge University Press.

Ferris, J. (2003). A New American Way of War? C4ISR, Intelligence and Information Operations in Operation 'Iraqi Freedom': A Provisional Assessment. *Intelligence and National Security, 18*(4), 155–174. https://doi.org/10.1080/02684520310001688916

Ferris, J. (2004). Netcentric Warfare, C4ISR and Information Operations: Towards a Revolution in Military Intelligence? *Intelligence and National Security, 19*(2), 199–225. https://doi.org/10.1080/0268452042000302967

Fewell, M., & Hazen, M. G. (2003). *Network-centric warfare: its nature and modelling.* DSTO Systems Sciences Laboratory.

Freedman, L. (1986). The first two generations of nuclear strategists. *Makers of Modern Strategy: From Machiavelli to the nuclear age,* 735–778.

Freedman, L., & Michaels, J. (2019). *The evolution of nuclear strategy: New, updated and completely revised.* Springer.

Gibson, W. (2019). Neuromancer (1984). In *Crime and Media* (pp. 86–94). Routledge.

Goldfarb, A., & Lindsay, J. R. (2021). Prediction and Judgment: Why Artificial Intelligence Increases the Importance of Humans in War [Article]. *International security, 46*(3), 7–50. https://doi.org/10.1162/isec_a_00425

Greenberg, A. (2018). The untold story of NotPetya, the most devastating cyberattack in history. *Wired, August, 22.*

Greenberg, A. (2019). *Sandworm: A new era of cyberwar and the hunt for the Kremlin's most dangerous hackers.* Anchor.

Grimsley, M. (2001). Surviving Military Revolution: The US Civil War. *The dynamics of military revolution,* 1300–2050.

Haenlein, M., & Kaplan, A. (2019). A brief history of artificial intelligence: On the past, present, and future of artificial intelligence. *California Management Review, 61*(4), 5–14.

Haner, J., & Garcia, D. (2019). The Artificial Intelligence Arms Race: Trends and World Leaders in Autonomous Weapons Development. *Global Policy, 10*(3), 331–337. https://doi.org/10.1111/1758-5899.12713

Hao, J. B., Ji, H. S., Liu, H., Li, Z. K., & Yang, H. F. (2018). Research on colorized physical terrain modeling for intelligent vehicle navigation [Article]. *Advances in Mechanical Engineering, 10*(7), 1-13, Article 1687814018787410. https://doi.org/10.1177/1687814018787410

Harknett, R. J., & Smeets, M. (2020). Cyber campaigns and strategic outcomes. *Journal of Strategic Studies, 45*(4), 534-567. https://doi.org/10.1080/01402390.2020.1732354

Hays, P. L., Robinson, J., Giannopapa, C., Schrogl, K.-U., & Moura, D. (2015). *Handbook of Space Security: Policies, Applications and Programs*. Springer.

Holzinger, A. (2016). Interactive machine learning for health informatics: when do we need the human-in-the-loop? Brain Informatics, 3(2), 119-131. https://doi.org/10.1007/s40708-016-0042-6

Horowitz, M. C. (2018). Artificial intelligence, international competition, and the balance of power. *2018, 22*.

Horowitz, M. C., Kahn, L., & Mahoney, C. (2020). The Future of Military Applications of Artificial Intelligence: A Role for Confidence-Building Measures? *Orbis, 64*(4), 528-543. https://doi.org/10.1016/j.orbis.2020.08.003

Horowitz, M. C., & Pindyck, S. (2022). What is a military innovation and why it matters. *Journal of Strategic Studies, 46*(1), 85-114. https://doi.org/10.1080/01402390.2022.2038572

Howard, M. (2011). The Transformation of Strategy. The RUSI Journal, 156(4), 12-16. https://doi.org/10.1080/03071847.2011.606637

Ilachinski, A. (2017). AI, Robots, and Swarms. In: CNA. DRM-2017-U-014796-Final.

Jensen, B., & Paschkewitz, J. (2019). Mosaic warfare: small and scalable are beautiful. *War on the Rocks, 23*.

Jensen, B. M., Whyte, C., & Cuomo, S. (2020). Algorithms at War: The Promise, Peril, and Limits of Artificial Intelligence. *International Studies Review, 22*(3), 526-550. https://doi.org/10.1093/isr/viz025

Johnson, J. (2019). Artificial intelligence & future warfare: implications for international security [Article]. *Defence and Security Analysis, 35*(2), 147-169. https://doi.org/10.1080/14751798.2019.1600800

Johnson, J. (2019). The end of military-techno Pax Americana? Washington's strategic responses to Chinese AI-enabled military technology. *The Pacific Review, 34*(3), 351–378. https://doi.org/10.1080/09512748.2019.1676299

Johnson, J. (2020a). Artificial Intelligence in Nuclear Warfare: A Perfect Storm of Instability? *The Washington Quarterly, 43*(2), 197–211. https://doi.org/10.1080/0163660x.2020.1770968

Johnson, J. (2020b). Artificial intelligence: A threat to strategic stability. *Strategic studies quarterly, 14*(1), 16–39.

Johnson, J. (2022). Delegating strategic decision-making to machines: Dr. Strangelove Redux? *Journal of Strategic Studies, 45*(3), 439–477.

Kania, E. (2019). Innovation in the New Era of Chinese Military Power. *The Diplomat, 25*.

Kania, E. B. (2019). Chinese Military Innovation in the AI Revolution. *The RUSI Journal, 164*(5-6), 26–34. https://doi.org/10.1080/03071847.2019.1693803

Kania, E. B. (2021). Artificial intelligence in China's revolution in military affairs. *Journal of Strategic Studies, 44*(4), 515–542. https://doi.org/10.1080/01402390.2021.1894136

Kapp, E. (2018). *Elements of a philosophy of technology: On the evolutionary history of culture*. U of Minnesota Press.

Keating, K. B. (1959). Reaching for the Stars: Space Law and the New Fourth Dimension. *American Bar Association Journal*, 54–92.

Keegan, J. (2004). *A history of warfare* (Vol. 674). Random House.

Keohane, R. O., & Nye Jr, J. S. (1998). Power and interdependence in the information age. *Foreign Aff., 77*, 81.

Kipp, J. W. (1995). *The Russian Military and the Revolution in Military Affairs: A Case of the Oracle of Dlephi Or Cassandra?* Foreign Military Studies Office.

Knox, M. (2001). Mass politics and nationalism as military revolution: The French Revolution and after. *The dynamics of military revolution, 1300*(2050), 57–73.

Knox, M., & Murray, W. (2001). *The dynamics of military revolution, 1300-2050*. Cambridge University Press.

Kodheli, O., Lagunas, E., Maturo, N., Sharma, S. K., Shankar, B., Montoya, J. F. M., Duncan, J. C. M., Spano, D., Chatzinotas, S., Kisseleff, S., Querol, J., Lei, L., Vu, T. X., & Goussetis, G. (2021). Satellite Communications in the New Space Era: A

Survey and Future Challenges. *IEEE Communications Surveys & Tutorials, 23*(1), 70-109. https://doi.org/10.1109/comst.2020.3028247

Krepinevich, A. F. (1992). *The military-technical revolution: A preliminary assessment*. Center for Strategic and Budgetary Assessments Washington, DC.

Kreps, S., & Schneider, J. (2019). Escalation firebreaks in the cyber, conventional, and nuclear domains: moving beyond effects-based logics. *Journal of Cybersecurity, 5*(1). https://doi.org/10.1093/cybsec/tyz007

Krieg, A., & Rickli, J.-M. (2018). Surrogate warfare: the art of war in the 21st century? *Defence Studies, 18*(2), 113-130. https://doi.org/10.1080/14702436.2018.1429218

Kushner, D. (2013). The real story of stuxnet. *ieee Spectrum, 50*(3), 48-53. https://doi.org/10.1109/mspec.2013.6471059

Lawson, C. (2010). Technology and the extension of human capabilities. *Journal for the Theory of Social Behaviour, 21*, 8308.

Lee, C. E., Baek, J., Son, J., & Ha, Y. G. (2023). Deep AI military staff: cooperative battlefield situation awareness for commander's decision making [Article]. *Journal of Supercomputing, 79*(6), 6040-6069. https://doi.org/10.1007/s11227-022-04882-w

Libicki, M. C. (2009). *Cyberdeterrence and Cyberwar*. RAND.

Lindsay, J. R. (2020). *Information technology and military power*. Cornell University Press.

Lonsdale, D. J. (1999). Information power: Strategy, geopolitics, and the fifth dimension. *Journal of Strategic Studies, 22*(2-3), 137-157. https://doi.org/10.1080/01402399908437758

Lynn, J. A. (1997). *Giant of the grand siècle: The French Army, 1610–1715*. Cambridge University Press.

Lynn, J. A. (2015). Forging the western army in seventeenth-century France. In *The Dynamics of Military Revolution, 1300-2050* (pp. 35-56). Cambridge University Press.

Lynn, J. A. (2017). Toward an army of honor: the moral evolution of the French army, 1789-1815. In *Warfare in Europe 1792 1815* (pp. 195-216). Routledge.

Lynn, J. A. (2019). *The Bayonets of the Republic: motivation and tactics in the army of*

Revolutionary France, 1791-94. Routledge.

Mahnken, T. G., & Watts, B. D. (1997). What the Gulf War can (and cannot) tell us about the future of warfare. *International security, 22*(2), 151-162.

Maschmeyer, L. (2022). A new and better quiet option? Strategies of subversion and cyber conflict. *Journal of Strategic Studies, 46*(3), 570-594. https://doi.org/10.1080/01402390.2022.2104253

Mathur, G. C. A., Srivastava, M. S. K., & Prabu, M. I. (2022). LEVERAGING TECHNOLOGICAL ADVANCES IN C4ISR TO ENHANCE SITUATIONAL AWARENESS AND DECISION MAKING. *SYNERGY, 59.*

Mattis, J. (2018). *Summary of the 2018 national defense strategy of the United States of America.*

Mattis, J. N. (2008). USJFCOM commander's guidance for effects-based operations. *The US Army War College Quarterly: Parameters, 38*(3), 10.

McCulloch, Warren S., and Walter Pitts. "A logical calculus of the ideas immanent in nervous activity." The bulletin of mathematical biophysics 5 (1943): 115-133.

McLuhan, M. (1994). *Understanding media: The extensions of man* MIT Press.

McNeill, W. H. (1997). *Keeping together in time: Dance and drill in human history.* Harvard University Press.

McWhiney, G., & Jamieson, P. D. (1984). *Attack and die: Civil War military tactics and the Southern heritage.* University of Alabama Press.

Michalos, A. C. (2014). *Encyclopedia of Quality of Life and Well-Being Research.* https://doi.org/10.1007/978-94-007-0753-5

Mitchell, P. T. (2016). The Future Is upon Us: Failed Predictions, Boiling Frogs, and Gun Printers. In *Emerging Critical Technologies and Security in the Asia-Pacific* (pp. 143-153). Springer.

Moltz, J. (2019). The Changing Dynamics of Twenty-First-Century Space Power. *Journal of Strategic Security, 12*(1), 15-43. https://doi.org/10.5038/1944-0472.12.1.1729

Moon, T. (2007). Net-centric or Networked Military Operations? *Defense & Security Analysis, 23*(1), 55-67. https://doi.org/10.1080/14751790701254474

Moore, D., Paxson, V., Savage, S., Shannon, C., Staniford, S., & Weaver, N. (2003).

Inside the slammer worm. *IEEE Security & Privacy, 1*(4), 33-39.

Morgenthau, H. J., Thompson, K. W., & Clinton, W. D. (1985). Politics among nations: The struggle for power and peace. In: Knopf New York.

Munawar, S., Afzal, S., & Shahid, R. (2021). Realism: Revisiting the Concept of Power in the Age of Information. *Global Strategic & Securities Studies Review, VI*(II), 128-137. https://doi.org/10.31703/gsssr.2021(VI-II).13

Murray, W. (1997). Thinking about revolutions in military affairs. *Joint Force Quarterly, 16*(1), 69-76.

Murray, W. (2017). *America and the Future of War: The Past as Prologue*. Hoover Press.

Norman, Don. *Things that make us smart: Defending human attributes in the age of the machine*. Diversion Books, 2014.

NSTC. (2016). *Preparing for the Future of Artificial Intelligence*. [Online]. Available: https://obamawhitehouse.archives.gov/sites/default/files/whitehouse_files/microsites/ostp/NSTC/preparing_for_the_future_of_ai.pdf.

Nye, J. S. (1990). Soft power. *Foreign policy*(80), 153-171.

Nye, J. S. (2004). *Soft power: The means to success in world politics*. Public affairs.

Nye, J. S. (2010). *Cyber power* (pp. 1-24). Cambridge: Harvard Kennedy School, Belfer Center for Science and International Affairs.

Nye, J. S. (2014). The Information Revolution and Soft Power. *Current history*. http://nrs.harvard.edu/urn-3:HUL.InstRepos:11738398

Octavian, A., Jatmiko, W., Husodo, A. Y., & Jati, G. (2023). OPTIMIZATION OF DEFENDER DRONE SWARM BATTLE MANEUVER FOR GAINING AIR SUPERIORITY BY COMBINING ARTIFICIAL AND HUMAN INTELLIGENCE THROUGH HAND GESTURE CONTROL SYSTEM [Article]. *International Journal of Innovative Computing Information and Control, 19*(2), 623-636. https://doi.org/10.24507/ijicic.19.02.623

Ohlin, J. D. (2016). Did Russian cyber interference in the 2016 election violate international law. *Tex. L. Rev., 95*, 1579.

Oh, Sang Jin, Sang Keun Cho, and Yongseok Seo. "Harnessing ICT-enabled warfare: a comprehensive review on South Korea's military meta power." IEEE Access (2024).

Organski, A. F. (1968). *World politics*. The University of Michigan.

Ottis, R., & Lorents, P. (2010). Cyberspace: Definition and implications. International Conference on Cyber Warfare and Security,

Owens, W. A. (1996). *The emerging US system-of-systems.* National Defense University, Institute for National Strategic Studies.

Parker, G. (1976). The "Military Revolution," 1560-1660--a Myth? *The Journal of Modern History, 48*(2), 196-214.

Payne, K. (2018). Artificial Intelligence: A Revolution in Strategic Affairs? *Survival, 60*(5), 7-32. https://doi.org/10.1080/00396338.2018.1518374

Pellerin, C. (2015). Work: Human-machine teaming represents defense technology future. *DoD News, 8.*

Pellerin, C. (2016). Deputy Secretary Discusses Third Offset, First Organizational Construct. *Department of Defence News, 21.*

Perry, W. J. (1990). Desert Storm and deterrence. *Foreign Aff., 70*, 66.

Pistilli, G. (2022). What lies behind AGI: ethical concerns related to LLMs. *Revue Ethique et Numérique.*

Pitts, W., & McCulloch, W. S. (1947). How we know universals the perception of auditory and visual forms. *The Bulletin of mathematical biophysics, 9*, 127-147.

R.O.K. MND. (2021). *Defense Vision 2050 summary.*

R.O.K. MND. (2023). "Announcement of the 'Defense Innovation 4.0 Basic Plan,'" Press Release. [Source: Ministry of National Defense, Department/Author: Office of Military Structural Reform/Promotion Officer for Military Structural Reform, Published: March 2023].

Rahwan, I., Cebrian, M., Obradovich, N., Bongard, J., Bonnefon, J.-F., Breazeal, C., Crandall, J. W., Christakis, N. A., Couzin, I. D., Jackson, M. O., Jennings, N. R., Kamar, E., Kloumann, I. M., Larochelle, H., Lazer, D., McElreath, R., Mislove, A., Parkes, D. C., Pentland, A. S., . . . Wellman, M. (2019). Machine behaviour. *Nature, 568*(7753), 477-486. https://doi.org/10.1038/s41586-019-1138-y

Raisch, S., & Krakowski, S. (2021). Artificial intelligence and management: The automation–augmentation paradox. *Academy of Management Review, 46*(1), 192-210.

Raska, M. (2015). *Military innovation in small states: Creating a reverse asymmetry.* Routledge.

Raska, M. (2019). Strategic competition for emerging military technologies. *Prism, 8*(3), 64-81.

Raska, M. (2020). The sixth RMA wave: Disruption in Military Affairs? *Journal of Strategic Studies, 44*(4), 456-479. https://doi.org/10.1080/01402390.2020.1848818

Raska, M. (2022). The AI Wave in Military Affairs: Enablers and Constraints. *Technological Innovation and Security: The Impact on the Strategic Environment in East Asia, 89*.

Reed, W. D., & Norris, R. W. (1980). Military Use of the Space Shuttle. *Akron Law Review, 13*(4), 8.

Richards, C. (2020). Boyd's OODA loop. [Online].Available: https://ooda.de/media/chet_richards_-_boyds_ooda_loop.pdf.

Rid, T. (2012). Cyber War Will Not Take Place. *Journal of Strategic Studies, 35*(1), 5-32. https://doi.org/10.1080/01402390.2011.608939

Rid, T., & McBurney, P. (2012). Cyber-Weapons. *The RUSI Journal, 157*(1), 6-13. https://doi.org/10.1080/03071847.2012.664354

Roberts, M. (2018). The military revolution, 1560-1660. In *The military revolution debate* (pp. 13-36). Routledge.

Robinson, M., Jones, K., & Janicke, H. (2015). Cyber warfare: Issues and challenges. *Computers & Security, 49*, 70-94. https://doi.org/10.1016/j.cose.2014.11.007

Rothenberg, D. (2023). *Hand's end: Technology and the limits of nature*. Univ of California Press.

Rowland, J., Rice, M., & Shenoi, S. (2014). The anatomy of a cyber power. *International Journal of Critical Infrastructure Protection, 7*(1), 3-11.

Sayler, K. M. (2019). Artificial intelligence and national security. *Congressional Research Service, 45178*.

Schafer, J. H. (2020, Mar 12-13). International Information Power and Foreign Malign Influence in Cyberspace. *Proceedings of the International Conference on Information Warfare and Security* [Proceedings of the 15th international conference on cyber warfare and security (iccws 2020)]. 15th International Conference on Cyber Warfare and Security (ICCWS), Old Domin Univ, Norfolk, VA.

Scharre, P. (2018). How swarming will change warfare [Article]. *Bulletin of the Atomic*

Scientists, 74(6), 385–389. https://doi.org/10.1080/00963402.2018.1533209

Schneider, J. (2020). A Strategic Cyber No-First-Use Policy? Addressing the US Cyber Strategy Problem. *The Washington Quarterly*, 43(2), 159–175. https://doi.org/10.1080/0163660x.2020.1770970

Schneider, J. (2021). The capability/vulnerability paradox and military revolutions: Implications for computing, cyber, and the onset of war. In *Emerging Technologies and International Stability* (pp. 21–43). Routledge.

Sénéchal-Perrouault, L. (2020). Chinese commercial space – A policies crossroad. *Monde chinois*(4), 60–75.

Shabbir, Z., & Sarosh, A. (2018). Counterspace Operations and Nascent Space Powers. *Astropolitics*, 16(2), 119–140. https://doi.org/10.1080/14777622.2018.1486792

Sharma, P., Sarma, K. K., & Mastorakis, N. E. (2020). Artificial Intelligence Aided Electronic Warfare Systems – Recent Trends and Evolving Applications [Article]. *IEEE Access*, 8, 224761–224780. https://doi.org/10.1109/access.2020.3044453

Sheffield, G. (1997). Break-Through! Tactics, Technology and the Search for Victory on the Western Front in World War 1. In: JSTOR.

Simons, G. (2012). 3 Understanding Political and Intangible Elements in Modern Wars.

Skoryk, A., Nizienko, B., Dudush, A., Shulezhko, V., & Romanchenko, I. (2021). Evolution from the Network-Centric Warfare Concept to the Data-Centric Operation Theory. *Advances in Military Technology*, 16(2), 219–234. https://doi.org/10.3849/aimt.01430

Sohn, H., & Lee, J. (2022). Military Space Strategy of the R.O.K. Forces: Toward Dispersal Warfare beyond Space Area Recognition. *The Journal of Strategic Studies*, 29(3), 7–41. https://doi.org/10.46226/jss.2022.11.29.3.7

Steinert, S. (2015). Taking Stock of Extension Theory of Technology. *Philosophy & Technology*, 29(1), 61–78. https://doi.org/10.1007/s13347-014-0186-3

Stevens, T., & Kavanagh, C. (2021). Cyber Power in International Relations. *The Oxford Handbook of Cyber Security*, 66.

Sullivan, G. R., Dubik, J. M., & Tilford, E. H. (1994). *War in the information age* (Vol. 94). JSTOR.

Swanson, L. (2010). The era of cyber warfare: *Applying international humanitarian* law to the 2008 Russian-Georgian cyber conflict. Loy. LA Int'l & Comp. L. Rev., 32, 303.

Szymanski, P. (2019). Techniques for great power space war. *Strategic studies quarterly*, *13*(4), 78-104.

Tellis, A. J. (2007). China's Military Space Strategy. *Survival*, *49*(3), 41-72. https://doi.org/10.1080/00396330701564752

Thomas, T. L., & KS, F. M. S. O. F. L. (2008). China's Electronic Long-Range Reconnaissance.

Thompson, M. J. (2011). Military revolutions and revolutions in military affairs: Accurate descriptions of change or intellectual constructs? *Strata*, *3*, 82-108.

Toffler, A. (2022). *Powershift: Knowledge, wealth, and power at the edge of the 21st century*. Bantam.

Toffler, A., & Alvin, T. (1980). *The third wave* (Vol. 484). Morrow New York.

Tomes, R. (2015). Why the Cold War Offset Strategy Was All About Deterrence and Stealth. *War on the Rocks*, *14*.

Townsend, S. J. (2018). Accelerating Multi-Domain Operations. *Military Review*, 4-7.

U.S. Army. (2018). *The U.S. Army in Multi-Domain Operations 2028*. [Online].Available: https://www.army.mil/article/243754/the_u_s_army_in_multi_domain_operations_2028.

U.S. Army. (March 2017). *The U.S. Army Robotic and Autonomous Sysems Strategy*. [Online].Available: https://www.ndia.org/-/media/sites/ndia/meetings-and-events/divisions/robotics/4dvorakrd12815.pdf.

U.S. Army. (Oct 2022). *The U.S. Army cloud plan*. [Online]. Available:https://api.army.mil/e2/c/downloads/2022/10/14/106b220e/army-cloud-plan-2022.pdf U.S. DoD. (2009). The Cyber Warfare Lexicon version 1.7.6.

U.S. DoD. (2018). *Summary of the 2018 Department of Defense Artificial Intelligence Strategy: Harnessing AI to Advance Our Security and Prosperity*. [Online].Available:https://media.defense.gov/2019/Feb/12/2002088963/-1/-1/1/SUMMARY-OF-DOD-AI-STRATEGY.PDF.

U.S. DoD. (2023). *Summary of 2023 Cyber Strategy of The Department of Defense*. [Online]. Available: https://media.defense.gov/2023/Sep/12/2003299076/-1/-1/1/2023_DOD_Cyber_Strategy_Summary.PDF U.S. DoD. (Dec 2018). DoD Cloud

Strategy.

U.S. DoD. (Dec 2018). *DoD Cloud Strategy*. [Online].Available:https://media.defense.gov/2019/Feb/04/2002085866/-1/-1/1/DOD-CLOUD-STRATEGY.PDF.

U.S. DoD. (Feb 2022). *Department of Defense Software Modernization Strategy*. [Online]. Available: https://media.defense.gov/2022/Feb/03/2002932833/-1/-1/1/DEPARTMENT-OF-DEFENSE-SOFTWARE-MODERNIZATION-STRATEGY.PDF.

U.S. DoD. (Jul 2019). *DoD Digital Modernization Strategy*. [Online]. Available: https://media.defense.gov/2019/Jul/12/2002156622/-1/-1/1/DOD-DIGITAL-MODERNIZATION-STRATEGY-2019.PDF.

U.S. DoD. (July 2023). *DEPARTMENT OF DEFENSE STRATEGY FOR OPERATIONS IN THE INFORMATION ENVIRONMENT*. [Online]. Available: https://media.defense.gov/2023/Nov/17/2003342901/-1/-1/1/2023-DEPARTMENT-OF-DEFENSE-STRATEGY-FOR-OPERATIONS-IN-THE-INFORMATION-ENVIRONMENT.PDF.

U.S. DoD. (June 2020). *Defense Space Strategy Summary*. [Online]. Available: https://media.defense.gov/2020/Jun/17/2002317391/-1/-1/1/2020_DEFENSE_SPACE_STRATEGY_SUMMARY.PDF.

U.S. DoD. (June 2022). *U.S. Department of Defense Responsible Artificial Intelligence Strategy and Implementation Pathway*. [Online].Available:https://media.defense.gov/2022/Jun/22/2003022604/-1/-1/0/Department-of-Defense-Responsible-Artificial-Intelligence-Strategy-and-Implementation-Pathway.PDF.

U.S. DoD. (Mar 2023). *DoD Cyber Workforce Strategy 2023-2027*. [Online]. Available: https://dodcio.defense.gov/Portals/0/Documents/Library/CWF-Strategy.pdf.

U.S. DoD. (March 2020). *Department of Defense Identity, Credential, and Access Management (ICAM) Strategy*. [Online].Available:https://dodcio.defense.gov/Portals/0/Documents/Cyber/ICAM_Strategy.pdf.

U.S. DoD. (Nov 2022). *DoD Zero Trust Strategy*. [Online].Available:https://dodcio.defense.gov/Portals/0/Documents/Library/DoD-ZTStrategy.pdf.

U.S. DoD. (Oct 2020). *Department of Defense Electromagnetic Spectrum Superiority Strategy*. [Online]. Available: https://media.defense.gov/2020/

Oct/29/2002525927/-1/-1/0/ELECTROMAGNETIC_SPECTRUM_SUPERIORITY_STRATEGY.PDF.

U.S. DoD. (Sep 2020a). *C3 Modernization Strategy*. [Online].Available:https://dodcio.defense.gov/Portals/0/Documents/DoD-C3-Strategy.pdf.

U.S. DoD. (Sep 2020b). *DoD Data Strategy*. [Online].Available:https://media.defense.gov/2020/Oct/08/2002514180/-1/-1/0/DOD-DATA-STRATEGY.PDF.

U.S. Military. (July 2018). *Joint Concept of Operating in the Information Environment*. [Online].Available: https://www.jcs.mil/Portals/36/Documents/Doctrine/concepts/joint_concepts_jcoie.pdf?ver=2018-08-01-142119-830.

USSTRATCOM. (05 Jan 2009). *The Cyber Warfare Lexicon version 1.7.6*. [Online].Available: https://nsarchive.gwu.edu/document/21360-document-1

Webb, D. (2009). Space weapons: dream, nightmare or reality? In *Securing Outer Space* (pp. 32-49). Routledge.

Woodworth, S. E. (1996). *The American Civil War: A handbook of literature and research*. Bloomsbury Publishing USA.

Wriston, W. B. (1997). Bits, bytes, and diplomacy. *Foreign Aff.*, 76, 172.

Yuan, F., Chen, H., & Meng, J. The Fifth Dimension of Combat Research—The Influence of Cyberspace in Information Warfare.

Zilincik, S., & Duyvesteyn, I. (2023). Strategic studies and cyber warfare. *Journal of Strategic Studies*, 46(4), 836-857. https://doi.org/10.1080/01402390.2023.2174106

찾아보기

1차 산업혁명 53, 61, 72, 79, 86
2차 산업혁명 54, 63, 79, 86
3차 산업혁명 54, 66, 80, 86
3차원 전쟁 400
4차 산업혁명 54, 68, 69, 70, 76, 83, 86
5G 22, 27, 31, 32, 68, 85, 157, 208, 322
6G 27, 322

ㄱ

가상현실(VR) 26
가스펠(Gospel) 188, 222
강선 소총 62
강화학습 265, 269, 279
개틀링 기관총 63
걸프전 66, 67, 80
게임체인저 22, 127
결심 중심 전쟁 209, 214
곡사화기 399, 418
골든 호드(Golden Horde) 31
공동 전장 상황 인식 74
관계적 힘 접근법 91
광섬유 159
국방부 25
《국방비전 2050》 38, 39, 51, 53, 57, 59, 111
국방우주력 58
국방 운영체계 혁신 58
국방혁신 이니셔티브 412
군사 스마트화 25
군사 의사결정 지원체계 76
군사 인지 능력 119
군사적 중추신경계 149
군집 드론 128
그레그 사이먼스(Greg Simons) 92
그리보발 포병 시스템 391
근육적 결속 387
기계화군/기계화전 63, 87
기관 투사 41
기술확장이론 39, 40, 50, 120, 382
기호주의 259

ㄴ

나고르노-카라바흐 분쟁 222
나폴레옹 62, 71, 391, 392
남북전쟁 21, 62, 395, 396
내비게이션 36
내재적 위험성 97
네트워크 중심전 61, 66, 75, 80, 145,

191, 236, 409, 410
뇌-컴퓨터 인터페이스 35

ㄷ

다영역 작전 69, 204, 210, 239, 282, 419, 420
다영역 정밀전 212, 245
다영역 통합 군사력 81
다영역 통합작전 140, 143
단절·간헐·제한적(DIL) 환경 315
대륙간탄도미사일 405
데이터 리터러시 324, 371
데이터 메시 289, 290
데이터 생성 152, 154, 173, 174
데이터 융합 205
데이터 전송 152, 157, 173, 174
데이터 중심(Data-Centric) 151, 154, 162, 308, 324, 325, 336, 362, 369
데이터 처리 152, 160, 173, 174
데이터 파이프라인 315
데이터 패브릭 206, 209, 289, 291
데이터 해석 153, 163, 164, 173, 174
드레드노트급 전함 64
드론/드론 군집 36, 42, 83, 85
디지털 군대 22
디지털 조직지 318, 319, 320, 323, 326, 359, 361
디지털 트윈 208, 209
디지털 포병 30, 33
딥 그린 226, 227
딥러닝(Deep Learning) 261, 262

딥페이크 415

ㄹ

라벤더(Lavender) 222
란쳇 23
러시아 80, 137
로버트 달 91
로열 윙맨 128, 184
루이 14세 386

ㅁ

마셜 맥루언(Marshall McLuhan) 40, 42, 60
말리 내전 209
맥심 기관총 63
머신러닝 127, 161, 215, 322
멀티모달 271, 276, 277
메타파워 38, 39, 49, 51, 55, 59, 60, 61, 78, 83, 89, 112, 114, 115, 121, 332, 335, 347, 369, 380, 401, 402, 420
모자이크 전쟁(모자이크전/모자이크 전투) 34, 202, 211, 414
무인기(UAV) 81
무인수상함(USV) 81
무인잠수정(UUV) 81
무인 전투차량(UGV) 68
무인 항공기(UAV) 46
무형적 요소 93, 94
물리적 양상 100, 110
물리적 차원 99
물리적 파워 106, 107
미국(군) 25, 131, 136, 146, 256, 327, 366

미래의 전장 55
미 우주 사령부 420
민/군 이중용도 정책 139
민주주의의 병기창 65
민첩성(Agility) 56, 176, 235, 239, 240, 243, 248, 421

ㅂ

바이락타르(Bayraktar) 222
변혁적 잠재력 97
병력구조 56
병참 32
복잡계 304
복잡적응형 조직 309
부대구조 56
북한 52, 80, 135
분산 지능 311
분석(Analysis) 215, 248, 421
분석력 56, 176
블랙 호넷(Black Hornet) 46
블루포스 트래커 204
비대칭 전쟁 410
비선형성 305
비정형 데이터 259, 263
비지도학습 265, 267, 268
빅데이터 24, 32, 52, 54, 78, 84, 127, 162, 208

ㅅ

사물인터넷(IoT) 85
사이버 공간 77, 96, 97, 132, 133, 237, 420
사이버 공격 32, 55, 67, 75, 97
사이버 방어사령부 75
사이버 보안 165, 358
사이버 심리 238
사이버 역량 125
사이버 작전 167
사이버전/사이버 전투(전쟁) 54, 133, 167, 178, 194, 196, 198, 237
사이버 파워 90, 95, 96, 109, 112
산업전쟁 396
산업혁명 53
삼전 83
상호작용(Interaction) 176, 177, 247, 421
상호작용성 56
상호확증파괴 79, 404
상황 인식 54, 128, 164
설명 가능한 AI 190, 283, 302, 323
소모전 386
소켓 총검 387
소프트파워 56, 89, 92, 112, 380, 402
슈퍼 OODA 루프 241
스마트 군수혁신 58
스웜 드론 76
스턱스넷 134
스피어 피싱 134
시각화 도구 163
시진핑(Xi Jinping) 256
신경망 구조 126
실행 우위(Execution Superiority) 248, 250, 349

심리전 415
씨 헌터 128

ㅇ

안티-위성무기(ASAT) 139
알고리즘 33
알고리즘 전쟁 23
알파고 257
애드바나(Advana) 313
양자/양자기술 34, 68
양자암호 37, 197
양자컴퓨터(양자컴퓨팅) 162, 197, 223
어벤져스(Avengers) 24
에니그마 22
에른스트 카프(Ernst Kapp) 40, 41
엣지 컴퓨팅 207, 209, 355
연결주의 259, 260
영국 366
영국군 73
예측 정비 329
오가르코프 409
오버매치 232
오픈소스 정보(OSINT) 30
온톨로지 206, 209, 288, 291
우란-9 185
우주 공간 55
우주 역량 125, 138
우주전 141
우주 패권 142
우크라이나 전쟁(러시아-우크라이나 전쟁) 23, 24, 217

워너크라이 135
워런 맥컬록(Warren McCulloch) 126
월터 피츠(Walter Pitts) 126
위성통신 71
위성통신 시스템 158
위성항법시스템 66
윌리엄 오웬스 409
유무인 복합체계(Manned-Unmanned Teaming, MUM-T) 48, 81, 182
유형적 요소 93
의사결정 지원 시스템 189
이스라엘 366, 416
인간-기계 상호작용 179
인간-기계 팀 구성(Human-Machine Teaming) 111
인간의 인지 능력 119
인간 지능 263
인공위성 36
인공지능 54, 126, 197, 255
인공지능 역량 125
인구 감소 37
인적 양상 100, 104, 110, 111
인지 78
인지적 군사력 33, 35, 37, 49, 78, 82, 119, 122, 153, 170, 172, 251, 255, 325, 355
인지적 아티팩트(Cognitive Artifact) 44, 186
인지적 외주(Cognitive Offloading) 44, 186
인지적 우위 82, 86, 157, 247, 248, 251, 349

인지적 차원 99, 100
인지적 확장 45
인지전 77, 78
인터넷 프로토콜 159
임무형 지휘방식 73
입체 작전 54

ㅈ

자기조직화 307
자동 표적 인식 128
자원 기반 접근법 91
자율 방공시스템 34
자율 이동 로봇(AGV) 27
재래식무기금지협약(CCW) 373
적대적 상호작용 178, 194, 195, 196, 198
전격전 64, 73, 87
전략공중지휘기 74
전력구조 56
전면전 405
전술 통신 시스템 159
전신 71
전영역 210
전자기스펙트럼 158
전자기스펙트럼 능력 58
전자전 32, 75, 178, 194, 196, 198, 274, 408, 415
전장의 신경망 28
전장의 안개(Fog of War) 228
전장의 예언자 127
전장의 특이점 55
정밀 유도무기 66, 147, 220, 408

정보 21
정보기술 65
정보 우위(Information Superiority) 80, 248, 349, 411
정보적 양상 100, 102, 104, 110, 111
정보적 차원 99, 100
정보적 파워 90, 95, 98, 106, 107, 108, 109, 112
정보전 73
정보통신기술(ICT) 21, 32, 35, 38, 42, 70, 84, 89, 95, 108, 120, 418
정보화 시대 66, 80
정보화전 87
정보 환경 99, 110
정형 데이터 259
제1차 군사 분야 혁명 385, 388
제1차 세계대전 64, 72, 380, 399, 400, 401
제2차 군사 분야 혁명 390, 392
제2차 세계대전 65, 73
제3차 군사 분야 혁명 394, 396
제3차 상쇄 전략 131, 412, 413
제4차 군사 분야 혁명 402
제5차 군사 분야 혁명 406
제6차 군사 분야 혁명 408, 417, 420
제로 트러스트 167, 168
제프리 힌튼(Geoffrey Hinton) 126
제한전 405
조셉 나이 91, 92, 95, 96
조인트 스타즈(J-STARS) 26
중국(군) 25, 80, 83, 137, 142, 233, 329

증강현실(AR) 26
지능형 사이버전 58
지능형 신경망 348
지능형 유·무인 복합전투체계 57
지능형 전영역 통합 지휘통제체계 57
지능형 통합공중방어체계 57
지능형 통합군 331
지능화 233, 256
지능화 군대 83
지능화전/지능화 전쟁 34, 81, 83~85, 87, 245, 315, 414
지도학습 265, 266
지휘구조 56
지휘 두뇌 233, 258
지휘통제(C2) 70, 73, 164

ㅊ

차세대 전술정보 통합 노드 23
참호전 53, 73
창발성 306
철갑 전함 395
첨단 전투 관리 시스템(ABMS) 26
초고속 인터넷 71
초연결 네트워크 54, 78, 85
초연결 통신망 52
총력전 402
치명적 자율무기(LAWS) 370

ㅋ

크림 전쟁 62, 72
클라우드 22, 25, 26, 78, 161, 208, 322, 356
클라우제비츠 372
킬체인(Kill chain) 30

ㅌ

통합 200, 213, 247
통합성 56, 176
통합 전술 고글(IVAS) 47, 218
통합(Integration) 421
특정재래식무기금지협약(CCW) 299

ㅍ

판단 우위(Decision Superiority) 248, 249, 349
팔란티어사 226, 292
패트리어트 216
패트리어트 미사일 23
푸틴(Putin) 256
프랑스 혁명 379
프로이센 72
프로이센-프랑스 전쟁 63
프로젝트 메이븐 23, 68, 76, 121, 207, 217, 329
프로젝트 오버매치 210
프로젝트 컨버전스 82, 211, 218, 244, 250
피드백 루프 308

ㅎ

하드파워 37, 56, 60, 78, 79, 89, 92, 112, 380, 401, 402

하롭 68, 222
하이마스(HIMARS) 69
하이브리드 전쟁 136
합동 인공지능센터(JAIC) 23, 224, 225
합동 전영역 지휘통제(JADC2) 69, 82
합동 전투 클라우드(JWCC) 25
핵 억제전략 406
핵탄두 79
호주 416
혼합전(Hybrid warfare) 69
홀로그램 28
화력전 87
확장된 마음 43, 183
확장된 인간 293
후장식 소총 62

A

AAR 310, 314
ABMS 82
AGI 297, 298
AI 22, 23, 24, 45, 77, 78, 84, 128, 161, 181, 187, 215, 216, 218, 220, 221, 224, 229, 231, 232, 234, 241, 264, 297, 320, 321, 356, 413
AI 리터러시 360
AI 알고리즘 76
AI 참모 223, 225
All-IP 159
AR 45, 47
ASAT 142

B

BERT 275

C

C3I 75
C4I 74, 409
C4ISR 45, 47, 49, 66, 67, 71, 125, 144, 145, 146, 147, 148, 171, 191
CDAO 325, 332
CDO 337, 338, 342, 363
CIO 337, 340, 342, 363
CJADC2 222
CTO 337, 342, 363

D

D3E 312, 313, 316
DDoS 134

F

F-35 31

G

GPS 36, 74, 140, 195
GPT 257
GRU 274

H

HIMARS 204
Human-in-the-loop 179, 299
Human-on-the-loop 180, 299
Human-out-of-the-loop 180

I
ICT 29
IoT 208
IPv6 159
ISR 146, 147, 217

J
JADC2(합동 전영역 지휘통제) 76, 221, 229

L
LAWS 373
LLM 284, 285, 286
LSTM 274

M
MTR 409
Mule-200 185

N
NATO 23, 26, 29, 193, 211, 245
Network of Networks 201, 213
Network-on-the-fly 202

O
OCHI 24
OODA 루프 48, 67, 75, 80, 82, 186, 209, 219, 235, 248, 296, 349

Q
Q-워리어(Q-Warrior) 46

R
RFID 31

S
Sharp Claw 185
SNS 69
SQL 133
Stuxnet 195
System of Systems 201, 213, 409

메타파워
AI 시대의 미래 군사력

초판 1쇄 2025년 6월 25일 발행
초판 2쇄 2025년 12월 8일 발행

지은이 오상진
펴낸이 김현종
기획총괄 배소라 **출판본부장** 안형태
편집 최세정 진용주 황정원 김수진 장진경
디자인 조주희 김연주 **마케팅** 김예리 신잉걸
방송사업·미래전략본부 정태준 문상철 이주리 백범선 남궁주철

펴낸곳 (주)메디치미디어
출판등록 2008년 8월 20일 제300-2008-76호
주소 서울특별시 중구 중림로7길 4
전화 02-735-3308 **팩스** 02-735-3309
이메일 medici@medicimedia.co.kr **홈페이지** medicimedia.co.kr
페이스북 medicimedia **인스타그램** medicimedia
유튜브 medici_media

© 오상진, 2025
ISBN 979-11-5706-449-6 (93390)

이 책에 실린 글과 이미지의 무단 전재·복제를 금합니다.
이 책 내용의 전부 또는 일부를 재사용하려면 반드시 출판사의 동의를 받아야 합니다.
파본은 구입처에서 교환해 드립니다.